实践技能课程系列教材·食品药品检验实训教程

乳品检验实训教程

王 鹏 郭 丽 李 杨 ◇编著

北京大学出版社
PEKING UNIVERSITY PRESS

黑龙江大学出版社
HEILONGJIANG UNIVERSITY PRESS

图书在版编目（CIP）数据

乳品检验实训教程 / 王鹏，郭丽，李杨编著． -- 哈
尔滨：黑龙江大学出版社；北京：北京大学出版社，
2017.6
　　ISBN 978-7-81129-945-8

　　Ⅰ．①乳… Ⅱ．①王… ②郭… ③李… Ⅲ．①乳制品
－食品检验－教材 Ⅳ．① TS252.7

　　中国版本图书馆 CIP 数据核字 (2015) 第 224931 号

乳品检验实训教程
RUPIN JIANYAN SHIXUN JIAOCHENG
王　鹏　郭　丽　李　杨　编著

责任编辑　张永生　　王选宇
出版发行　北京大学出版社　黑龙江大学出版社
地　　址　北京市海淀区成府路 205 号　哈尔滨市南岗区学府三道街 36 号
印　　刷　哈尔滨市石桥印务有限公司
开　　本　787×1092 1/16
印　　张　17.25
字　　数　348 千
版　　次　2017 年 6 月第 1 版
印　　次　2017 年 6 月第 1 次印刷
书　　号　ISBN 978-7-81129-945-8
定　　价　36.00 元

食品药品检验实训教程编委会

主　任　赵东江
副主任　王　鹏　马松艳
委　员　（以姓氏笔画为序）
　　　　　马　雪　王　斌　王广慧　王双侠
　　　　　李　杨　张金凤　张腾霄　周凤超
　　　　　柴宝丽　郭　丽　魏雅冬

前　言

检验乳品质量、保障乳品安全是增进居民健康的重要内容。"十二五"以来，中国乳品产业快速发展，乳品监管体系不断完善，乳品安全法规标准进一步健全，乳品检验力度持续加大，品质保障能力稳步增强。"十三五"时期是全面建立严密高效的乳品安全监管体系的关键时期，全社会必须下大力气抓好乳品检验工作，提高检验人员的操作技能，确保人民群众"舌尖上的乳品安全"。

乳品检验是食品科学与工程、食品质量与安全等相关专业学生修完食品分析与检验、乳品加工与检验课程后开设的一门实训课程，其任务是使学生掌握乳品标准化检验技能。本实训教程旨在加强学生对乳品检验程序的理解与掌握，将实验基本操作技能与乳品检验工作要求紧密结合，为学生进入乳品检验岗位打下良好的基础。

《乳品检验实训教程》内容包括乳品质量监督检验规定、乳品检验资质与检验项目、乳品检验安全管理与应急措施、分析仪器操作规程、原料牛乳检验综合实训、液态奶检验综合实训、乳粉检验综合实训等，共计十一章。绥化学院王鹏编写第五、六、七章，共计 16.6 万字；郭丽编写第一、二、三、四、十一章，共计 12.1 万字，李杨编写第八、九、十章，共计 6.6 万字。

在《乳品检验实训教程》编写过程中，我们得到了绥化学院教务处、绥化市食品药品检验检测所、黑龙江大学相关同人的关心与帮助，在此对他们的支持致以由衷的感谢。

由于本实训教程涉及的乳品检验领域的知识和技能较为繁杂，以及编者的撰写水平和能力有限，本实训教程不足之处在所难免，希望广大读者在使用过程中加以批评指正，使本实训教程得以完善。

编　者
2017 年 1 月于绥化

目 录

第一章
乳品质量监督检验规定

第一节 乳品质量现状与对策

一、乳品产业发展现状

2015年,中国乳品年度产量约2700万吨,其中液体乳产量2500万吨,乳粉产量200万吨。全国有规模的乳制品企业600余家,其乳产品收入3000多亿元,利税总额300余亿元,其中利润总额200多亿元,销售收入利润率为7%左右。乳品年度销售收入前四位的省份,其销售数据约占全国数据的49%,依次为:内蒙古自治区销售收入590亿元,占全国销售总收入的20%;黑龙江省销售收入330亿元,占全国销售总收入的11%;山东省销售收入280亿元,占全国销售总收入的9%;河北省销售收入260亿元,占全国销售总收入的9%。截至2015年11月底,全国库存乳品总额约95亿元,库存乳品多为乳粉类产品,总计约30万吨。

国内乳品生产的高成本和高价格最终影响到消费增长,而乳品进口量明显增加也对国内乳品行业形成了较大的冲击。2015年,全国进口乳品年度总数量为190万吨,进口乳制品年度总货值达到400亿元人民币。其中,进口乳粉数量同比下降40%,年进口量约为56万吨;进口乳粉货值同比下降60%,货值约为100亿元人民币。进口婴幼儿配方乳粉数量同比增长40%,年进口量约17万吨。进口液体乳制品数量同比增长36%,年进口量约43万吨。乳清粉进口量约43万吨,货值36亿元人民币,进口乳清粉主要用于生产国产婴幼儿配方乳粉,伴随着国内婴幼儿乳粉产量的增长,乳清粉进口量加大。我国的乳品进口量虽加快增长,但国内乳品出口量却增长十分缓慢,2015年,乳品出口总量约3.5万吨,其中液体乳出口2.4万吨,乳粉出口0.6万吨,乳品出口货值仅4.2亿元人民币。

二、乳品质量安全现状

根据国家食品药品监督管理总局公布的乳品国家监督抽检结果,2015年全年共抽检非婴幼儿配方乳粉类乳品 1540 批次,仅出现菌落总数不合格样品 1 个,合格率为99.94%。全年抽检婴幼儿配方乳粉 1540 批次,出现了 60 批次不合格样品,分别为 44批次样品的标签标识不合格,16 批次样品的质量指标不合格,婴幼儿配方乳粉抽检合格率为 96%。可见,我国乳品的质量安全继续保持稳定向好的趋势,这使得国内消费者对国产乳品的信心得到了进一步的加强。

婴幼儿配方乳粉样品的来源为北京市、上海市、天津市、黑龙江省、吉林省、辽宁省、内蒙古自治区、河北省、河南省、山西省、浙江省、安徽省、陕西省、甘肃省的百货商场、食品超市、婴幼儿食品专卖店以及各大电商网络销售平台。婴幼儿配方乳粉样品的检验项目共计 30 项,其中:7 项理化指标,包括蛋白质含量、脂肪含量、碳水化合物含量、乳糖占碳水化合物总量比、维生素 C 含量、水分含量和灰分含量;5 项污染物限量指标,包括铅含量、铬含量、总汞含量、硝酸盐含量和亚硝酸盐含量;6 项真菌毒素及微生物指标,包括黄曲霉毒素 M_1 检验、菌落总数检验、大肠菌群检验、沙门氏菌检验、金黄色葡萄球菌检验、阪崎肠杆菌检验;11 项微量成分指标,包括钠含量、钾含量、铜含量、铁含量、锌含量、锰含量、钙含量、磷含量、钙磷比值、氯含量和硒含量;最后 1 项为苯甲酸风险监测指标。

婴幼儿配方乳粉的抽检结果表明,所有主流品牌婴幼儿配方乳粉均符合国家标准,也达到了各自产品标签标识的质量指标。某些主流品牌婴幼儿配方乳粉样品的个别指标实测值与标准值的上下限相接近,出现与检测值曲线偏离较大的情况,存在不合格产品的风险隐患,但总体看来,国内市场上主流品牌婴幼儿配方乳粉产品安全、质量稳定可靠,消费者可以安心购买。

国家监督抽检结果还表明,在 16 批次质量指标不合格的婴幼儿配方乳粉样品中,有 8 个样品为微量成分指标不合格,有 5 个样品为污染物限量指标不合格,有 2 个样品的理化指标不合格,1 个样品的微生物指标不合格。婴幼儿配方乳粉发生上述非标签标识类质量不合格的原因主要在于生产环节,如:蛋白质、维生素及其他微量成分出现指标不合格主要是由婴幼儿配方乳粉原料及工艺控制问题导致的;脂肪含量指标不合格和微生物菌落总数不合格涉嫌生产责任事故。而 44 批次婴幼儿配方乳粉样品的标签标识不合格主要是由管理错误所致,婴幼儿配方乳粉标签中营养指标的科学设计要严格依据国家包装标签标准和营养标签标准。

三、乳品质量问题分析

2015 年,国家食品药品监督管理总局组织相关专家,对专项监督抽检不合格的 6家乳品企业进行乳品生产安全审计,发现了许多乳品加工技术、生产管理方面的问题。

第一,企业不能持续保证乳品生产许可条件,有的条件已严重不符合乳品生产许可证要求。乳品工厂区周边环境的卫生状况较差,清洁区、准清洁区不符合相关要求,以及管理不严导致存在微生物污染隐患,还有的乳品加工原辅材料储存较为混乱,安全防护条件不足,乳品实际生产配方与其备案配方不一致,加工设施设备不符合乳品生产许可条件,微量成分配料称量设备精准度不足,更换加工设备未进行变更申请,生产车间部分设备改造不合理,乳品企业技术人员和管理人员的业务水平低,人员资质和业务培训不符合乳品生产许可证要求等。

第二,乳品安全管理制度落实不到位。对乳品加工原辅材料供应商资质把关不严,未按照供应商名录完成采购。进货记录信息不够完整,乳品加工原辅材料进货检验制度不科学,检验项目规定不全面,主要原料不进行批批检验,而是进行合并检验,不能通过检验报告证明所采购的原料是否合格。未按规定要求、频率检测清洁区内金黄色葡萄球菌、沙门氏菌和阪崎肠杆菌的污染情况。生产过程管理不规范,未严格按照已备案的乳品配方进行配料加工,实际投料没有根据备案配方进行二次核准,乳品生产工艺参数把关不严。落实检验制度不严格,检验检测实验所需的化学试剂、标准品不能完全满足检验要求,甚至检验方法都不符合标准规定要求。对出厂乳品无法开展批批检验,全项目检验无能力验证报告,留样数量不符合规定要求。对不合格乳品的界定模糊,导致在生产过程中不能及时发现不合格的乳品,以及控制生产过程的记录不全面。

第三,乳品不合格原因的分析不准确,问题排查不彻底,不合格产品召回制度不完善,或者召回行动不彻底,没有排查不合格乳品是否波及其他相关批次的产品。乳品生产、销售记录不完整,甚至存在伪造记录数据现象。

第四,检验人员技术水平低,检验检测能力不足。专家通过对检验检测实验室技术人员进行盲样考核发现,检验人员的实验数据分析能力较弱,甚至不能完全掌握检验步骤与方法,尤其是微量元素、维生素、黄曲霉 M_1、微生物检验等多项指标的检验结果与实际值偏差较大。

四、乳品质量提升对策

根据 2015 年国家食品药品监督管理总局的抽检结果以及重点问题企业质量审计结果所暴露出的问题,我国接下来乳品质量工作的重点应是:加强乳品生产过程质量控制,加强乳品企业各项管理制度的落实与执行,加强检验检测技术人员水平的提升。企业要切实维护乳品生产许可条件的状态完好,乳品企业每季度应对生产许可条件进行一次合规性评估,及时排除安全风险,堵塞质量漏洞,修正管理错误,使乳品生产许可条件保持在良好状态下。

质量审计对于保证乳品质量安全非常重要,各乳品企业应设置质量审计工作岗位,建立质量审计制度。质量审计的目的是监督各项与产品质量相关的规章制度的落实和执行,及时纠正生产中存在的偏差与漏洞,及时纠正违反生产制度的现象,确保各项规章管理制度准确实施。

规范乳品储运销售环节的管理,规避低温乳品由脱离冷链所引发的食品安全风险。低温储运、销售是保证发酵乳、巴氏杀菌乳、干酪和奶油等产品质量安全的重要环节。低温乳品的储运、销售要有完善有效的冷链系统,不可采用普通货运车辆运输低温乳品,不能在冷链设施不完善的终端销售低温产品,要不断强化对低温乳品储运、销售环节温度控制的管理监督,避免因脱离冷链所产生的乳品安全风险。

杜绝乳品营养成分标签标示值不合格的问题。营养成分标签标示值不合格的问题较容易解决,要充分理解相关标准条文及其含义,要认真审核并科学设置乳品营养成分标签标示值,在乳品化验报告单上要同时体现标准值和标签标示值。

注重婴幼儿配方乳粉的微量成分指标。微量成分在婴幼儿配方乳粉中的含量是痕量级水平,仅为几十万分之一甚至百万分之一。微量成分的添加对精准度要求非常高,技术难度很大,是对乳品企业技术水平的严格考验。对于干法生产工艺,微量成分要在基粉生产过程中添加,做好混配均匀。乳品企业应对所有原辅配料中的微量成分含量进行检验检测,还应注意到地域、季节及饲养方式变化所带来的影响,婴幼儿配方乳粉微量成分含量一般游离范围较宽,完全能够实现准确添加。

提升技术人员的检验能力。检验检测实验室是乳品企业的重要部门,实验室的良好运转与否关系到企业的生死存亡。检验检测实验室不仅要设备齐全,还要有一支责任心强、技术水平较高、爱岗敬业的检验人员队伍。乳品企业要不断强化对检验检测实验室的管理,提升检验检测人员的技术能力。乳品企业要逐步落实乳品检验人员认证制度,乳品检验人员主要负责原料乳、乳品加工原辅材料、食品添加剂及乳制品的检验检测任务。对乳品企业检验检测实验室的技术人员要实行持证上岗制度,该人员可分为初级检验员、中级检验员、助理检验师、检验师、高级检验师五个等级。

完善检验检测实验室相关管理规章制度。这主要包括实验室管理规范、检验实验操作指南、检验实验结果审核程序、检验实验结果风险控制方法等。定期与专业检验机构进行乳品比对检验,以验证实验室的检验检测能力。参加每月抽检的乳品企业,可将每月抽检结果与实验室的检验结果进行比对。检验检测实验室要定期开展业务学习,邀请专业检验机构的专家开展业务培训与操作指导。

第二节　乳品质量安全监督检查

一、监查背景

只有加强乳品质量安全监督管理,保证乳品质量安全,才能保障消费者身体健康和生命安全,进而促进乳业健康发展。乳品包括原料乳和乳制品。

奶畜养殖者、原料乳收购者、乳品生产企业和销售商是乳品质量安全的第一责任者,对其生、产销售的乳制品质量安全负责。市级地方政府对本行政区域内的乳品质量安全监督管理负总责。市级畜牧兽医主管部门负责本行政区域内的奶畜饲养以及原料乳生产收购环节的监督管理。市级食品药品监督管理局负责乳品生产、销售及餐饮服务环节的监督管理,依照职权综合协调乳品质量安全监督管理、处理乳品安全重大事故。

原料乳和乳制品要符合乳品质量安全国家标准,该标准由国家卫生主管部门组织制定,其中包括:乳品中的致病性微生物、农药和兽药残留、重金属和其他危害人体健康物质的限量规定;乳品加工过程的卫生要求;乳品通用检验检测方法与规程;乳品质量安全要求。该标准根据乳品风险监测和风险评估结果可及时修订。

严禁在原料乳生产收购、贮运销售过程中添加任何物质,严禁在乳制品生产过程中添加非食用类化学物质及其他可能危害人体健康的物质。要充分考虑婴幼儿身体和生长发育特点,根据婴幼儿配方乳粉质量国家安全标准,确保满足婴幼儿生长发育所需的营养成分。掌握食用疾病信息和生产监督管理信息,当发现乳品中添加非食用类化学物质和其他可能危害人体健康的物质时,要及时开展风险评估,并采取对应的检测和监控措施。

奶畜养殖:国家畜牧兽医主管部门牵头制定全国乳业发展规划,强化奶畜基地建设,完善服务保障体系,促进乳业健康发展。市级地方政府要根据全国奶业发展规划,科学确定本行政区域内奶畜养殖规模,合理安排原料乳的生产、收购布局。乳品行业协会通过强化行业自律,引导行业诚信体系建设,规范奶畜养殖者、原料乳收购者、乳品生产企业和销售商依法生产经营乳制品。

畜牧兽医技术推广机构应向奶畜养殖者提供良种推广、疫病防治等技术培训服务,使奶畜养殖者提高原料乳质量安全水平。乳品生产企业和其他有关生产经营企业也应为奶畜养殖者提供技术服务。

奶畜养殖场要将名称、奶畜品种、养殖地址和规模向所在地县级政府畜牧兽医主管部门备案。奶畜养殖场要符合所在地政府确定的本行政区域奶畜养殖规模,具备与其养殖规模对应的场所和配套设施。奶畜养殖者要遵守国务院畜牧兽医主管部门制定的原料乳生产技术规程,直接从事榨乳工作的人员要持有有效的健康证明。奶畜养殖者要及时清洗榨乳设施和原料乳贮存等设施,避免对原料乳造成污染。要配备畜牧兽医技术人员,满足法律法规和畜牧兽医主管部门规定的防疫条件,具有原料乳生产及运销管理制度。原料乳要及时冷藏,不得销售超过2小时未冷藏的原料乳。奶畜养殖者要及时清运、处理奶畜养殖过程中的排泄物和废弃物,具备可对奶畜粪便和其他废物进行综合处理的沼气池等设施或其他无害化处理设施。

奶畜养殖场建立的养殖档案要明确记载奶畜品种数量、繁殖记录、来源标识和进出场日期,饲料及饲料添加剂、兽药等生产资料的名称、来源及用量、使用对象和时间,检疫消毒及免疫情况,奶畜发病死亡及无害化处理情况,原料乳生产检测及销售情况。奶畜养殖不得使用国家禁止的饲料或饲料添加剂、兽药以及其他对奶畜和人体具有直接危害或者潜在风险的物质。严禁销售规定用药期和休药期内奶畜所产的原料乳。

奶畜养殖者要做好奶畜和养殖场所的动物防疫工作,动物疫病预防控制机构要对奶畜的健康情况进行定期检测,确保奶畜达到国家畜牧兽医主管部门规定的健康标准。发现奶畜染疫或者疑似染疫时,要立即报告,对经检测发现的不符合健康标准的奶畜,要立即治疗、隔离或进行无害化处理,停止原料乳生产,采取控制措施防止奶畜疫病扩散。

二、原料乳收购

省畜牧兽医主管部门要根据本区域的奶源分布,根据促进规模化养殖的原则,对生鲜乳收购站进行科学合理的规划,鼓励乳品生产企业按照规划建设原料乳收购站。

取得工商登记的乳品生产企业、奶畜养殖场或奶农生产专业合作社可开办原料乳收购站,严禁其他单位或者个人收购原料乳或开办原料乳收购站。原料乳收购站要取得所在地县级人民政府畜牧兽医主管部门颁发的生鲜乳收购许可证。原料乳收购站要符合建设规划,要符合卫生环保要求,冷藏、保鲜设施和低温运输设备要与收奶量相符,要具备检测项目所需的化验、计量、检测仪器设备,持有有效健康证明的从业人员要经过严格培训,要建立质量安全和卫生管理制度。原料乳收购站要不断提高其机械化榨乳和生鲜乳冷藏运输能力。原料乳收购许可证的有效期为 2 年。

原料乳收购站要按时清洗榨乳设施和原料乳贮存运输设施,避免原料乳受到污染。原料乳收购站要按照乳品质量国家安全标准对收购的原料乳进行常规检验检测。

原料乳收购站要做好 2 年内的原料乳收购销售和检验检测记录,内含奶畜主姓名、收购量、原料乳检验检测结果和销售去向等内容。

市级地方政府价格主管部门要监控和通报原料乳价格,及时发布市场供求信息和价格信息。乳品生产企业、生鲜乳收购者、奶畜养殖者、乳品行业协会和畜牧兽医等部门组成原料乳价格协商委员会,协调确定供销双方签订合同时参考的原料乳交易价格。

严禁收购未经检疫合格或经检测不符合健康标准的原料乳,严禁收购在规定用药期和休药期内奶畜所产的原料乳,除以初乳为原料生产乳制品以外,严禁收购奶畜产犊后 7 日内所产的初乳。要及时销毁或者采取其他无害化措施处理那些经检测不符合规定的原料乳。贮存原料乳的容器要符合国家有关卫生标准,原料乳运输车辆要取得所在地县级畜牧兽医主管部门核发的原料乳准运证明,要随车携带原料乳交接单,交接单上要明确记载原料乳收购站的名称和交接时间,由原料乳收购站经手人、原料乳押运人员、运输车辆司机、收奶员四方签字。原料乳交接单一式两份,分别由原料乳收购站和乳品生产企业保存 2 年。准运证明和交接单式样由省、自治区、直辖市人民政府畜牧兽医主管部门制定。

市级政府要强化原料乳质量安全监控体系,配备监管人员和检验检测设备,确保监测能力能够满足原料乳的监测任务。市级畜牧兽医主管部门要注重生鲜乳质量安全监测工作,制订并实施原料乳质量安全监测计划,对原料乳进行日常监督抽查,依据法定权限及时公布原料乳监督抽查结果。

乳品生产:乳品生产企业要遵守国家的乳业产业政策,其厂房选址和设计要符合国家规定要求,生产包装和检测设备要能够满足所生产的乳制品品种和数量要求,要配有专业技术人员和质量检验检测人员,持有有效健康证明的从业人员要经过严格培训,同时,废水、废气、垃圾等污染物处理设施要满足环保要求。乳品生产企业要取得所在地食品药品监督管理部门颁发的食品生产许可证,未取得食品生产许可证的任何单位和个人不得从事乳品生产。

乳品生产企业要建立质量管理制度,采取质量安全管理措施,对乳品生产从原料乳进厂到乳制品出厂进行全过程质量安全控制,保证乳制品质量安全。乳品生产企业要满足生产规范的要求。婴幼儿配方乳粉生产企业必须建立危害分析与关键控制点体系,不断提高乳品生产安全管理水平。

乳品生产企业通过生产规范、危害分析与关键控制点体系认证后,认证机构要依法依规实施跟踪调查,要及时撤销并通报不符合要求的乳品生产企业。

乳品生产企业要建立原料乳进货查验制度,检查并保存运输车辆原料乳交接单,检测每一批收购的原料乳,如实记录原料乳质量安全情况、供货者名称、进货日期和联系方式等内容。乳品生产企业不得向未取得原料乳收购许可证的单位和个人购进原料乳。

乳品生产企业购进的原料乳不得出现兽药等化学物质残留,不得含有重金属、致病性微生物、生物毒素以及其他有毒有害物质。

乳品生产使用的原料乳、原辅料和添加剂等要符合法律的规定和乳品质量安全标准。乳品生产要经过巴氏杀菌、高温杀菌、超高温杀菌或者其他有效工艺杀菌。发酵乳制品生产菌种要纯良无害,定期鉴定以防止杂菌污染。婴幼儿配方乳粉要保证婴幼儿生长发育所需的营养成分,不得添加任何危害婴幼儿身体健康和生长发育的风险物质。

乳制品包装标签要如实标明产品名称、规格、净含量、生产日期、成分,以及生产企业名称、地址、联系方式和贮存条件与保质期,同时,还要标明使用食品添加剂的化学通用名称、产品标准代号和食品生产许可证编号等必须标明的事项。

使用奶粉、乳清粉和黄油等原料生产的液态奶产品要在其包装上明确标注,使用复原乳作为原料生产的液态奶产品要标明"复原乳"字样,并且要在复原乳产品配料中如实标明所含原料及使用比例。婴幼儿配方乳粉标签要明确标识主要营养成分和含量,详细说明乳粉食用方法和使用注意事项。

乳品生产企业要对出厂的乳制品进行批批检验,保存检验检测报告2年,留存乳制品样品。检验合格的乳制品要标识检验合格证号,检验不合格的乳制品不得出厂。检验检测项目主要包括乳制品的感官指标、理化指标和卫生指标。乳品生产企业要如实记录销售的乳制品名称和数量、生产日期及批号、检验合格证号、销售日期和购货者名称及联系方式等。

乳品生产企业在发现其生产的乳制品未达到乳品质量国家安全标准、存在危害消费者健康和生命安全的风险,甚至可能危害婴幼儿身体健康或生长发育时,要立即停止乳制品的生产,及时报告相关主管部门,告知销售者和消费者,并召回已经出厂及上市销售的乳制品,详细记录乳制品召回情况。乳品生产企业对其召回的乳制品要采取销毁、无害化处理等措施,防止召回的乳制品再次流入市场。

三、乳制品销售

乳制品销售商要执行食品安全监督管理部门的有关规定,依法向工商行政管理部门申办领取相关从业证照。

乳制品销售商要实施并健全产品进货查验制度,审验供货商的乳制品经营资格,检查乳制品合格证明和产品标识,详细记录乳制品的名称规格与数量、进货时间和供货商联系方式等内容。从事乳制品批发业务的销售企业要健全乳制品销售台账,详细记录批发的乳制品的品种规格、数量及流向等内容,乳制品进货台账和销售台账要保存2年。

乳制品销售商要采取措施保障所销售乳制品的质量安全,要配备冷藏设备或者采取冷藏措施销售需要低温保存的乳制品。严禁购入并销售无质量合格证明、标签残缺或者无标签的乳制品。严禁购入并销售变质、过期或者不符合乳品质量国家安全标准的乳制品。乳制品销售商不得伪造产品产地,不得冒用或者伪造他人的厂名、厂址,不得冒用或者伪造质量认证等标志。

在发现不符合乳品质量国家安全标准、存在危害消费者健康和生命安全的风险,甚至可能危害婴幼儿身体健康和生长发育的乳制品时,销售商要立即停止销售,追回已经售出的乳制品,详细记录产品追回情况,立即报告所在地监管部门,及时通知乳品生产企业。

乳制品销售商要向消费者提供购货凭证,履行对不合格乳制品的更换及退货等义务,属于乳品生产企业或者供货商的责任时,销售商可向乳品生产企业或者供货商追偿。进口乳制品要根据乳品质量国家安全标准检验检测,出口乳制品的生产企业要保证其出口的乳制品达到国家安全标准,同时还要符合出口目的地国家或地区的标准或者贸易合同要求。

四、监督检查

畜牧兽医、食品药品监督管理等部门要定期开展乳品质量监督抽查行动,详细记录乳品监督抽查情况和处置结果,并且这些部门有权实施现场检查,向相关从业人员询问有关情况,查阅有关合同票据、检验报告等材料,查封及扣押达不到乳品质量安全标准的乳品以及违法使用的原料乳、原辅料和添加剂,查封涉嫌违法从事乳品生产经营活动的场所,扣押用于违法开展乳品生产经营的工具和设备。

市级食品药品监督管理部门在乳制品监督检查中,发现达不到国家标准、存在危害消费者健康和生命安全的风险或者可能危害婴幼儿身体健康和生长发育的乳制品时,要责令乳品生产企业召回产品,并要求销售商停止销售。

省级畜牧兽医主管部门、食品药品监督管理部门要依据监管职责,及时公布乳品质量安全的监督管理信息,并且食品药品监督管理部门要向同级卫生主管部门通报乳品质量安全事故信息。

乳品监督管理部门在发现奶畜养殖场、原料乳收购商、乳品生产企业和销售商涉嫌犯罪时,要及时送交公安机关立案调查。

乳品监督等部门要公布本单位的电子邮箱和举报电话,任何单位和个人有权向畜牧兽医、卫生及食品药品监督管理等部门举报乳品企业生产经营中的违法行为,乳品监管部门要完整记录举报信息,要及时答复并依法处理属于本部门职责范围内的乳品质量举报信息,还要及时向有关部门移交不属于本部门职责范围内的乳品质量举报信息。

第三节　乳品质量监督抽查检验

乳品关系到广大消费者的身体健康,是影响国计民生的重要产品,也是消费者、有关组织重点关注质量问题的商品之一。乳品质量监督抽查工作根据国家法律规定,由国家食品药品监督管理部门秉持科学、公正原则,对在中国境内生产、销售的乳制品进行有计划的随机抽样与检验,对抽查结果予以公布和处理。

乳品监督抽查分为由国家食品药品监督管理总局组织的国家监督抽查和县级以上地方食品药品监督管理部门组织的地方监督抽查。国家食品药品监督管理总局负责组织实施乳品国家监督抽查工作,汇总、分析并通报全国乳品监督抽查信息,统一规划、管理全国乳品监督抽查工作。地方食品药品监督管理部门统一管理、组织本地区的乳制品地方监督抽查工作,负责汇总、分析并通报本地区乳品监督抽查信息,负责本地区不合格乳品企业的处理工作,并按要求向国家食品药品监督管理总局报送乳制品监督抽查信息。

除应对食品安全突发事件以及依据有关规定开展较高频率的监督抽查外,经上级监管部门监督抽查质量合格的乳品,从抽样日起始的 6 个月内,下级监管部门不能对该企业的此种乳品再次进行监督抽查。乳品监督抽查信息应由组织监督抽查的食品药品监督管理部门负责发布,未经批准,任何单位和个人不得擅自发布乳品监督抽查信息。乳品企业对依法进行的监督抽查要予以协助配合,不得阻碍甚至拒绝依法监督抽查工作。被抽查的乳品企业无须承担检验费用,国家和地方监督抽查所需检验检测费用由财政部门安排专项经费解决。

一、监督抽查的组织

国家食品药品监督管理总局负责制订乳品年度国家监督抽查计划,并通报地方食品药品监督管理局。地方质量技术监督部门负责制订本地区乳品年度监督抽查计划,并报国家食品药品监督管理总局备案。组织乳品监督抽查的各级部门应当依据有关法律法规的规定,选择具有法定资质的产品质量检验机构承担乳品监督抽查工作。

国家食品药品监督管理总局依据有关法律法规、相关国家标准等制定并发布乳品质量监督抽查实施规范,并依据实施规范确定乳品的具体抽样检验项目和判定要求。食品药品监督管理局应当根据年度监督抽查计划,制定监督抽查方案,将监督抽查任务下达给检验机构。抽查方案包括拟抽查乳品企业名单、抽查乳品的范围和检验项目、适用的实施规范或实施细则。组织监督抽查的食品药品监督管理局应当加强对检验机构和抽样人员的监督管理。被委托的检验机构对乳品检验工作负责,保证所承担乳品监督抽查工作的科学性、公正性和准确性,要如实上报乳品检验结果和检验结论。

二、监督抽查的实施

乳品抽样人员应为检验机构工作人员,至少2名,要求其公平、公正,并熟悉相关法律法规、标准,经过培训考核合格后才能从事乳品抽样工作。乳品抽样工作前,抽样人员首先要向被抽查的乳品企业出示食品药品监督管理局开具的监督抽查通知书和本人有效身份证件,其次要向被抽查的乳品企业告知监督抽查性质、抽查乳品范围、实施规范或实施细则,最后再进行乳品抽样。抽样人员还要核实被抽查乳品企业的营业执照,对依法实施生产许可、市场准入和相关资质管理的婴幼儿配方乳粉,要核实被抽查乳品企业的相关法定资质,确认抽查乳品在企业法定资质允许范围内后可进行抽样。

抽取乳品样品时要由抽样人员在市场销售产品或乳品企业成品仓库内待销产品中随机抽取,要有乳品质量检验合格证明,抽样工作不得由乳品企业自行完成。抽取乳品样品的数量要符合有关规定,抽取数量不得超过检验检测的合理需要。不涉及强制性标准要求的乳品,如"试制""处理"或者"样品"等不用于销售的乳品,按出口合同对质量另有规定的乳品,以及不在监督抽查通知书上所列的乳品,不得抽样。

抽样人员的姓名要与监督抽查通知书相符,被抽查乳品企业和乳制品名称要与监督抽查通知书一致,乳品企业无须支付检验费。抽样人员封样时,应当采取防拆封措施,以保证乳品样品的真实性。抽样人员要使用规定的抽样文书,详细记录乳品的抽样信息。抽样文书必须由抽样人员和被抽查乳品企业人员签字,并加盖被抽查乳品企业公章。抽样文书要字迹工整清晰,容易辨认,不得涂改,需要更改时由双方签字确认。

抽样文书要分别留存在乳品企业和检验机构,并报送组织监督抽查的相关部门。国家监督抽查抽样文书由承担抽样工作的检验机构报送乳品企业所在地的省级食品药品质量监督管理局。因乳品企业转产、停产、破产等而无乳品样品可以抽取时,抽样人员要收集有关证明材料,记录具体情况,并经当地食品药品监督管理局确认后,及时上报相关部门。

抽取的乳品样品要由抽样人员负责携带或寄送至承担检验工作的检验机构,抽样人员要采取措施,保证乳品样品在运输过程中状态不发生变化。被检乳品企业要妥善保管及封存抽取的乳品样品,乳品企业不得擅自处理或更换已抽查封存的乳品样品。被抽查乳品企业无正当理由拒绝监督抽查时,抽样人员要填写拒绝监督抽查认定表,列明乳品企业拒绝监督抽查的情况,由抽样人员和当地食品药品监督管理局共同确认后,上报相关部门。

在市场抽取乳品样品时,抽样单位要书面通知乳品包装上标称的乳品生产企业,依据规定确认乳品企业和乳品的相关信息。乳品生产企业对需要确认的乳品样品有异议时,要在接到通知之日起15日内向食品药品监督管理局提出,并提供证明材料。

三、乳品检验

检验机构接收样品时要检查、记录乳品样品的外观、封条有无破损等对检验结果产生影响的情况,确认抽样文书的记录与乳品样品是否一致,在对乳品检验样品和备用样品分别加贴标识后方可贮存。在不影响乳品样品检验结果的情况下,要尽可能将乳品样品进行分装或者重新编号包装。

检验机构要妥善保存乳品样品,严格执行乳品样品的管理程序文件,详细记录检验过程中的乳品样品交接情况。检验过程中发现乳品样品失效或者遇到其他情况导致乳品检验无法开展时,检验机构要如实记录当时发生的情况,充分提供材料予以证明,再将相关情况说明上报食品药品监督管理局。

乳品检验原始记录要如实填写并留存备查,保证真实准确,不可随意涂改,如需更改要由检验人员和报告签发人共同确认。要求现场检验的乳品,检验机构要根据现场检验规程完成同一产品的所有现场检验。检验机构出具的抽查检验报告,要求内容全面真实、数据可靠、结论准确。检验机构对其出具的检验报告的真实性和准确性负有责任,严禁伪造检验报告的数据结论及结果。乳品检验工作结束后,检验机构要在规定时间内把检验报告及相关情况上报食品药品监督管理局。

四、异议复检

食品药品监督管理局要及时将乳品检验结果和企业的法定权利以书面形式告知被抽查乳品企业,还可以委托检验机构告知企业。在市场上抽样时,要同时以书面形式告知乳品销售企业和乳品生产企业,并通报被抽查产品生产企业所在地的食品药品监督管理局。被抽查乳品企业如对检验结果有异议,自收到检验结果之日起15日内向食品药品监督管理局提出书面复检申请。

食品药品监督管理局要依法处理乳品企业提出的检验异议,要委托指定的检验机构处理乳品企业提出的检验异议。需要复检并具备复检条件后,处理乳品企业异议的检验机构要按原监督抽查方案对留存的乳品样品或备用样品开展复检,出具检验报告,并在检验工作完成后10日内做出书面形式答复,此复检结论为最终检验结论。检验机构要将复检结果及时上报食品药品监督管理局。

五、结果处理

食品药品监督管理局要汇总监督抽查结果,依法向社会发布乳品监督抽查结果公告,向地方人民政府、上级主管部门和同级有关部门通报乳品监督抽查情况。对乳品监督抽查发现的重大质量问题,食品药品监督管理局要向同级人民政府和上级主管部门进行专题报告。食品药品监督管理局要向抽查不合格的乳品生产企业下达责令整改通知书,限期改正。监督抽查不合格的乳品生产企业必须按要求进行整改。

乳品企业要自收到责令整改通知书之日起,查明不合格乳品产生的原因,查清产品质量责任,根据不合格乳品产生的原因和负责处置的部门提出的整改要求,制定整改方案,要在30日内完成整改工作,向负责处置的部门提交整改报告,并提出复查申请。乳品企业在完成整改及复查合格前,不得继续生产销售同一规格型号的乳品。监督抽查不合格的乳品生产企业要从收到检验报告之日起停止生产、销售不合格乳品,对库存的不合格乳品进行全面清理,对已经出厂销售的不合格乳品依法进行处理,并向负责处置的部门以书面形式报告有关情况。对因标签或标志不符合产品安全标准的乳品,乳品企业在采取补救措施后并能保证产品安全的情况下,才能继续销售。

负责处置的部门在接到乳品企业复查申请后,要在15日内组织具有法定资质的检验机构按照乳品监督抽查先期方案进行抽样复查。监督抽查不合格的乳品生产企业在整改到期后,无正当理由不申请复查时,负责处置的部门要进行强制复查。乳品企业在规定期限内向负责处置的部门提交了整改报告和复查申请,但发现并未落实整改措施且乳品复查仍不合格者,或监督抽查乳品质量不合格后,无正当理由拒绝整改者,或整改期满后,未提交复查申请者,均由省食品药品监督管理局向社会公告。监督抽查发现乳品存在区域性、行业性的质量问题时,或乳品质量问题非常严重时,负责处置的部门可以联合有关部门,召开乳品质量分析会议,督促乳品企业整改。食品药品监督管理局要加强对不合格乳品生产企业的跟踪检查。

第二章
乳品检验资质与检验项目

第一节　乳品检验人员能力要求

一、乳品检验员

乳品检验员是指从事原料乳、乳制品及乳品加工用添加剂及原辅材料检验检测的人员。乳品检验员可分为一年级检验员、二年级检验员、三年级检验员、四年级检验员四个等级。乳品检验检测岗位要求检验人员具备一定的学习与实验操作能力,色觉、味觉、嗅觉正常。

一年级检验员应完成不少于100标准学时的理论与技能培训,并在乳品检验检测岗位连续实训工作150标准学时以上;二年级检验员在取得一年级检验员职业资格后,应完成不少于150标准学时的理论与技能培训,并在乳品检验检测岗位连续实训工作200标准学时以上;三年级检验员在取得二年级检验员职业资格后,应完成不少于200标准学时的理论与技能培训,并在乳品检验检测岗位连续实训工作300标准学时以上;四年级检验员在取得三年级检验员职业资格后,应完成不少于200标准学时的理论与技能培训,并在乳品检验检测岗位连续实训工作400标准学时以上。

一年级检验员、二年级检验员的培训教师应具有讲师及以上职业资格;三年级检验员的培训教师应具有副高级及以上专业技术职务任职资格;四年级检验员的培训教师应具有正高级专业技术职务任职资格。乳品检验员培训场地要求具备满足标准教学需要的教室、仪器设备,以及设施齐全的标准检验检测实验室。90分钟理论知识闭卷笔试在标准教室里进行,60分钟现场实际技能操作考核在标准实验室里进行。乳品检验员职业道德基本守则包括忠于职守,爱岗敬业,实验认真,操作规范,科学准确,协同创新,其专业基础知识包括理化检验基础知识、微生物学检验基础知识、常见数据的法定计量知识、误差分析和数据处理知识以及法律知识和安全知识。法律知识涉及《中华人民共和国食品安全法》《中华人民共和国产品质量法》《中华人民共和国计量法》《中华人民共和国标准化法》;安全知识包括实验室安全操作知识、仪器分析基础知识、实验室用电常识。

二、一年级检验员应具备的检验能力

掌握乳品抽样基本知识,化学检验基本知识,实验器具选择基本知识,溶液、试剂配制基本知识,实验室常规仪器工作原理与使用维护知识,原料乳的化学成分及主要理化性质,误差分析与数据处理知识。能正确完成乳品抽样,正确使用与清洗玻璃器皿,快速制备试剂、溶液与指示剂,合规使用天平、移液器、低速离心机等实验室常见的仪器设备。在掌握实验测试原理与标准检验流程后,可独立地进行乳品酸度、杂质度、脂肪含量、比重、掺假检验等检测操作,实验结果误差符合要求,数据处理准确,检验检测报告结果可信。可分析乳制品质量问题,根据检验结果判断乳制品检验项目是否合格。

具备容量分析、重量分析等分析化学的基础知识,掌握精密分析天平、马弗炉、蛋白质测定仪、乳成分分析仪的工作原理、使用方法与维护知识。在学习掌握检验项目的测试原理与标准检验方法后,可正确进行水分含量、蛋白质含量、总灰分含量、脂肪含量、乳糖含量、蔗糖含量、溶解度、膳食纤维含量的测定工作,准确计算检验检测数据的标准偏差,检测结果符合误差准许范围。

三、二年级检验员应具备的检验能力

(一)理化检验能力

具备定性分析、定量分析、标准曲线绘制等仪器分析的基础知识,掌握紫外可见分光光度计、酶标仪、酸度计等仪器设备的工作原理、使用方法与维护知识。能制备、测定与校准标准缓冲溶液、标准样品。在掌握检验项目的测试原理与标准检验方法后,可正确进行亚硝酸盐含量、硝酸盐含量、磷酸酶含量、脲酶含量的测定工作,使用计算机分析化学实验数据,以准确度、精密度和回收率等来综合评价检验检测方法。具备多种传统乳品生产技术知识,可分析乳品质量,根据检验结果判断乳品检验项目是否合格,并进一步分析不合格乳品产生的可能原因。

(二)微生物检验能力

掌握微生物的结构与特性等方面的基础知识;具备微生物检验抽样与样品保存的基本知识、清洁器皿的常用灭菌方法以及制备与保存微生物培养基的基础知识。能采用无菌方式取样,能正确进行玻璃器皿的清洗,可制备微生物的培养基,能合理使用超净工作台、微生物培养箱、高压灭菌器、电热烘箱、光学显微镜、移液器等微生物检验设备。在掌握微生物检验的实验原理与检验方法后,可独立进行大肠菌群和菌落总数的测定,能按规程进行微生物检验操作,准确分析数据,完成微生物检验报告。

具备微生物的营养与生长繁殖、染色与鉴别等基本知识,并具备微生物培养基、染色液、指示剂的制备与使用的基本知识以及微生物菌种的实验室保藏方法。能正确使用电子显微镜等检验仪器设备。在掌握微生物检验的实验原理与检验方法后,可独立进行霉菌、酵母菌和抗生素残留的测定,能准确分析数据,完成微生物学检验报告。

四、三年级检验员应具备的检验能力

(一)理化检验能力

具备误差来源及减小方法等仪器分析的基础知识,能制备校准标准溶液、标准样品。在掌握检验项目的测试原理与检验方法后,可正确使用原子吸收分光光度计、原子荧光分光光度计、等离子体发射光谱仪、荧光分光光度计进行微量元素含量、铜含量、铅含量、砷含量的测定,可正确使用气相色谱仪、液相色谱仪等仪器设备完成维生素含量、山梨酸含量、苯甲酸含量、糖精钠含量、色素含量、农药残留量的检验操作,可利用计算机分析化学实验数据,检验检测结果误差符合规定要求。具备多种创新型乳品生产技术知识,可分析乳品质量,根据检验结果判断乳品检验项目是否合格,并能进一步分析不合格乳品产生的可能原因,能培训指导一年级检验员和二年级检验员的检验检测工作,初步解决在乳品分析检测中出现的突发技术问题。

(二)微生物检验能力

掌握沙门氏菌、志贺氏菌、金黄色葡萄球菌、溶血性链球菌等致病性细菌的性质和特点,掌握乳酸菌发酵乳制品加工技术及商业无菌处理的基本知识,掌握微生物分离鉴定的基本原理,能正确开展致病性细菌的涂片、染色与鉴别。在掌握微生物检验的实验原理与检验方法后,可独立进行沙门氏菌、志贺氏菌、金黄色葡萄球菌、溶血性链球菌等致病性细菌的检验,能按规程进行微生物的检验操作,准确分析数据,完成微生物检验报告。

五、四年级检验员应具备的检验能力

具备一定的检验检测的培训、教育、指导方法等方面的知识,能制订乳品检验检测技能培训计划。掌握科技英文和专题文献的检索方法并可翻译英文文献。初步具备在分析检测中应用数据统计的能力,掌握产品质量管理基础知识,能运用多种方法分析误差产生的原因,结合各项目的检验结果,综合分析乳品检验检测过程中出现的问题。

掌握原料乳、加工半成品、乳制品及其添加剂的感官检验方法、理化检验方法、微生物检验方法;掌握气相色谱质谱联用仪、液相色谱质谱联用仪等新仪器的基础知识;能利用计算机完成对检测方法的可靠性测试。具备分析乳品质量的能力,可根据检验结果判断乳品质量是否合格,分析研判乳品加工过程中出现的质量问题。能指导低年级检验员的乳品检验检测工作,解决低年级检验员在检验检测过程中出现的较复杂问题。熟悉乳品行业的各类国家、行业和企业标准以及实验室管理知识,掌握实验室的规章制度,严格执行实验室的日常检验计划。

第二节　乳品检验工作规范

一、乳品检验基本要求

乳品检验检测机构和检验检测工作人员要按照相关法律法规的规定,依照乳品安全的国家标准对乳品进行检验检测。乳品检验检测机构和检验检测工作人员要恪守职业道德,确保乳品检验检测数据及结论客观公正、准确可靠,不能出具虚假乳品检验检测数据和报告。乳品检验检测机构要满足《食品检验机构资质认定条件》,在资质有效期和批准检验项目范围内开展乳品检验检测工作。承担复检工作的乳品检验检测机构要依据法律法规的规定取得食品复检机构资格。乳品检验检测机构要保证其管理体系、检验人员的能力、设施与环境等达到食品检验机构资质认定条件和要求方可开展乳品检验检测工作。乳品检验检测机构和检验检测工作人员要遵循独立客观、公正公平、诚实守信的原则,独立于乳品检验检测工作所涉及的利益相关方,通过识别诚信要素、开展针对性监控、建立保障制度等措施,保证乳品检验检测工作不受来自内外部的财务、商业等方面的压力和影响,确保乳品检验检测结果的公正。

乳品检验检测机构和检验检测工作人员不得与其检验委托方、数据结果使用方存在影响公平公正的关系,不得利用检验数据与结果进行乳品检验检测工作之外的有偿活动,不得参加与检验项目以及有类似竞争性关系项目的产品生产与经营活动,不得向委托方和利益相关方索取不正当利益,不得泄露乳品检验检测工作中所涉及的国家秘密、商业秘密与技术秘密,不得以广告或其他形式向消费者推荐乳品,不得参与任何影响检验工作独立公正和诚信的活动。乳品检验实行检验检测机构和检验检测工作人员负责制,检验检测机构和检验检测工作人员对出具的乳品检验数据报告与检验工作行为负责。乳品检验检测机构要履行社会责任,积极参加乳品安全社会共治活动。出现乳品安全突发事件时,乳品检验检测机构要建立绿色通道,配合有关监管部门优先完成稽查检验与应急检验等工作。

乳品检验检测机构依照国家有关法律规定,落实实验室安全控制、实验室环境保护、检验检测工作人员的健康保护等措施,规范管理和处置实验危险品、废弃物和实验动物等。同时,健全实验室安全事故应急处置程序,强化实验室安全检查,确保乳品检验检测实验室安全和公共安全。乳品检验检测机构要明晰实验室技术人员和管理人员的职责与权限,设立乳品检验责任追究制度和检验事故分析与评估处理制度等有关检验工作的制度,强化检验检测责任意识,保证体系有效运行。乳品检验检测机构要围绕乳品安全监管、乳品产业现状与发展需求,积极研发乳品检验检测技术等,参与修订乳品安全标准,研究乳品质量管理方法。基于信息技术设立乳品抽样系统、检验业务流程管理平台和数据共享平台等实验信息化管理系统,努力提高乳品检验检测的能力与工作效率、管理和服务水平。

二、乳品抽样和样品管理

承担乳品抽样工作的检验检测机构应当健全乳品抽样工作控制程序,制订乳品抽样计划,明确规范抽样流程与技术要求,同时要对乳品抽样人员开展培训考核,确保乳品抽样工作的有效性。乳品检验检测机构要依照相关标准与技术规范或委托方要求实施乳品样品采集运输、流转处置等工作,保留有关操作记录。乳品抽样过程要保证样品的完整性、稳定性和安全性,乳品样品数量要达到检验工作要求。抽取网络平台销售的乳品时,要依照国家相关规定保存电子版样品信息和有关凭证后,才能开展网络平台销售乳品样品的查验工作。乳品检验检测机构要依照国家相关规定执行风险监测、事故调查、案件稽查与应急处置等乳品抽样工作。

乳品样品的保存期限要符合相关法律法规、标准要求。乳品检验检测机构要有样品标识系统,规范乳品样品接收储存、制备与流转处置等工作,保证乳品样品在接受检验检测过程中处于受控状态,避免出现混淆、损坏、丢失、污染、退化等影响乳品检验检测工作的情况。乳品检验检测机构要设立超过保存期限乳品样品的无害化处置程序,保存上述样品的有关审批与处置记录。

三、乳品检验检测

乳品检验检测机构指定检验人员独立开展乳品检验。乳品检验检测要按照标准检验方法和已确认非标准检验方法的有关操作要求进行,并根据乳品检验实际情况,在出现检验方法的合理性偏离时,依据文件规定,经技术判断批准与客户接受后实施。乳品检验检测机构要翔实记录乳品检验工作,乳品检验原始记录要有检验人员签名,保证乳品检验记录信息完整、可追溯。乳品检验检测机构要设立检验结果复验程序,在乳品检验结果不合格或存在疑问等情况下进行复验,要保证复验数据结果准确可靠,并保存复验记录。

乳品检验检测机构要规范使用与管理乳品检验检测方法,乳品标准检验检测方法在使用前要开展实验证实,并保存有关实验记录。乳品检验检测机构要事先征得委托方同意后,才可使用经确认的非标准检验方法。乳品检验检测方法出现变化时,要重新开展实验证实与确认。在出现乳品安全紧急情况如乳品安全标准检验方法缺失时,乳品检验检测机构可按照国家相关规定,采用非乳品安全标准规定的检验项目与检验方法。乳品检验检测机构依照有关法律法规开展乳品复检工作,保证乳品复检程序的合法合规和检验结果的公正有效,复检机构要配合初检机构观察复检过程。

四、乳品检验结果报告

乳品检验结果报告要有检验机构资质认定标志、检验机构公章或经法人授权的检验机构检验专用章,并有授权人签名。乳品检验检测机构出具的电子版检验报告和原始记录需要依照国家有关法律执行。乳品检验检测机构要依照国家法律与客户要求,在规定期限内完成乳品检验检测工作,并出具检验结果报告。

乳品检验检测机构要建立乳品安全风险信息报告制度,在乳品检验过程中发现乳品存在高风险或严重安全问题,有可能出现行业性、系统性或区域性乳品安全风险隐患时,要向所在地市级食品药品监督管理部门报告,保留书面报告复印件、乳品检验报告和原始实验记录。

五、检验检测质量管理

乳品检验检测机构要完善组织结构,建设、实施和保持与乳品检验工作相对应的实验管理体系。检验检测机构开展乳品人体功能性评价时,要配备独立的伦理审评委员会,实施与人体试食乳品试验相对应的实验管理体系。乳品检验检测机构要落实检验人员持证上岗制度,规范检验人员的培训录用与管理,定期考核检验检测工作人员的乳品安全法律法规、乳品标准规范、操作技能、乳品质量控制要求、检验实验室安全与防护知识、量值溯源和数据处理知识等,确保工作人员的能力持续满足乳品检验工作的需求。乳品检验检测机构不得聘用法律禁止从事乳品检验工作的有关人员。

乳品检验检测机构要保证实验环境条件不会导致乳品检验结果无效或对乳品质量产生不良影响。可能出现相互影响的检验区域要进行有效隔离,防止实验干扰或交叉污染。微生物实验室和毒理学实验室的生物安全等级要达到国家有关规定,动物实验室空间布局、环境设施要达到国家有关动物实验室管理的要求。乳品检验检测机构要落实检验仪器设备、实验标准物质、标准菌种管理制度,规范使用,加强核查以达到溯源性要求。

乳品检验检测机构要及时关注乳品安全风险信息和乳品行业的发展动态,收集有关监管部门发布的乳品安全信息和与检验检测有关的法律法规、公告公示,确保实验管理体系内部文件与外部文件有效。乳品检验检测机构要定期查新乳品安全标准,保障能够准确使用更新后的乳品标准检验方法,及时向资质认定部门申请变更乳品标准检验方法。乳品检验检测机构要规范影响检验结果的标准物质、试剂和消耗材料、标准菌种等检验用品的购买、验收与储存工作,对检验用品供应商实施定期评价,留存合格供应商名单。实验动物及动物饲料的购买、验收与使用要按照国家有关规定要求。

乳品检验检测机构要落实投诉处理制度,面对乳品检验检测结果的异议与投诉,要及时处理并保存相关记录。乳品检验检测机构要完善档案管理制度,由专人负责并保证存档乳品检验材料的安全性与完整性,检验检测档案的保存期限要按照有关法律和检验追溯工作的要求。乳品检验检测机构要实施检验工作内部质量控制与监督,开展内部审核和管理评审,定期纠正、审查和完善管理体系,努力提升乳品检验检测的能力。乳品检验检测机构要定期采取人员比对与仪器比对、加标回收与样品复测、空白与对照试验、使用有证标准物质或通过质控图持续监控等方式,加强检验结果的质量控制,以保障乳品检验检测的结果准确可靠。

乳品检验检测机构要通过实验室间比对试验和能力验证,对存疑或不满意的检验结果采取有效方法实施改进,建立与其检验能力情况和检验工作需求相符的能力验证覆盖领域和比对试验频次。乳品检验检测机构要保障检验数据信息完整、安全和真实,正确使用计算机技术及自动化设备对乳品检验数据及相关信息进行采集记录、分析处理、报告检索及存储传输,合理利用"互联网＋"模式服务客户,检验机构要对上述工作与认证有关要求的符合性实施全面确认并留存确认记录。

乳品检验检测机构要执行检验委托部门的安排,准确完成稽查检验和应急检验等任务。承担有关监管部门委托检验的乳品检验检测机构要制定检验工作制度和程序,开展对应专项质量控制活动,依照检验委托部门制订的计划与实施方案和指定的标准检验方法实施抽样检验并上报结果。检验机构不能回避或选择抽样,不能提前告知被抽样单位,不能瞒报、谎报乳品检验数据结果,不能对外发布或者泄露检验数据。

六、监督管理

乳品检验检测机构要在官方网站公布其取得资质认定的检验能力范围、检验工作流程与期限、异议处理及投诉程序。检测机构要向社会公开承诺遵守法律法规、独立公正检验、履行社会责任,要接受社会公众与行业企业监督。乳品检验检测机构可分为依法取得资质认定的检验机构,以及高等院校、科研院所和社会第三方检验机构。

乳品检验方法的证实要求检验机构提供证据,以证明使用标准方法能够准确实施乳品检验检测。乳品检验方法的确认要求检验机构提供证据,证明该方法能够实现预期用途。乳品复验为同一检验机构为确认检验结果,对原乳品样品实施再次检验。

第三节　乳品生产与检验项目

一、常见乳品生产工艺

我国对巴氏杀菌乳、灭菌乳、发酵乳、乳粉、炼乳、奶油、干酪等乳制品实施食品生产许可证管理。乳品生产许可申请分为巴氏杀菌乳、灭菌乳、发酵乳等液体乳类单元;全脂乳粉、脱脂乳粉、全脂加糖乳粉、调味乳粉等乳粉类单元;炼乳、奶油、干酪等其他乳制品类单元。乳品生产许可证有效期为 3 年,乳品生产许可证要明确获证产品名称及申证单元。

基本生产流程及关键控制环节如下。

巴氏杀菌乳基本生产流程为:原料乳验收→净乳→冷藏→标准化→均质→巴氏杀菌→冷却→灌装→冷藏。巴氏杀菌乳生产的关键控制环节为原料乳验收、标准化、巴氏杀菌、灌装与冷藏。巴氏杀菌乳生产容易出现的质量安全问题有生产过程中微生物污染导致乳品变质,生产过程中残留清洗剂或杀菌剂导致产品异味,贮藏温度高导致产品变质。

灭菌乳基本生产流程为:原料乳验收→净乳→冷藏→标准化→预热→均质→超高温瞬时灭菌→冷却→无菌灌装→成品储存。灭菌乳生产关键控制环节为原料乳验收、预处理、标准化、超高温瞬时灭菌与无菌灌装。灭菌乳生产容易出现的质量安全问题有原料乳品质不良导致产品感官评价不合格,超高温灭菌或无菌灌装过程中微生物污染导致产品不合格,残留清洗剂或杀菌剂导致产品异味,灭菌温度和时间不适宜导致灭菌乳产品有稠厚感且色泽异常。

凝固型发酵乳基本生产流程为:原料乳验收→净乳→冷藏→标准化→均质→杀菌→冷却→接入发酵菌种→灌装→发酵→冷却→冷藏。搅拌型发酵乳基本生产流程为:原料乳验收→净乳→冷藏→标准化→均质→杀菌→冷却→接入发酵菌种→发酵→添加辅料→冷却→灌装→冷藏。发酵乳生产关键控制环节为原料乳验收、标准化、发酵剂制备、发酵与灌装。发酵乳生产容易出现的质量安全问题有产品质地不均且不黏稠,存在蛋白凝块或颗粒,发酵乳产品芳香味缺失,产品酸度过高或过低。有些发酵乳产品会出现乳清分离,上部分为乳清,下部分为凝胶体,部分产品由于微生物污染还会有杂菌生长。

脱脂乳粉基本生产流程为:原料乳验收→净乳→标准化→分离脂肪→脱脂乳冷藏→杀菌浓缩→喷雾干燥→筛粉晾粉或流化床冷却→包装。全脂乳粉和全脂加糖乳粉基本生产流程为:原料乳验收→净乳→冷藏→标准化→冷藏→杀菌浓缩→喷雾干燥→筛粉晾粉或流化床冷却→包装。脱脂乳粉、全脂乳粉和全脂加糖乳粉生产关键控制环节为原料乳验收、标准化、杀菌浓缩、喷雾干燥和包装。脱脂乳粉、全脂乳粉和全脂加糖乳粉不得采用干法工艺生产。脱脂乳粉、全脂乳粉和全脂加糖乳粉产品容易出现的质量安全问题有乳粉溶解性差、水分含量高、细菌数超标、出现脂肪氧化味。

调味乳粉基本生产流程为:原料乳验收→净乳→杀菌→冷藏→标准化→添加营养强化剂等其他辅料→均质→冷藏→杀菌浓缩→喷雾干燥→筛粉晾粉或流化床冷却→包装。调味乳粉生产关键控制环节为原料乳及辅助原料验收、标准化、均质、杀菌浓缩、喷雾干燥和包装。调味乳粉产品容易出现的质量安全问题有乳粉色泽较差、杂质含量高、溶解性差、水分含量高、出现脂肪氧化味。

炼乳基本生产流程为:原料乳验收→净乳→冷藏→标准化→预热杀菌→真空浓缩→冷却结晶→装罐→成品储存。炼乳生产关键控制环节为原料乳验收、杀菌及灌装。炼乳产品容易出现的质量安全问题有脂肪上浮、乳糖结晶、钙盐沉淀、霉菌污染、变稠、胀听、褐变。

奶油基本生产流程为:原料乳验收→净乳→脂肪分离→稀奶油→杀菌→发酵→成

熟→搅拌→排除酪乳→奶油粒→洗涤→压炼→包装。奶油生产关键控制环节为原料乳验收、杀菌、发酵、包装。奶油产品容易出现的质量安全问题有异味、色斑、水分含量高、出现孔隙、杂菌污染。

干酪基本生产流程为:原料乳验收→净乳→冷藏→标准化→杀菌→冷却→凝乳→凝块切割→搅拌→排出乳清→成型压榨→成熟→包装。干酪生产关键控制环节为原料乳验收、杀菌和包装。干酪产品容易出现的质量安全问题有异味、发霉、水分含量高、杂菌污染。

二、乳品生产必要设备

乳品加工企业要建在有充足水源、交通便利的地区,企业周围不得有粉尘、有害气体、放射性物质等污染源。乳品加工企业厂区内要铺设沥青、混凝土或其他硬质材料道路,厂区其他区域要进行环境绿化,防止厂区尘土飞扬或出现积水。

乳品车间包括生产车间和辅助车间。乳品生产车间分为原料乳车间、原料预处理车间、加工车间、乳半成品贮存车间、乳制品包装车间。乳品辅助车间包含原料仓库、材料仓库、成品仓库、检验室等为服务乳品生产所设置的必要场所。

乳品生产车间要按生产工艺流程要求设置,布局要整齐有序,要遵守生产工艺流程、生产操作要求及生产操作区域清洁度要求,实施隔离以防止交叉污染。

乳品生产车间不得出现霉菌滋生等现象,内部墙壁和屋顶要采用无毒无味、易清洗且不透水的浅色防腐材料建造。

巴氏杀菌乳和发酵乳的成品贮存库房要配备制冷设备以满足低温贮存要求。

干法乳粉工艺的生产车间要达到净化车间的要求,空调及空气净化系统要求独立,不能使用家用空调替代。干法乳粉工艺的生产车间地面要喷涂环氧树脂材料,内部空间要使用彩钢板隔断,保障生产环境满足空气净化及恒温恒湿要求。干法乳粉工艺的生产车间内部要分为关键卫生区和一般卫生区,要保证关键卫生区气压高于一般卫生区气压,关键卫生区内部空气要使用臭氧定期杀菌,裸露乳粉原料要严格处于关键卫生区内。

生产巴氏杀菌乳的必要设备有储奶罐、净乳机、高压均质机、巴氏杀菌设备、灌装机、制冷设备、清洗设备和保温运输工具。

生产灭菌乳的必要设备有储奶罐、净乳机、高压均质机、超高温灭菌设备、无菌灌装机、制冷设备和清洗设备。二次灭菌乳要通过保持灭菌的方式生产,其必要的生产设备有储奶罐、净乳机、高压均质机、高温保持灭菌设备、灌装机、制冷设备和清洗设备。

生产发酵乳的必要设备有储奶罐、净乳机、高压均质机、发酵罐、杀菌设备、灌装机、制冷设备、清洗设备和保温运输工具。

乳粉湿法工艺的必要生产设备有储奶设备、净乳机、配料设备、浓缩设备、杀菌设备、喷雾干燥设备、制冷设备、包装设备和清洗设备。

乳粉干法工艺的必要生产设备有原料计量设备、混合设备、半成品和成品计量设备、包装物杀菌设备、配有自动计量和校正系统的封闭式全自动包装机。

生产炼乳的必要设备有储奶罐、净乳机、杀菌设备、浓缩设备、灌装设备和清洗设备。炼乳生产企业使用乳粉作为生产原料时,可不要求配备储奶罐和净乳机。

生产奶油的必要设备有储奶罐、净乳机、脂肪分离机、杀菌设备、压炼设备、制冷设备、包装设备和清洗设备。奶油生产企业使用稀奶油生产无水奶油,可不要求配备储奶罐和净乳机。

生产干酪的必要设备有储奶罐、净乳机、杀菌设备、搅拌设备、凝乳设备、压榨设备、制冷设备和清洗设备。

用于生产乳品的原辅料要达到相应的国家标准和行业标准,严禁使用原料乳以外的蛋白质、其他非食用原料或制成品作为乳品生产原料。要选用获得生产许可证的企业生产的合格产品作为原辅料,以满足生产乳品的要求。

三、乳品的规定检验项目

液体乳检验的必要设备有 0.1mg 分析天平、干燥箱、离心机、蛋白质测定仪、恒温水浴锅、杂质度过滤机、灭菌锅、生物显微镜、微生物培养箱、超净工作台。

乳粉检验的必要设备有 0.1mg 分析天平、干燥箱、离心机、杂质度过滤机、不溶度指数搅拌器、蛋白质测定仪、恒温水浴锅、灭菌锅、生物显微镜、微生物培养箱、超净工作台。

其他乳品检验的必要设备有 0.1mg 分析天平、干燥箱、恒温水浴锅、离心机、蛋白质测定仪、灭菌锅、生物显微镜、微生物培养箱、超净工作台。

乳品的发证检验、监督检验和出厂检验要严格按照相应的检验检测项目实施。乳品中添加营养强化剂时,要根据乳品企业标准或乳品标签标识的含量进行发证检验和监督检验,同时要符合国家标准《食品营养强化剂使用标准》的要求。

依据国家标准《巴氏杀菌乳》和《预包装食品标签通则》,巴氏杀菌乳产品质量的发证检验和监督检验项目有感官检验、净含量、脂肪含量、蛋白质含量、非脂乳固体、酸度、杂质度、硝酸盐含量、亚硝酸盐含量、黄曲霉毒素 M1、菌落总数、大肠菌群、致病菌和标签。巴氏杀菌乳产品质量的出厂检验项目与上述项目的区别为每年检验 2 次硝酸盐含量和亚硝酸盐含量,可抽检黄曲霉毒素 M1、致病菌和标签。

依据国家标准《灭菌乳》和《预包装食品标签通则》,灭菌乳产品质量的发证检验和监督检验项目有感官检验、净含量、脂肪含量、蛋白质含量、非脂乳固体、酸度、杂质度、硝酸盐含量、亚硝酸盐含量、黄曲霉毒素 M1、微生物和标签。灭菌乳产品质量的出厂检验项目与上述项目的区别为每年检验 2 次硝酸盐含量和亚硝酸盐含量,可抽检黄曲霉毒素 M1 和标签。

依据国家标准《发酵乳》和《预包装食品标签通则》,发酵乳产品质量的发证检验项目有感官检验、净含量、脂肪含量、蛋白质含量、非脂乳固体、酸度、苯甲酸含量、山梨酸含量、硝酸盐含量、亚硝酸盐含量、黄曲霉毒素 M1、大肠菌群、酵母、霉菌、致病菌、乳酸菌、铅含量、无机砷含量和标签。发酵乳产品质量的监督检验项目可抽检铅含量和无机砷含量。发酵乳产品质量的出厂检验项目为每年检验 2 次硝酸盐含量和亚硝酸盐含量以及酵母、霉菌和乳酸菌数,可抽检苯甲酸含量和山梨酸含量、黄曲霉毒素 M1、铅含量和无机砷含量、致病菌和标签。

依据国家标准《稀奶油、奶油和无水奶油》和《预包装食品标签通则》,奶油产品质量的发证检验和监督检验项目有感官检验、净含量、脂肪含量、水分含量、酸度、菌落总数、大肠菌群、致病菌和标签。奶油产品质量的出厂检验项目与上述项目的区别为可抽检致病菌和标签。

依据国家标准《炼乳》和《预包装食品标签通则》,炼乳产品质量的发证检验和监督检验项目有感官检验、净含量、脂肪含量、蛋白质含量、全乳固体、酸度、杂质度、硝酸盐含量、亚硝酸盐含量、黄曲霉毒素 M1、铅含量、铜含量、锡含量、商业无菌和标签。全脂加糖炼乳产品质量的发证检验和监督检验项目在上述基础上增设蔗糖含量、水分含量、乳糖结晶颗粒、菌落总数、大肠菌群和致病菌。炼乳产品质量的出厂检验项目与上述项目的区别为每年检验 2 次硝酸盐含量和亚硝酸盐含量,可抽检黄曲霉毒素 M1、铅含量、铜含量、锡含量、致病菌和标签。

依据国家标准《干酪》和《预包装食品标签通则》,干酪产品质量的发证检验和监督检验项目有感官检验、净含量、脂肪含量、水分含量、黄曲霉毒素 M1、铅含量、无机砷含量、大肠菌群、酵母、霉菌、致病菌和标签。干酪产品质量的出厂检验项目与上述项目的区别为每年检验 2 次硝酸盐含量和亚硝酸盐含量,可抽检黄曲霉毒素 M1、铅含量和无机砷含量、酵母和霉菌、致病菌和标签。

依据国家标准《乳粉》和《预包装食品标签通则》,乳粉产品质量的发证检验和监督检验项目有感官检验、净含量、脂肪含量、蛋白质含量、水分含量、不溶度指数、杂质度、硝酸盐含量、亚硝酸盐含量、铅含量、铜含量、酵母、霉菌、菌落总数、大肠菌群、致病菌和标签。全脂乳粉和脱脂乳粉产品质量的发证检验和监督检验增设复原乳酸度检验项目,全脂加糖乳粉产品质量的发证检验和监督检验增设蔗糖含量和复原乳酸度检验项目。乳粉产品质量的出厂检验项目与上述项目的区别为每年检验 2 次硝酸盐含量和亚硝酸盐含量、酵母和霉菌,可抽检铅含量和铜含量、致病菌和标签。

乳品企业可以使用快速检验方法及仪器进行产品检验,并要求建立校验规程,定期对检验方法及仪器校准,保证乳品快速检验数据的准确性。

依据乳品加工企业申请取证的乳制品品种,每个液态乳制品和其他乳制品品种均要按规定进行抽样检验。乳品加工企业只生产一种乳粉类产品,可只对该乳粉进行抽样检验。乳品加工企业生产调味乳粉、全脂加糖乳粉、全脂乳粉、脱脂乳粉等多种乳粉类产品,抽样时要按上述顺序排列,抽取一种乳粉类产品进行检验。

从乳品加工企业成品库内随机抽取发证检验乳制品样品,其抽样基数不得少于 200 个最小包装产品,所抽样品必须为同一批次保质期内的乳制品。巴氏杀菌乳、灭菌乳和发酵乳的抽样数量不少于 20 个最小包装,抽样总量大于 3500 mL;乳粉、干酪、炼乳和奶油的抽样数量不少于 10 个最小包装,抽样总量大于 3000 g。样品平均分成一式两份,一份用于检验检测,另一份用于备查检验。乳品样品在抽样现场确认无误后,由抽样人员与被抽样单位在抽样单上签字盖章,当场封存乳品样品,贴加封条。乳品样品封条上要有抽样单位盖章、抽样人员签名和封装日期。巴氏杀菌乳和发酵乳制品的保存温度低且保质期较短,要注意此类低温乳制品的存样温度,并且必须要在巴氏杀菌乳和发酵乳制品的保质期内完成检验检测和结果反馈工作。

第三章
乳品检验安全管理与应急措施

第一节 检验实验室的安全管理

为防止乳品检验工作发生灾害,保障乳品检验人员职业安全与健康,维护乳品检验实验室正常运行,检验人员须执行乳品检验实验室安全管理规定,避免实验操作过程中建筑物、仪器设备、实验原材料、化学药品、实验气体或粉尘等引起乳品检验人员发生疾病、伤害、残疾甚至死亡。

一、检验实验室的安全管理

依据《中华人民共和国劳动法》第五十二条,乳品检验机构必须建立、健全劳动安全卫生制度,严格执行国家劳动安全卫生规程和标准,对检验人员进行安全卫生教育,防止乳品检验过程中事故甚至灾害的发生,降低乳品检验操作的职业危害。乳品检验实验室应根据规定设置检验安全卫生管理组织及相关管理人员,通过设立乳品检验实验室安全卫生委员会,研究并制定实验室安全卫生相关规定、实验室安全卫生教育实施计划等,研究预防检验仪器设备或实验材料出现事故的措施,针对实验环境测定结果采取相应对策,管理乳品检验人员职业健康相关事项,规范管理实验室毒性化学品,实施实验室安全卫生管理事项等工作。

乳品检验机构负责人要熟悉所属实验室安全卫生工作守则和实验安全工作方法,监督实验室的安全卫生状况,与下辖各实验室管理人员密切配合,努力防止实验事故或灾害的发生。检验机构负责人要向下属检验人员讲解正确的工作流程和实验操作方法,通过建立安全卫生改善提案制度,提升乳品检验实验室的安全卫生管理水平,保证检验仪器设备始终在安全的情况下完成实验操作。乳品检验机构负责人发现有任何危及实验人员或仪器设备安全等的异常情况时,要及时解决或对其加以改善,如发现尚不能改善,负责人要停止实验运行并报告上级有关部门。

乳品检验机构安全管理员负责规划与监督检查实验室安全卫生情况,定期巡视实验室并完成安全卫生工作记录,配合检验机构负责人制订实验室事故与灾害预防计划。安全管理员要熟知实验室安全卫生工作守则及工作方法,并将其应用于日常监督、检查与整改工作中。乳品检验机构安全管理员要向本单位负责人提供改进实验室安全的建议及意见,定期开展乳品检验人员安全教育培训,组织乳品检验人员进行健康检查。

二、检验实验室的安全要求

(一)实验室安全基本要求

乳品检验实验室内所有毒性及腐蚀性原材料不得随意放置,各种原材料应存放在安全位置上,未经实验室负责人许可不得擅自使用。实验室易燃物品不得置于电源、电线、气瓶开关等附近,检验原材料及半成品要维持良好状态,不可堆放在通道、安全门、安全楼梯及各通道路口。未经实验室负责人许可,检验人员不可在实验室内使用非实验要求的明火或其他可能引发火灾的热源。实验室若发生火灾时,检验人员应停止仪器设备运转并切断电源。检验实验中产生废料、废品、垃圾及其他杂物,应分别放置于指定地点并依规定处理。乳品检验实验室的用电仪器设备要接地后保持绝缘良好才能使用,实验器具要保持良好状态,使用前应检查其有无松动或破损,使用后要放回实验器具存放处。检验仪器设备上不可放置实验无关物品或器材,实验人员要保持检验仪器设备的整洁与完好。使用研磨机等高速转动设备时,实验人员要依照机械器具防护标准规定进行安全操作,实验室负责人要定期检查危险性机械设备。检验仪器设备发生故障时,实验人员须立即停机,并在其电气开关处悬挂警告牌,再进行仪器设备的检查与修理,以免出现失误而造成检修意外。

乳品检验实验室内严禁饮食,实验室要保持日常清洁,定期进行全面扫除。乳品检验人员要穿着合身整齐的实验服或工作服,禁止人员穿拖鞋、赤膊或赤脚工作。乳品检验实验室的地面要保持洁净,若地面有油类污渍应立即清除干净,以免导致实验人员摔伤。乳品检验实验室内需备有实验室危害物质清单,所有化学药品均要备有物质安全数据表,上述材料由实验室负责人定期更新。实验室内的危害物质清单和化学药品物质安全数据表应放在室内明显位置,且放置地点需加以标示,用以实验室出现事故或灾害时及时使用。实验人员使用化学药品前,应先详细阅读物质安全数据表,才能进行实验操作。实验室窗边不得堆积物品以免妨碍采光,实验室窗面和照明器具透光部分要保持清洁,实验室照明设备出现损坏要及时报修。有机溶剂会对乳品检验人员产生不良影响,进行有机溶剂操作时要尽可能避免皮肤直接接触,尽可能在通风橱中使用有机溶剂,或者选择在上风位置操作,以避免实验人员吸入有机溶剂挥发气体。检验实验室只能存放当天所使用的有机溶剂,有机溶剂容器使用后要随手盖紧,实验室换气设备应连续保持运转。各实验室要有专责人员负责开关门窗及电气总开关,实验结束后应将门窗关闭,关闭电源和电灯。

(二)实验人员安全要求

乳品检验人员要遵守实验室相关安全规定,定期参加实验室安全教育培训活动,帮助新进实验人员了解安全实验方法。乳品检验人员进入工作场所时,要先了解实验室环境,尤其要注意实验室负责人的提示事项。乳品检验人员要依标准工作程序进行实验操作,要熟知实验操作安全要点,避免发生实验危害。乳品检验人员要遵守各种实验安全操作方法,佩戴个人防护具,做好实验防护措施,保持实验室整洁。乳品检验人员从事危险性实验前,要事先向实验室主管报备,避免单独一人进行实验操作。乳品检验人员要提供实验室安全改善建议,及时向实验室负责人报告所有不安全情况和实验事故。

乳品检验仪器设备使用前,检验人员应详细阅读仪器设备操作手册,严格按照仪器正常程序操作,使用后务必关好仪器设备所有开关。乳品检验实验室安全设备与工具不得随意拆卸或使其失去功效,若发现被拆或丧失功效时,要立即报告实验室负责人。乳品检验仪器启动后,仪器操作人员不得擅自离开实验区域,检验人员未经许可不得擅自进入特殊操作管制区,不得任意涂改或拆除安全标示与标志。乳品检验实验室内各种挥发性溶剂用后需立即盖好,以免发生易燃性挥发气体导致的实验室火灾。

乳品检验人员必须掌握强酸、强碱等高危害性化学品和毒性化学品的预防危险准则,危害性或毒性化学品要依照实验室危害物管理规定及毒性化学物质管理规定等进行操作。危害性或毒性化学品必须放置于实验室指定位置,上锁并张贴明显的危害物标示。处理危害性或毒性化学品时,乳品检验人员除戴适当手套、呼吸防护具外,必须在抽气柜中进行操作。实验室烘箱、蒸馏器等加热设备附近禁止放置易燃、易爆化学品。冷藏化学药品的冰箱、冷藏柜内不得放置食品、饮料,乙醚也不可置于冰箱内,必须密闭放置于指定位置。

乳品检验人员要掌握实验操作标准程序和实验安全注意事项,学会使用化学药品物质安全数据表,可熟练使用化学品泄漏紧急处理设备。乳品检验人员要牢记实验室内灭火器、急救箱及紧急冲洗设备的位置,并熟悉其使用方法,检验实验室门口均标示有紧急应变联系人员电话。遇到实验室警铃响起时,乳品检验人员要立即关闭各类实验气体,并尽快离开实验室。乳品检验人员被化学药品溅伤后,应立即使用紧急冲洗设备冲洗,并视受伤情况选择就医治疗。可能发生毒性、腐蚀性的挥发气体实验操作要求在抽气柜内进行,实验废液应依照规定处理并分类存放,不得将实验废液倾倒于水槽中。实验结束应检查实验室的水、电与易燃气体等是否关闭,不继续使用的仪器设备应将其关闭以保障实验室安全。

减少产生量是乳品检验实验废弃物处理的基本原则,乳品检验人员可通过改善实验程序以减少废污产生量,设计实验过程应尽可能以产生无害废弃物为原则。准备实验药品时要估算其使用量,避免浪费实验药品及产生过量的实验废弃物。要尽量以毒性低的实验物质代替毒性高的实验物质,已产生实验室废弃物应依照规定进行分类回收处理。实验废弃物可交由委托代处理机构处理,自行处理时要按照废弃物认定标准处理后,以一般废弃物做最终处理。

（三）实验室用电安全要求

安装实验仪器设备电路应由专业人员完成，实验仪器设备的外壳必须接地线且不得随意拆掉。乳品检验人员应在插头处拔卸实验仪器设备电线，遇到实验室停电时，应关闭实验仪器设备电气开关。乳品检验人员不能在电线插座上接装过多实验仪器设备，以免因用电负荷过量而引发实验室火灾。如发现实验室电线电路有破裂时，要立即更换新品，以免发生触电事故。

乳品检验人员不得擅自移动各类实验仪器设备，如关闭仪器设备开关时发生电火花现象，实验室负责人应确认查明原因后再开展实验操作。检修仪器设备时必须悬挂明显标示牌，除负责设备修理人员外，任何人不得将该标示牌取下，以免发生意外事故。室外出现雷击期间，不得使用检验仪器和计算机等电子设备，检验人员应及时拔下仪器设备电源插座，避免设备遭受雷击损坏。当电源插座不足时，检验人员不能用延长电线连续串联或分接，以免造成接触不良过或用电负荷过重。延长电线附近不得放置化学品或其他可燃、易燃物质，以免因过热引起火灾。不得在人行通道上任意放置延长电线，必要时可加保护管并粘贴于地面，以免绝缘破损造成短路引发实验室火灾。

（四）实验气体的安全要求

乳品检验人员要熟悉实验气体特性、实验操作过程、事故紧急应变措施，非相关实验人员未经允许不得进入气体实验场所，气体实验场所要求严禁烟火，相关警告标志及标准操作程序标示应清晰可读。严禁个人单独从事气体实验操作，至少应为二人共同作业，以便随时互相支援。气体实验场所负责人应对气体工作场所泄漏监测器、警报器、气瓶储存柜、供气式面罩、灭火器、安全门等安全设施实施定期检查，气体钢瓶管理要求符合高压气体钢瓶安全规定。气体钢瓶应置于气瓶储存柜内，气瓶储存柜应保持抽气通风良好，排气需经适当处理后才能排放室外。乳品检测人员未经许可不得任意调整或搬动气体钢瓶位置、压力或开关，要求严格执行气体实验操作规范，不得擅自改变实验操作方法。易燃易爆有机溶剂、油品、粉状化学物质、空钢瓶等实验室危险物品不可存放在气体实验区附近。检修气体反应设备或管路时，应充分清除设备或管路内部残留气体，确认无危险时才能拆卸。

（五）实验物品贮存安全要求

实验物品贮存场所应保持整洁、空气流通，危害性化学品贮存场所应保持良好的通风。具反应性的两种化学品不得贮存于同一场所。实验物品要安全合理贮存，不可堆放过高，以免出现搬运困难或者倒塌。实验物品贮存应以绳索、护网、挡桩或采其他必要措施保护，避免出现物品倒塌或坠落事故，物品贮存时不得超过地面最大安全负荷要求。实验物品贮存不得阻碍实验室出入口、照明、电气开关等，不得妨碍消防设备等通道。实验物品贮存不得影响检验仪器设备操作，不得依靠墙壁或结构支柱堆放，不得在卸货区放置物品。实验物品贮存不能影响自动洒水器和火灾警报器的功效，尤其在搬运实验物品时,切勿触及实验室供电线路。易燃、易爆等危险物品应贮存于单独隔离仓库,仓库四周需设置明显警示标示,并要注意隔离仓库的防火防盗。易燃品贮存地点周边 16 米以内要求严禁用火,任何人员不得进行可能引发火花的操作。

(六)实验室废弃物处理要求

乳品检验实验室废弃物分一般废弃物、玻璃及尖锐物品、废弃针头、废弃溶液、毒性物质、放射性元素实验废弃物和资源回收物品等七类。玻璃及尖锐物品需以适当容器装好后,再依照一般废弃物丢弃。废液及毒性化学物质要送往实验废液储存室存放,由单位统一请专责处理企业处置。实验室废弃溶液需以统一规格的 20 升塑料桶装好后通知实验室负责人,统一送往实验废液贮存室存放。实验废液桶需确实记录标示实验废液内容物及负责人姓名、电话、实验室名等内容,实验室资源回收类物品则依物资回收分类送至废物回收站。

(七)实验室消防安全要求

检验机构负责人要依据《中华人民共和国消防法》相关规定严格管理乳品检验实验室消防安全,任何堆放物品不得影响消防设施正常使用。各仓库、储物间不得使用明火,切实遵守禁止闲人进入实验室的规定。易引起火灾、爆炸危险的实验场所,应有严禁烟火和禁止闲人进入标示,所有灯源、电气设备均为防爆型。实验室易燃品要使用安全容器贮存,易燃品贮存场所应保持充分通风换气、严禁烟火。实验室安全门应保持畅通,不得上锁,开门方向要朝向实验室外,安全通道上不可放置物品,检验人员可通过安全门可直达楼外空地。根据可能的火灾类型与危险程度,乳品检验实验室要配置适当且适量的灭火器。实验室灭火器应分别置于取用方便的明显位置,并以红色标示指明其存放位置,不得任意移动灭火器位置。乳品检验人员必须熟练使用各类消防设备,以保证及时抢救实验室可能发生的灾害,实验室负责人要定期检查灭火器状况,并负责报请更换药剂等保养事宜。实验室负责人要切实检查并妥善保养检验仪器设备,避免发生过热失火等实验事故。乳品检验中产生的废油布、废纸等易燃垃圾应丢入有盖的金属桶内,以防止实验室火灾发生。

乳品检验机构要定期组织检验人员开展灭火器使用训练,实验室负责人要定期检查确保干粉灭火器的压板及插销的位置完整固定,外表无生锈龟裂以及灭火器药剂压力表指示合格。实验室灭火器放置地点要求准确,应依照实验室配置图合理摆放,灭火器要有明显标示使用方法,且取用灭火器无障碍。确保消防栓箱门前不能堆置物品阻碍开关,消防栓箱把手完整且可开关,消防出水龙头可转动,消防水带无破损、发霉,水带卷曲摆放合理且拆装容易;实验室自动喷淋设施要保持其下方无堆积阻碍,喷淋设施出水孔外观完好且无阻塞物;实验室火警感应器应无破损、无发黄腐蚀、无阻碍物;火警标示灯完好、明亮,标示灯周围无障碍;火警警铃及按钮外观良好、按钮表面保护板无破裂;各实验室的广播系统完好,实验室的扬声器均可听到音量清晰的实验室通告中心广播内容;实验室紧急照明设备数量无短缺,并依据实验室消防安全图配置,实验室应急照明设备外观无破损,平时插好电源,维持在打开状态;实验室安全门应保持常关状态,安全门开门器功能正常,安全门出入口及避难通道畅通,不可堆积杂物;安全门出口指示灯及避难标示要明亮醒目,指示灯外观无破损,不能有阻挡物遮挡指示灯;实验室楼梯周围无堆置物品,实验室消防锤外观完整,使用方法标示明显清楚。要防止实验室的单一插座有过多插头共同使用的情况出现,设备使用前要注意标示的电压值与电源启断位置。实验室安全器材柜要保持整齐清洁,器材柜内急救箱药品等物品充足,且未超过存期限,安全器材柜内有实验室化学品安全数据表。实验室紧急冲淋洗眼器要保持清洁且功能测试正常,保证出水水质为无色、无堵塞淤积且水压正常。

实验室负责人要在乳品检验实验室明显位置张贴紧急事故与灾害通报电话,实验室发生火时,实验室负责人应立即向本单位救灾指挥中心报告,启动实验室紧急应变预案处理。如实验室发生较大规模火灾时,实验室救灾指挥中心应利用广播系统,通告实验室全体工作人员立即撤离,救灾指挥中心人员还需拨打119火警电话向消防人员通报火灾情况,请求消防支援。检验机构负责人要组织成立实验室紧急应变小组,并立即指挥开展救援工作。实验室火灾紧急应变处理程序为:实验室火灾的发现与确认,及时进行火灾广播通告,实施人员疏散,立即通知紧急应变小组各成员,成立紧急应变指挥处并开始运作,实施实验室紧急应变措施,封锁现场开展消防救援,成立救护站进行避难部署与伤员急救,参与实验灾害善后处理,调查并检讨实验室火灾原因,撰写实验室灾害报告。

三、检验设备的安全操作要求

(一)空气压缩机安全要求

严禁将空气压缩机曲轴箱内加油量超越油标尺上限,当压缩机阀门或油封腐蚀后,机油可能随空气进入贮气筒内进而引起爆炸灾害。输送压缩空气管的接头松脱时,检验人员应先关闭贮气槽上的放气阀后,才能连接压缩空气管。不能将压缩空气吹向易燃油料,以免静电引起火花后发生实验室火灾。不能将压缩空气吹向实验人员,不能用压缩空气吹除头部、手部、鞋上或衣服上尘埃,以免被压缩空气带出的铁屑、颗粒等杂物击伤。空气压缩机停用时间较长或无人看管时,实验室负责人要排放贮气筒内全部压缩空气,以免压缩空气喷出伤人。

空气压缩机使用前,检验人员应检查设备电器开关和接线是否正常,要确保设备无明显损伤、裂痕、变形及腐蚀,压缩空气贮气槽及管件无锈蚀现象,自动控制装置正常,皮带不过于松动。检验人员要检查压力表、安全阀、压力调节阀、逆流防止阀,调整配压阀的负荷调整装置。空气压缩机启动前,检验人员应检查压缩机贮气筒和散热箱上各安全装置正常,安全阀应由专业人员调整在略高于常用压力的位置。检验人员要确保已将凝结水排除干净,排放出贮气槽中的水后才能启动设备,设备达到设定压力时,要能自动停止运行。空气压缩机在启动前,检验人员还应巡视空气压缩机的周边环境,清除靠近传动皮带及转动机件边缘的物品,以防止物品甩出伤人。

空气压缩机运行时,检验人员要注意压力表指示,空气压缩机的压力不能过高,当超过使用压力时须及时做适当调整。检验人员若发现机器有压力、温度、音响、震动等异常情况时,应立即停机后检查处置,并做好适当调整。空气压缩机运行时,检验人员不能用手探测空气压缩机的转动机件温度,要注意检查风扇皮带,防止其脱滑导致压缩机温度升高。空气压缩机运行时,检验人员应确保空气压缩机无异常振动或异常声音,空气压缩机润滑油油位正常,气压要保持在最高容许压力以下。当设备负荷有剧烈变动时,检验人员应注意空气压缩机及贮气筒有无异常发热现象,空气储存槽及管路接头有无漏气现象。

（二）离心设备安全要求

离心设备使用前,检验人员须检查设备外壳无损伤、裂痕、变形或腐蚀,检查设备覆盖板牢固,制动器功能正常。离心设备使用时,检验人员应注意设备转速,不得使离心转速超越其最高使用值,检查离心设备连锁保护装置正常。检验人员从离心设备中取出物品时,要先使离心设备停止运转后再取出。离心设备使用时,检验人员要检查设备附属螺栓锁紧,设备转子无异常振动或损伤,主轴轴承转动时无异常声音。

（三）干燥设备安全要求

检验人员使用干燥设备时,应注意设备附近区域不得堆放易引起火灾的物品,不得使用干燥设备加热有机过氧化物。干燥设备使用前,检验人员应检查设备内外部无损伤、变形或腐蚀。检验人员应将干燥物品放置整齐,不得出现物品脱落或倾倒情况。干燥设备使用前,检验人员要检查窥视孔、出入孔、排气孔等开口部是否正常,检查设备内部温度测定装置和温度调整装置是否正常。干燥设备使用时,检验人员应及时排出设备中物品因加热干燥产生的气体或粉尘,维持干燥设备正常温度。检验人员应注意干燥温度与时间是否保持正常状态,干燥加热时不得将设备打开。经设备干燥后的物品,需待其冷却后才可收存。离心设备使用后,检验人员应确认干燥设备内没有存留干燥物品,还要确认将干燥设备电源或其他热源关闭。

（四）压力容器安全要求

实验室压力容器应由专职检验人员完成其操作,使用人员要求受过压力容器操作培训,并取得压力容器操作技能鉴定合格证书。实验室压力容器要配有检查合格证,压力容器使用期间应由专业检验机构做定期检查,压力容器停用时应向有关部门报备。为防止压力容器引发实验室事故,专职检验人员要每周检查压力容器的安全阀、压力表和其他附属配件,发现压力容器异常时,应立即向实验室负责人报告。压力容器使用前,专职检验人员要检查容器以确保内外部无损伤,焊接缝无腐蚀及裂缝,保温层无破损,防锈油漆无脱落;检查压力容器以确保盖板、凸缘无腐蚀或变形,盖板螺栓部分无松动、无损耗或腐蚀;检查压力容器旋塞、接头以确保无损耗或泄漏,管线无腐蚀；还要确保压力容器的安全装置和安全阀性能正常，压力表读书正常，温度计读数正常。压力容器操作时，专职检验人员要避免容器出现压力负荷急剧变化，保持容器压力在最高使用压力之下，观察压力容器安全阀功能正常、自动控制装置功能正常，检查容器压力温度、压力等运行状态数据，确认压力容器的阀门、仪表及其他安全装置正常。

（五）高压气体容器安全要求

实验室内的高压气体容器、空容器或不同类型气体钢瓶应分区放置，检验人员要确认高压气体容器用途、内容气体与标示一致时才可使用。不得擅自变更或擦掉高压气体容器的外表颜色，不得拆卸高压气体容器所装气体的品名标示。高压气体容器使用时，检验人员应加以固定，并保持高压气体容器处于40℃的温度以下，不能随意灌装或借出高压气体容器。实验室内移动气体钢瓶时，检验人员要尽量使用专用手推车，保证气体钢瓶直立且固定安稳，不得撞击气体钢瓶。可燃性气体钢瓶或氧气钢瓶放置处，实验室负责人要依照消防法规设置灭火设备，并保持周边区域自然通风。高压气体容器通道不能堆积实验室物品，以便于实验室发生紧急状况时将其搬出。高压气体容器使用前，实验室负责人要确保其固定放置，标有名称和标示，确保高压气体容器柱塞与高压橡皮管无损坏，流量计无泄漏，调压器正常。

（六）局部排气装置安全要求

局部排气装置使用前，检验人员需检查装置的吸气及排气功能，确保导管接触部分良好，排气机润滑正常，导管或排气机未聚积尘埃，气罩及导管无磨损、腐蚀、凹凸或其他损害。检验人员要根据实验方法、有机溶剂气体扩散状况及有机溶剂比重等，选择适当的气罩型号。检验实验室的排气口应置于室外，外装型气罩要尽量接近有机溶剂气体发生源，产生有机溶剂或挥发气体的实验操作应在气罩中进行。局部排气装置应设有除尘设备或废气处理设备，局部排气装置不能吸入有爆炸危险或腐蚀性的气体或粉尘。实验操作时，检验人员要控制气状污染物的排气风速为 0.5 m/s，控制粉尘、纤维、熏烟、雾滴等粒状污染物的排气风速为 1.0 m/s 局部排气装置在实验操作期间不得随意停止运转，局部排气装置与排气口应处在不受阻挡的位置，要保证两者的有效运转。

四、检验人员的安全培训

乳品检验人员在实验操作中要遵循实验操作标准程序，避免人为的疏失及错误，乳品检验人员有接受实验安全教育与训练的义务。实验室负责人要正确储存化学药品，定期实施实验室检查，及时发现问题并处理。实验室发生突发事故或灾害时，检验人员应立即采取必要的抢救措施，通报相关主管部门并配合调查分析以形成事故记录或灾害报告。乳品检验机构应保障检验人员的工作安全，预防实验事故与灾害，定期组织开展必要的安全教育与训练，以便于实施实验室突发事故抢救或灾害救援。乳品检验机构应有两位以上经指定培训单位受训合格的培训负责人担任实验室安全教育与训练任务。检验人员要定期接受实验安全操作和预防实验事故与灾害所必要的安全教育与训练,受训人员包括实验室负责人、仪器设备操作人员、检验实验操作人员等。实验室安全教育的内容包括劳动安全卫生法规概要,劳动安全卫生概念及实验室安全卫生规定,乳品检验操作标准程序,实验操作前期、中期、后期的检查事项,检验操作中应注意事项及危害预防方法,实验紧急事故与灾害的处理和避难事宜,实验室消防与急救常识。

新进检验人员的实验室安全训练时数不得少于 10 小时,对使用危险化学品的检验人员要额外增加 10 小时的教育与训练。实验室安全训练包括实验室紧急应变程序、化学品安全数据表管理、危险化学品安全卫生教育、实验室急救训练、小型压力实验容器操作、辐射设备装置操作与管理。危险化学品实验人员教育与训练内容还需增设危险化学品的物理化学特性,危险化学品对人体健康的影响,危险化学品的标示与使用,危险化学品的分类管理,危险化学品的存放、使用、处理和弃置等安全操作训练。

乳品检验人员经过实验室安全教育与训练后,进入实验室开展工作前,要检查身体健康状况。年满 45 岁以上的检验人员要每半年进行一次体检,年满 30 岁未满 45 岁的检验人员要每一年进行一次体检,未满 30 岁的检验人员要每两年进行一次体检。乳品检验人员的体检项目涉及视力、色盲及听力检查;胸部 X 光摄影检查,血压测定与尿中糖及尿蛋白检查,血色素及白细胞检查;血清丙氨酸转氨酶、肌酸酐、胆固醇及三酸甘油酯检查。乳品检验人员要重视体检结果,采纳及遵守医生的健康建议事项。

第二节 危险化学物质的安全管理

一、有毒化学物质的管理

(一)毒性化学物质的分类

国家指定的危险化学物质分为爆炸性物质、着火性物质、氧化性物质、引火性液体、可燃性气体及其他危险品。国家指定有害物指有机溶剂中毒预防规则中的三氯甲烷、三氯乙烯等 56 种化学物质;特定化学物质危害预防标准中联苯胺及其盐类、二氯联苯胺及其盐类、二甲氧基联苯胺及其盐类等 63 种化学物质;其他指定化学物质如乙醛、丙烯醇、苯胺等 254 种化学物质,其他经国家指定的放射性物质。乳品检验实验室使用的毒性化学物质有苯、四氯化碳、二氯甲烷、甲醛等几十种,依照化学物质的毒理特性,可分为以下四类:

第一类毒性化学物质是指化学物质在环境中不易分解或因生物蓄积、生物浓缩、生物转化等作用,致污染环境或危害人体健康者,乳品检验使用的第一类毒性化学物质有汞、1－奈胺、苯、四氯化碳、三氯甲烷、硝基苯、二硫化碳、氯苯、碘甲烷、吡啶、蒽、氯乙烷。

第二类毒性化学物质是指化学物质能致肿瘤、生育能力受损、畸胎、遗传因子突变或其他慢性疾病等作用者,乳品检验使用的第二类毒性化学物质有 2 - 萘胺、联苯胺、丙烯酰胺、重铬酸钾、重铬酸钠、重铬酸铵、铬酸铵、铬酸钠、甲醛、乙二醇、甲醚、环氧氯丙烷、铬酸钾、铬酸、重铬酸钙。

第三类毒性化学物质是指化学物质经暴露,将立即危害人体健康或生物生命者,乳品检验使用的第二类毒性化学物质有苯胺、丙烯酰胺、甲醛、丙烯醇、三氯化磷、邻苯二甲酐。

第四类毒性化学物质是指有污染环境或危害人体健康者,乳品检验使用的第二类毒性化学物质有二氯甲烷、环己烷、氯乙酸、乙醛、乙腈、丙烯酸丁酯、丁醛、二苯胺、乙苯、三乙胺、硫脲、醋酸乙烯酯、二乙醇胺。

（二）化学物质的安全管理

化学物质的危害信息收集与整理是乳品检验实验室最重要的工作,检验人员要尽可能掌握实验室内使用化学物质的危险性,因此,实验室安全的重要事项之一就是建立化学物质安全数据表,简称 MSDS(Material Safety Data Sheet)。数据表记录有化学物质的储存分类、灭火方法、对人体毒性、人体防护等数据,化学物质安全数据表是实验室安全的重要基础。各类毒性化学物质的详细数据可从安全数据表中获取,实验室购入毒性化学物质时,可要求厂商提供化学物质安全数据表,也可使用化学物质查询数据库查询。化学物质安全数据表除简明扼要记载毒性化学物质的特性外,也包括了安全处理、紧急应变、清除污染和控制危害等数据,用以弥补毒性化学物质标示内容中危害警告和防范措施等信息的不足。

物质安全数据表可以提供乳品检验实验室各种化学物质的相关数据,各检验实验室都必须配有完整的化学药品物质安全数据表,并要求准备两份,一份置于实验室,另一份存于乳品检验机构。当实验室发生意外而无法进入时,可由检验人员在实验室以外取得化学物质安全数据信息,进而确认事故实验室内的化学物质危害。乳品检验实验室内每一化学药品罐都须依照危害通识规则标示相关注意事项。除化学物质的物质安全数据表外,各实验室须制作本实验室的危害物质清单及使用记录,对各实验室存放的化学物质种类、数量等均有详细数据记录,此数据可在实验室紧急应变与救灾时提供关键支持。

乳品检验实验室化学药品柜要固定在墙壁上,以避免柜内化学物质容器倾倒,化学药品柜门要上锁以免震动导致柜内化学物质容器跌落。未置于化学药品柜中的化学物质容器周围要有牢固阻拦装置,以防止化学物质坠落破损。挥发性易燃化学物质要置于经检验合格的抽气柜中存放,不合格抽气柜会有死角,导致易燃气体滞留,可能引发实验室火灾。液体化学物质容器放置高度不能超过 1.5 米,以免取用时液体化学物质坠落,伤及检验人员。存放化学物质前应先查询物质安全数据表,不兼容的化学物质不可放在同一化学药品柜内。腐蚀性化学物质放入化学药品柜前要使用托盘装置,或者用耐腐蚀塑料盆隔离放置,以防互相撞击产生化学物质泄漏,引发实验室灾害。

二、危险化学物质实验的安全要求

(一)危险化学物质实验基本安全要求

非操作人员不得进入危险化学物质实验场所,危险化学物质的实验人员应穿着工作服,并佩戴手套、护目镜,必要时须佩戴呼吸防护具,实验室负责人要定期检查特殊化学物质实验室,确保局部排气系统正常。危险化学物质使用前,检验人员应检查实验室通风设备,使用特殊化学物质应遵守实验操作标准程序。不论危险化学物质是否处于使用状态,检验人员都应随手盖紧,实验室只允许存放当天实验所需的危险化学物质。检验人员在实验中突感身体不适时,要立即停止危险化学物质实验操作,并报知实验室负责人。检验人员应在实验室抽气柜中处理危险化学物质,必要时要佩戴呼吸防护器具,以避免吸入危险化学物质气体。检验人员离开实验室前,要确认被危险化学物质污染的物品已清洗干净。危险化学物质废液要倒入指定废液收集桶,分类收集并贴上标示。危险化学物质废液要远离乳品检验实验室存放,检验机构应统一规划合适场地用以存放危险化学物质废液,危险化学物质废液存放场所要远离火源、电源、潮湿、高温及震动,并保持存放场所通风良好,且易于工作人员搬运。

(二)易燃化学物质实验安全要求

易燃化学物质应在实验室指定地点存放,并标明种类和名称,实验室负责人要尽量减少易燃化学物质的实验室存放量。易燃化学物质操作实验室只允许存放当天所需要的易燃化学物质,曾贮存过易燃化学物质的空容器要加盖密闭,并依照相关规定处置。易燃化学物质实验操作前,检验人员需仔细阅读易燃化学物质的标示。检验人员需检查实验室换气装置部分的风扇和风机是否能正常工作,要对实验室进行整体换气,防止不当实验操作导致的易燃化学物质弥漫。检验人员要检查是否有新增设备影响实验室内空气流动,实验室是否出现正压或负压环境,检查风扇和风机内外侧是否存在阻碍物。易燃化学物质实验操作前,检验人员需确保实验室局部排气装置和空气净化装置的电机正常工作,装置皮带未出现滑移或松弛,无外来气流影响气罩排气效果,排气装置吸气及排气能力正常,空气净化装置运行良好。

易燃化学物质实验操作中,检验人员应戴手套、防护口罩、护目镜,穿着防护衣等防护器具,避免皮肤直接接触易燃化学物质,仅可制备实验当天所需的易燃化学物质。易燃化学物质操作应遵守实验操作标准程序,实验操作中不能停止通风换气设施的运行,并要在通风良好的上风位置进行实验操作,以避免检验人员吸入易燃化学物质气体。检验人员在易燃化学物质实验操作中突感身体不适时,要立即停止操作,并报告实验室负责人。易燃化学物质废液不能任意倾倒,检验人员应将其倒入指定存放容器内,受易燃化学物质污染的抹布等废弃物要置于密闭容器内盖好,不得任意弃置。检验人员离开易燃化学物质操作区前,要确认手部已清洗干净。

（三）易爆化学物质安全要求

为防止易爆化学物质在实验室发生事故,易爆化学物质要远离烟火或可引发起火的危险品。易爆化学物质应放置在阴暗通风处,远离光照,并防止金属异物混入易爆化学物质。检验人员不得摩擦、冲击易爆化学物质,要避免易爆化学物质接触到水或可加速其氧化的物质。除实验要求外,检验实验室不得任意放置易爆化学物质,检验人员未经许可不得灌注、蒸发或加热易爆化学物质。工作人员搬运易爆化学物质时,要使用专用运搬机械,易爆化学物质要有严禁烟火标示,与易爆化学物质接触后会引起爆危险的其他化学物质应与其隔离存放。实验室中存放有易爆性气体或可爆性粉尘时,实验室要有通风、换气、除尘、去除静电等必要设施以降低发生爆炸的危险。易爆化学物质实验室不得装配或使用有可发生明火、电弧、火花及其他可能引起爆炸的危险器具、机械、仪器设备等物品。

易爆化学物质实验操作前,检验人员需确保易爆化学物质无泄漏、翻倒或碰撞情况,依照规定检查易爆化学物质标示,阅读物质安全资料表。检验人员要检查实验室电气设备的防爆型号,确保实验反应器或管线已接地,确保易爆化学物质实验室已远离火源。易爆化学物质实验装置及其附属设备出现异常时,检验人员要立即向实验室负责人报告。易爆化学物质实验场所内温度、湿度、遮光及换气出现异常时,检验人员应立即向实验室负责人报告。

（四）有毒化学物质实验安全要求

有毒化学物质实验操作前,检验人员应检查实验室通风设备,确保气罩吸气能力正常,保证实验避难方向有两个、检验人员逃生通道保持畅通无阻。检验人员应检查有毒化学物质防护具并确保防护性能正常以及实验室整体换气装置的排气机正常,清除气罩内部尘埃。确保洗眼及紧急冲淋等设备处于正常状态。有毒化学物质实验操作前,检验人员准备好有效的有毒化学物质呼吸防护具、防护眼镜、防护衣、防护手套、防护鞋及涂敷剂。非检验人员不得擅自进入有毒化学物质实验室,实验室只允许存放当天所需的有毒化学物质。

有毒化学物质实验操作时,检验人员要遵守实验操作标准程序,盛装有毒化学物质的容器要随时保持盖紧状态。检验人员要佩戴手套、护目镜、实验衣等防护器具,避免皮肤与有毒化学物质直接接触。有毒化学物质实验操作时,检验人员要在抽气柜中处置有毒化学物质,必要时需佩戴呼吸防护具,避免吸入有毒化学物质气体。检验人员在有毒化学物质实验中突感身体不适时,应立即停止操作,并报知实验室负责人。贮存过有毒化学物质的空容器要加盖密闭并依规定处置,被有毒化学物质污染的抹布等废弃物应置于有盖密闭容器内,不得任意弃置。实验室发生有毒化学物质漏泄事故时,检验人员要在适当防护下,立即用吸附材料吸收泄漏的有毒化学物质,并将处理后有毒化学物质依照有毒废弃物处理相关规定处置。检验人员离开实验室时,要确认已将有毒化学物质污染的皮肤及衣物清洗干净。

三、危险物质防护与器材使用

(一)实验室化学物质的防护

乳品检验初学人员在实验操作时,需要有经验的实验技术人员做现场指导,实验操作台要保持整洁,以避免碰落或溅出的化学物质伤害实验操作人员,减少实验室事故的发生。乳品检验所用的化学物质都应标示清楚,不可使用标示不清的化学物质,新配置的化学试剂要注明内容物、浓度、配制日期与配制人。在实验室使用可燃性液体或气体时,检验人员一定要熄灭实验操作附近所有的火焰,防止挥发性化学物质的蒸汽漫延至火焰旁而引发实验室火灾。实验室应至少有两个门,主要通路与出口在任何时刻均不可被实验用品或管线等物品阻塞。实验室应有适当的照明条件,要保持整洁,实验室地面应无油污、水或其他致滑物质,实验室内禁止吸烟,检验仪器设备摆放要合理,食物不得与化学物质容器一同贮存于冰箱或冷藏室内。

检验人员在实验操作时要穿着实验服并戴好实验手套,穿包覆式鞋,不可穿凉鞋、拖鞋,搬运重物时,检验人员要穿安全鞋。实验操作前,检验人员应详细阅读所使用化学物质的安全资料表,要详细了解实验室内外最近的灭火器、急救箱、紧急淋浴设备与洗眼器的位置,并熟悉上述设备的使用方法,避免单独一人进行实验操作。禁止检验人员在实验室内跑步嬉闹、进食或从事与实验操作无关的活动。实验操作期间有溅出或喷出化学物质时,检验人员应佩戴安全眼镜;处理粉末化学物质时,应佩戴防粉尘口罩;处理有机溶剂时,则应佩戴防毒面罩,并选择使用合适的滤罐。检验人员配制酸、碱试剂时,应将酸、碱慢慢滴入水中,不可直接将水加入试剂内。使用挥发性有机溶剂,危险性及毒性、可燃性或有刺激性蒸汽的化学物质进行实验时,检验人员应在抽气柜内进行操作。使用吸管移液时,检验人员需使用安全吸球,禁止用口吸。实验用化学物质应妥善管理,危险化学物质应储存在安全容器中,易挥发性、易燃性或毒性化学物质应置于通风良好的低温处,使用过的化学物质要依规定处理,不得任意弃置或直接倒入水槽。

小型化学药品柜要固定在实验台桌面,防止化学药品柜整体跌落地面,检验仪器设备可在试验台边加上凸缘,或采用固定式角架加以固定。运送实验气体钢瓶要使用手推车,不可用以滚动方式搬运。检验实验室的隔间墙应为以石膏板为主的轻质隔间,实验用各种架高台架、固定架亦应固定于强度足够的墙面,如果墙面没有足够强度支撑固定架,需多点固定或另设实验气体钢架台以确保气体钢瓶等重物固定安全。实验气体钢瓶要明显标示内装气体名称、相关警告及防范措施等信息,管线应以颜色或吊牌、标示牌等标示内容气体。检验人员离开实验室时,应将不再使用的实验气体钢瓶全部关闭。实验操作前,检验人员要先详细阅读与本次实验相关的化学物质安全数据表,许多化学物质不能用水灭火,一般可以使用干粉式灭火剂扑灭实验室化学溶剂火灾,但对于仪器设备灭火可能需要用二氧化碳或惰性气体为灭火剂。使用惰性气体作为灭火剂时,要考虑对检验人员可能造成的窒息危害,使用惰性气体为灭火剂时,工作人员应佩戴供气式呼吸防护具,实验室尚内有人员时,不得使用以惰性气体为灭火剂的自动灭火设备。实验室消防设备要有明显标示,紧急应变时便于寻找,灭火后工作人员不得立刻进入火场,以免被化学物质蒸汽伤害,实验室消防器材使用后应立刻补充。

（二）实验室游离辐射的防护

乳品检验人员要掌握辐射防护原则,游离辐射实验室负责人要确保游离辐射操作对检验人员及普通工作人员造成年有效等效剂量不超过50毫西弗及5毫西弗的参考值。实验室辐射防护要注重体外辐射防护、体内辐射防护及自我辐射防护原则。

体外辐射防护TSDD原则:时间(Time)原则要求检验人员暴露在游离辐射中的时间尽可能缩短,任何涉及游离辐射的实验操作,检验人员事先要做好充分准备,以减少受暴露的机会。屏蔽(Shield)原则要求检验人员在游离辐射实验操作时加以屏蔽体保护,屏蔽材料可选用铝或亚克力,屏蔽材料最好使用铅。距离(Distance)原则是指游离辐射剂量与距离的平方成反比,即检验人员距离辐射源越远越安全。蜕变(Decay)原则是指若时间允许,检验人员可根据辐射强度自然衰变减弱后,再进行实验操作。

体内辐射防护原则要求检验人员尽量避免摄入放射性物质。如有摄入放射性物质时,检验人员应大量服用保护性药液,以减少放射性物质的吸收,检验人员也可使用泻药、催吐剂或利尿剂增加排泄,要注意防止放射性物质污染的发生。自我防护原则要求检验人员在辐射工作区内禁止饮食,不得在辐射工作区内吸烟,从事辐射性工作后,检验人员应即洗手并仔细检查,未洗手前不得直接使用电话或任意触摸其他物品。检验人员皮肤有伤口时,要特别注意放射性物质的侵入。

依照时间、距离、屏蔽三个辐射防护原则,实验室的辐射源需依规定密封处理,检验人员操作前要检查放置辐射源的密封层是否出现震裂、摔坏、受酸碱物质腐蚀,不得随意裁剪、撕裂、折叠、挤压、拆开密封层。实验室负责人应经常检查辐射源的外表有无放射性污染,若出现辐射外泄应立即停用该设备,并进行除污以防止辐射污染扩大,废辐射源应依规定申请处理,不可随便拆开或丢弃。游离辐射实验区域、屏蔽外围、辐射容器外表面都必须张贴辐射警告标志,并详细记载该辐射源的种类、核种名称、出厂时间和当前活度,标注屏蔽体表面、容器或区域外围的辐射剂量率等数据,以提高工作人员的防护意识。辐射源与保护装置应连成一体,不可任意打开保护层使辐射源外露,并应上锁严密保管,防止设备被盗、误用或遗失。检验人员要尽量降低暴露密封辐射源的辐射机会。检验人员操作辐射源设备时,应使用镊子或其他夹具操作,不可用手直接接触辐射源。辐射源的覆盖层很薄,检验人员切勿用手指或其他尖硬物品划破辐射源窗。

（三）实验室防护器材分类

乳品检验机构建筑应标示各实验室的紧急疏散路线平面图以及逃生方向、安全门、安全梯等，紧急疏散路线图需张贴在进出频繁的建筑出入口及紧急出入口附近。实验室应设置紧急出口指示灯、紧急照明灯及避难方向指示灯等装置，及时开启紧急疏散出口、逃生门等装置。实验室内要装备包括毒性气体探测器、可燃性气体探测器、火警探测器等灾害探测器材，以及吸收棉、阻流索等化学物质泄漏处理装备，实验室也可设置缓降机、长度充足的逃生绳等避难器。实验防护衣，紧急洗眼、冲淋装置，灭火器，急救箱，避难器具，广播通信器材，紧急照明系统，溅洒泄漏系统均是实验室紧急应变必要的防护器具。实验室化学物质安全数据表、实验室特殊仪器设备的使用手册均是乳品检验实验室紧急应变的重要参考材料，实验室中每种毒性化学物质或其他危险化学物质均应准备物质安全数据表，以为紧急应变人员提供必要的实验室安全信息。实验室负责人要定期检查实验室内的紧急洗眼、冲淋装置，以保障流出水源清洁，保证水压、水量及持续冲洗时间充足。实验室负责人要定期组织检验人员演练实验室灭火器的使用方式，及时更换旧灭火器、灭火毯，要定期更换实验室急救箱内的急救药品和救护器材，要定期检查并更换紧急照明使用的防爆手电筒电池。

乳品检验实验室负责人要定期清查实验室急救箱中的物品及其数量，注意急救物品的有效日期，急救物品如过期需尽快更换。实验室急救箱内的物品应包括可固定、止血、保护伤口的三角巾；可减缓神经痛的贴膏；骨折、脱臼固定使用的固定板；夹纱布的镊子；剪绷带或衣物的剪刀；固定板使用的纱布绷带；扭伤、脱臼包扎固定用的弹性绷带；覆盖伤口用的纱布；擦拭伤口用的棉花棒；贴外伤伤口的创可贴；治疗蚊虫咬伤的薄荷膏；固定伤口的透气胶带；局部消毒伤口的消毒液；跌打损伤消肿止痛的气雾剂；清洗伤口、补充电解质用的生理食盐水；减缓运动后肌肉酸痛的药膏；眼睛受伤或伤口处理用抗生素药膏；测量体温的体温计；隔绝空气的烫伤药膏；防止昏倒的风油精；等。

（四）实验室防护器材的使用

乳品检验机构应向检验人员提供数量充足的实验防护设备与防护器具，安排检验人员接受相关的实验室防护训练，使检验人员了解实验防护用品的使用及维护方法。检验机构负责人应指定专人保管实验防护用品，保持实验防护用品清洁，并进行必要的消毒处理。实验室负责人要经常检查实验防护用品，保持其防护性能正常，防护用品不用时要妥善保存。实验防护用品数量不足或有损坏时，实验室负责人要立即向检验机构负责人报告，并及时补充实验防护用品。实验防护用品应置于实验室固定位置并标示清楚，实验人员不得任意移动实验防护用品。检验人员出现疾病或遇到感染时，应单独使用个人专用实验防护用品。

乳品检验人员接触对眼睛有伤害的气体、液体、粉尘或强光时，应戴安全眼镜或眼罩。

实验操作时,检验人员应根据实验性质穿着适当的实验衣或工作服,接触有腐蚀性的化学物质时,应穿防护围裙。可能与高低温气体、有害气体、蒸气、有害光线、有毒物质、辐射设备或物质,或有害病原体接触时,检验人员应选用适当的合格防护面罩、防尘口罩、防毒面罩、防护眼镜、防护衣等防护用品。在粉尘、缺氧、有毒气体污染的实验场所,检验人员应佩戴适当的防尘口罩、防毒面罩或供气式呼吸防护具。检验人员进入自然通风不足的实验场所前,应做好实验防护措施,必要时要向实验室负责人报备,经准许后方可进入工作区域。处置腐蚀性化学物质前,检验人员应穿着安全鞋;有触电危险时,检验人员的安全鞋应能有效绝缘。搬运有腐蚀物或有毒物品时,检验人员应使用适当的手套、围裙、安全帽、安全眼镜、口罩、面罩等防护用品。在85分贝以上的实验场所工作时,检验人员应戴耳塞、耳罩。乳品检验实验中使用的防护用品均应为国家检验合格的产品,防护用品对检验人员的实验操作干扰越小越好,不可造成使用者的不适感而影响实验操作。

第三节 检验实验事故的抢救措施

一、实验室事故抢救基本程序

日常预防是避免实验室事故的基本原则,实验室负责人平时要做好检验人员安全教育,备齐实验室事故抢救物资。实验室事故抢救程序为检验人员向实验室负责人通报实验室发生事故,实验室负责人进行实验室事故状况评估,准备抢救用品与防护装备,进行现场指挥、实验室受伤人员抢救、事故区隔离与人员疏散、事故抢救与实验室清理、实验室事故状况解除。实验室事故抢救时,实验室负责人要指挥抢救人员采取有效的防护措施进行实验室抢救行动。

检验人员发现实验室出现紧急事故时,应立即向实验室负责人通报实验室事故现场的有关状况。实验室负责人确认发生实验室事故后,要发布实验室事故现场警报,通知现场检验人员停止实验操作,启动实验室事故的抢救措施,向检测机构办公室通报有关实验室事故的情形与必要信息,如发生了什么事故,事故在何处发生、发生在何人身上、何时发生、如何发生、危害程度、需要何种协助。检测机构办公室人员应向机构负责人通告实验室发生的事故,并依照事故状况及时通知相关人员开展抢救。

实验室负责人组织成立事故抢救小组后,到达实验室事故现场的所有抢救人员先需要考虑安全问题,事故抢救人员应以互助小组的方式进入实验室事故区。引导人员要将检验人员疏散至远离实验室事故区域,疏散事故实验室附近非抢救人员,安排人员隔离实验室附近的污染区域,并管制实验室入口。抢救人员要使用物质安全数据表、紧急应变指南等信息资料,先辨识引发事故化学物质的种类与特性。抢救人员要熟悉个人防护具及各项抢救设备的使用方法,抢救人员处理实验室事故必须穿戴好防护衣、面罩、呼吸器等防护设备及护具。抢救人员逐步移除事故区的热源与火源,要注意保持实验室空气流通,在安全状况许可下设法阻止事故物质泄漏或蔓延,事故物质收集后要依照实验室废弃物分类处理。未穿着防护装备的人员不得进入实验室污染区域,抢救人员事故处理后须确认除污后才能离开。事故中大量化学物质外泄引起实验室周边环境污染时,应通知上级部门和有关单位及时处理。

实验事故抢救过程的要点是迅速将实验室伤者搬离实验室现场,实验室抢救人员需穿戴完整的个人防护装备才能进入实验室事故区救人,将其安全送至通风处后,仔细检查伤员的中毒症状,判断人员中毒途径并给予适当急救措施。抢救人员要将已吸入化学物质的事故伤员置于空气新鲜处,若伤员呼吸停止时,抢救人员要施加人工呼吸,并注意伤员的保暖与休息,立即送医院治疗。检验人员误食入化学物质后,抢救人员要根据化学药品性质与种类,判断是否给予事故伤员大量水或牛奶并催吐。若伤员昏迷则禁止催吐处理,立即送往医院治疗。误食化学药品的事故伤员送医院时,陪同人员务必携带误食化学药品的物质安全数据等随行,以便医生做医疗参考使用。检验人员在衣服着火后,不可奔跑或扑扇火焰,要利用最近的灭火设备灭火。化学物质溅泼在检验人员皮肤时,抢救人员要将伤员身上受化学物质污染的衣服脱下,立即用大量水冲洗或以肥皂水、中性清洁剂水洗涤 15 分钟,伤员经冲洗后仍觉疼痛则需送医院治疗。

二、实验室事故的抢救措施

乳品检验实验室发生小规模化学物制泄漏事故时,检验人员如果已知泄漏化学物质成分,要查找其物质安全数据表,查看是否有特殊处理程序,以及中和化学物质及消除潜在危害的方法。对于不明化学物质,检验人员不可靠猜测来判断其成分,要将不明化学物质当作危险物质进行处理。实验室发生化学物质泄漏后,检验人员应尽快关闭化学物质泄漏源,并利用实验室内配备的吸附棉吸收已泄漏的化学物质,注意控制化学物质的泄漏范围。实验室发生中等规模化学物质泄漏时,检验人员应在安全无危险下关闭泄漏源,利用阻流索条设法防止泄漏扩散,尽量避免泄漏物流入下水道或其他密闭空间,并尽快通知发生事故实验室的负责人。若实验室负责人判断可自行处理化学物质止漏及除污时,应立即组织人员处理,如判断无法立即处理时,实验室负责人应立即向上级通报,寻求多方面支援。注意及时隔离实验室事故现场,疏散周边人群,除现场紧急处理及急救人员外,禁止非救援人员靠近。现场救护人员应依现场状况,保持伤员处于事故区上风处,远离地势低洼或通风不良处。发现实验室人员出现中毒症状时,应立即处理并打电话求救,并快速送医急救,救护人员要保持镇定且避免自身被毒化物污染。

乳品检验实验室出现酸碱等腐蚀性化学物质泄漏时,检验人员要通报实验室负责人并确认是何种化学物质引起的泄漏,在评估其危害性后方可决定抢救和控制事故扩大的方式。抢救人员判断化学物质泄漏处于无显著危险情况后,应迅速利用实验室现场防护设备将化学物质泄漏源关闭。泄漏的化学物质和沾有化学物质的除污物由抢救人员统一收集后,依照规定处理。检验实验室出现有毒、有害气体或化学物质泄漏时,检验人员发现泄漏尚处于无显著危险时,应快速利用实验室现场防护设备将泄漏源关闭,并速通知泄漏区域附近的人员离开实验室。检验人员发现实验室出现较大规模泄漏灾害并通报后,实验室负责人要立即确认是何种气体或化学物质发生泄漏,并评估实验室泄漏灾害的破坏性,决定救灾及控制灾害扩大方式,开展现场救灾。实验室负责人依照规定通知检验机构负责人,组织本单位消防抢救人员到实验室现场救灾,并联系医院急救伤员。抢救人员产生的有毒、有害气体或化学物质泄漏吸收液应收集后统一处理,以免造成实验室二次污染。

乳品检验实验室发生一般性火灾时,如检验人员发现实验室出现小火时,应尽可能在无危险下安全关闭火源,并移开着火点附近所有引火源,确认引起火灾的物质种类,立即用对应的灭火设备扑灭火苗,寻求附近检验人员协助灭火,并应立即通知实验室负责人组织抢救。抢救人员判断实验室出现的火情能用实验室灭火设备扑灭,抢救人员要先关闭可能造成更大规模灾害的化学物质输送开关,立即使用适合的灭火设备救灾。抢救人员要设法通知其他实验人员协助灭火,同时设法通知事故发生实验室的负责人及时处理。抢救人员发现实验室火势已无法控制时,应立即启动火警报警器通知消防队,并通告附近工作人员立即疏散。当消防队抵达实验室火灾现场时,抢救人员需先通报确认是何种原因引起火灾,协助消防人员评估其危害性,以决定消防灭火方式。消防人员灭火时,应参考着火化学物质的物质安全数据及反应特性,考虑是否已将与其有反应的化学物质隔离。自来水可用于扑灭普通火灾;泡沫灭火器可扑灭普通火灾和油类火灾;干粉ABC灭火器可扑灭普通火灾、油类火灾和电器火灾;干粉D灭火器可扑灭金属火灾。

乳品检验实验室发生化学物质火灾时,检验人员要视情况使用相应的消防设备灭火,若实验室火势扩大触动火警警报系统时,检验机构负责人要依照紧急应变程序立即请求消防单位支援。检验人员实验服着火时,要避免奔跑,应立即卧倒并滚压火焰,也可用湿布、厚重衣服或防火毯盖熄。检验人员疏散时,应依照逃生路线选择最近的安全门或安全楼梯,不可使用电梯,也不可停留或再返回实验室。实验室火灾疏散时,最后离开的逃生人员应随手将火灾实验室门关上,以防止火灾扩散。逃生人员若发现门板很烫,不可以打开非火灾实验室门时,逃生人员在进入楼梯时也应随手带上安全门,以阻止火灾蔓延。逃生人员疏散过程中,若经过浓烟区,应以湿毛巾捂住口鼻,尽量贴着地面匍匐前进并实施短促呼吸。现场抢救人员要首先考虑化学物质燃烧或热分解的危害性,避免让自身陷入火中。具有爆炸性或毒性的化学物质着火时,抢救人员应有足够防护设备才可进行现场灭火。一般遇到可燃性固体如木材、纸张、纺织品等所引起的火灾时,适用的灭火剂包括水、泡沫灭火器、ABC 干粉灭火器、消防砂等。可燃性液体如汽油、燃料油、酒精、油脂类等引起火灾时,适用的灭火剂有泡沫灭火器、二氧化碳灭火器、干粉灭火器、消防砂等,并可使用水雾冷却,但不可使用水灌注。通电的电气设备引起火灾时,必须使用非导电性灭火剂如二氧化碳灭火器、干粉灭火器灭火,确认电源已切断后,才能参照上两类火灾处理。可燃性金属如钾、钠、镁、锌、锆等引起火灾时,要使用特定化学干粉灭火,绝对禁止用水灭火,以免产生剧烈反应而引发实验室爆炸。

乳品检验实验室出现非连锁性物理爆炸事故时,抢救人员应尽快关闭造成爆炸的物质源头,若存在触电危险时,抢救人员应先关闭设备电源或立即通知电气人员协助处理。抢救人员要检查爆炸附近有无人员受伤,发现伤员后要及时通知爆炸发生地的实验室负责人,立即联系医院协助。乳品检验实验室出现有机溶剂气体或多种混存气体引起的小规模爆炸事故时,抢救人员应立即通知发生爆炸灾害实验室的负责人,先要确认是何种化学物质引起的爆炸事故,评估化学物质危害性后,再决定救援及防止事故扩大的方式,组织检验人员开展抢救行动。

检验人员在使用可发生游离辐射实验仪器设备出现意外事故时,应迅速切断辐射仪器设备的电源,同时还要立即通知临近的检验人员及时离开,并向实验室负责人简要说明辐射事故状况。实验室负责人发现已出现放射性物质泄漏,造成实验室污染时,应迅速确认辐射污染范围,并及时进行辐射物除污作业。实验室负责人要采取紧急措施,防止辐射事故继续蔓延,减少辐射事故造成的影响,严密管制辐射事故现场,控制辐射事故波及区域。实验室负责人要向检验机构实验室安全员通告仪器设备的辐射受损情况,将实验室辐射事故报告及辐射物除污报告报送检验机构办公室备查。

三、事故伤员的急救措施

乳品检验人员在实验室出现一般性事故伤害需紧急救助时,受过急救训练的实验人员在医护人员抵达前,应立刻对伤员做适当处理,避免实验事故人员出现更为严重的不良后果。实验室急救人员要帮助伤员防止出现伤势恶化,等待专业医护人员到来。实验室急救人员不能惊慌失措,在没有确定受伤实情前应将伤员平卧,防止伤员昏厥或休克。实验室急救人员应给予遭遇实验意外伤害的伤员临时性照料,直至专业急救人员到达或得到医生的诊治为止。如伤员面色发红,要将其头部垫高;如伤员呕吐,则将头部转向一边,以防窒息。实验室急救人员在必要时,可利用棉被、衣物等保暖物维持伤员体温,防止伤员发生休克。实验室急救人员需联络医护人员进入现场,配合医护人员用担架将伤员运送至救护车,并一同前往医院,实验室急救人员还要协助伤员述说病情,以帮助急救医生及时诊断并治疗。

乳品检验人员出现化学物质吸入性中毒情况时,除非事故抢救人员配有适当的防护装备,且熟悉其使用方法,否则抢救人员不可贸然进入实验事故现场进行抢救,以免造成事故抢救人员出现中毒情况。抢救人员可将伤员搬运至空气新鲜处,若发现伤员呼吸停止,需立即进行人工呼吸。实验室负责人要立即请医护人员到现场或将伤员送至医院诊治,运送伤员过程中,要使伤员保持温暖与安静,不可给予伤员任何酒精饮料。检验人员出现化学药品服入性中毒情况时,伤员若食入非腐蚀性化学物质,抢救人员可先行帮其催吐;伤员若食入腐蚀性的化学物质,如果其自身可以进行吞咽,抢救人员可给予伤员少量饮水;伤员若出现昏迷、抽搐时,抢救人员不可帮其催吐,并要根据伤员心肺功能情况实施急救,抢救人员要注意保留引发中毒的化学药品,并要护送伤员前往医院。

当化学物质溅到检验人员眼睛时,要立即以清水冲洗15至20分钟,冲洗时伤员应翻开眼皮,以清水冲洗眼球及眼皮各处,但水压不可太大,以免损害伤员的眼球组织。当检验人员遭遇化学气体中毒时,抢救人员应佩戴必要的防护具,首先要打开实验室通风口,将伤员迅速移至空气新鲜处。伤员出现意识不清楚、呼吸困难情况时,抢救人员应给与伤员氧气供给。伤员出现呼吸停止时,抢救人员应施予伤员人工呼吸,维持其呼吸系统运行。化学气体中毒伤员出现心跳停止时,抢救人员应施予伤员心脏按压,维持其循环系统运行,将伤员送医院急救期间要注意保暖,以减缓伤员的体温下降速度。化学物质沾及检验人员皮肤时,检验人员要立即脱掉被污染的衣物,以冲淋设备清洗被污染部位。当大量化学物质附着在检验人员身体时,化学物质可能经皮肤吸收而引起伤员全身症状,抢救人员应先采取中毒急救措施,再将伤员尽快送医院急救。检验人员误食化学物质中毒后要重复漱口,若伤员呈现昏迷、呼吸衰竭、抽筋等现象时,抢救人员不可催吐处置,要尽快送医院急救。

乳品检验人员发生化学物质灼伤时,应立即用大量清水冲洗,尽快冲洗是减少化学物质灼伤的关键步骤。伤员要边脱衣边用水冲洗,反复使用大量清水冲洗后,抢救人员应尽可能使用清洁的覆盖物将伤员的灼伤部位盖好。若伤员的灼伤面积较大时,抢救人员要让伤员平躺,伤员头部、胸部放置要略低于伤员其他身体部位,并尽可能将伤员两腿抬高。若伤员神志清醒且可以吞咽时,抢救人员可给予伤员服用适量的非酒精性饮料。若化学物质或其他异物溅入检验人员眼睛时,抢救人员要立即开启洗眼器用大量清水冲洗伤员眼睛15分钟以上,冲洗时抢救人员需将伤员眼睑撑开,用清水轻轻冲洗,伤员要一边冲洗一边转动眼球,戴隐形眼镜的伤员需先行将其取出,再用清水冲洗至少15分钟后。除小面积皮肤发红的轻度灼伤外,其他被化学物质灼伤人员均应就医诊治。

实验室发生腐蚀性酸泄漏时,检验人员应脱去污染衣物,以清水冲洗腐蚀性酸污染区域。检验人员误食入腐蚀性酸时,抢救人员不可进行催吐及洗胃处置,要给伤员饮水,抢救人员不能使用中和剂,要将伤员送医治疗。实验室发生腐蚀性碱泄漏时,检验人员应脱去污染衣物,以清水冲洗腐蚀性碱污染区域。检验人员误食入腐蚀性碱时,伤员要用水漱口以减少黏膜刺激,抢救人员不能进行催吐、洗胃及用酸中和处置,要将伤员送医治疗。实验室发生氢氟酸泄漏时,检验人员应脱去污染衣物,立即用清水清洗受氢氟酸污染区域。在伤员接触氢氟酸的部位涂抹葡萄糖酸钙软膏,使氟变成不溶氟化钙,以减少氢氟酸侵入伤员体内的机会,再将伤员送医治疗。实验室发生四氯化碳泄漏时,检验人员应脱去污染衣物,以清水或肥皂水清洗四氯化碳污染区域。检验人员误食入四氯化碳后尚清醒时,抢救人员可实施催吐处理。检验人员误食入甲醇或暴露在甲醇浓度超标的实验环境2小时,若伤员尚清醒,抢救人员可实施催吐处理,再将伤员送医治疗。实验室发生石油制剂及环状碳氢化合物泄漏时,检验人员应脱去污染衣物,以清水及肥皂清洗受污染皮肤,并将伤员送医治疗。

乳品检验人员发生触电伤害时,抢救人员需先关掉实验室电源,确认自己无触电危险后,再用干燥的木棒或其他绝缘物将伤员与触电物品分离,然后根据伤员意识情况,进行救生措施。抢救人员搬运触电伤员前,需先检查其头、颈、胸、腹、四肢伤势,并加以固定,让伤员尽量保持舒适姿势。抢救人员将触电伤员拖至安全处时,应沿身体方向直线拖行,不可横向拖行,抢救人员也应使用牢固的器材搬运伤员。乳品检验人员出现烧伤情况时,先将伤口用清水冲洗至少30分钟,应一边向伤口冲水,一边用剪刀除去束缚衣物。在伤员等待送医前,伤口要继续泡水,不可压破伤口上的水泡,再盖上清洁纱布以防感染,然后将烧烫伤员送医治疗。检验人员出现骨折情况时,要避免受伤骨骼与邻近关节再次移动,抢救人员应以夹板固定伤肢,并使用担架运送。搬运伤员时,要抬高固定伤肢以减少肿胀与不适,要将骨折伤员立即送医治疗。若检验人员出现手指有断裂的情形,需将断指立即以清洁塑料袋包装隔离,与伤员一同送医院缝合。

乳品检验人员在实验操作过程中出现外伤出血后,抢救人员应直接按压伤口或绑止血带,若伤员发生四肢外伤出血时,抢救人员要抬高伤员的出血部位,将伤员四肢抬至高于伤员心脏的位置,让伤员躺卧并给予保暖后立即送医院治疗。抢救人员不可除去伤员伤口处的凝血,以防止持续出血情况,要立即对伤口消毒以防止感染。伤员出现一般性出血时,应以直接止血法处理伤口,即用干净纱布或毛巾覆盖伤口,以手加压处置至少5分钟。伤员出现动脉出血时,抢救人员应以间接止血法和直接加压止血法同时进行,尽量减少伤口血液流出量。伤员大量出血且无法以直接或间接止血法止血时,应使用止血带处理,止血带要绑在伤口较近心脏部位,且要记住包扎时间。两种止血法均要每隔10~15分钟放开15秒,以防止伤员出现局部组织坏死的情况。检验人员鼻子流血时,应将伤员保持半坐半卧且头部稍向前的姿势,按压伤员鼻子两侧以止血,压迫10分钟后松开,若仍未止血应再压10分钟。

四、实验室事故调查报告

乳品检验实验室发生事故时,未经检验机构安全员许可,任何人员不得移动或破坏现场。检验机构负责人收到实验室事故通报后,除指导事故实验室负责人开展抢救行动外,应在单位内部通报实验室事故及处理情况。事故实验室在恢复正常运行前,实验室负责人要做好充分准备,以应对实验室可能再次发生的事故。实验室负责人要根据规定更换或修理受损的仪器设备,贮备补充各类防护设备和防护用品,以备实验室再次出现事故时使用。

发生事故的实验室,无论事故情节轻重,实验室负责人都应主动召开检讨会,并将会议记录送至检验机构办公室。实验室事故抢救行动结束后,检验机构负责人应组织开展实验室事故调查工作,检验机构安全员负责提交本次实验室事故的调查报告,发生事故的实验室负责人要配合完成调查。实验室事故报告内容包括实验室事故发生的时间、地点;采取的抢救措施;实验仪器设备的受损程度、检验人员的伤情;实验室可能释放的有害污染物类别、数量以及其危害性质;事故可能造成的危害范围及影响,实验室下阶段必要的安全防范措施;实验室事故善后处理;等。事故实验室负责人应配合检验机构实验室安全员针对实验室事故过程的调查,抢救人员要协助完成实验室事故的调查,以了解实验室事故发生的原因,预防类似实验事故再次发生。乳品检验机构应建立档案,保存实验室发生的所有事故文件记录。

第四节　检验实验室灾害的应急措施

一、实验室灾害应急预案

乳品检验人员在实验室中使用各类化学品、辐射物质及危险性仪器设备的机会会逐渐增加,检验人员若出现操作不当或人为疏忽,均可能导致实验室意外事故或灾害的发生,事故轻微时会影响到检验人员的健康,灾害严重时会造成实验室环境污染,甚至造成人员伤亡和财产损失。乳品检验实验室开展实验操作就可能会出现意外,即使实验防护措施再周密,实验室事故或灾害还是有可能发生,为了确保乳品检验实验室的安全防范措施得以落实,需要制定实验室紧急应变预案,并安排检验人员定期进行应急演练。一旦乳品检验实验室发生意外事故,可立即采取快速有效的紧急应变措施,将实验室事故或灾害的破坏程度降至最低,避免因事故或灾害扩大危及检验人员生命安全或造成环境破坏。

建立乳品检验实验室紧急应变预案主要是为了当实验室发生意外事故时,抢救人员能各司其职,做好人员沟通,统筹实验室救援力量开展救护,将混乱的实验室灾害现场条理化,使实验室灾害损失减少至最低,并及早完成实验室善后恢复工作。乳品检验机构要依据《生产安全事故应急预案管理办法》、《使用有毒物品作业场所劳动保护条例》及其他相关法规制定出检验实验室紧急应变预案。乳品检验机构要根据紧急应变预案建立实验室紧急应变小组,针对检验实验操作可能发生的事故与灾害,培养检验人员良好的应变常识和能力,以防止灾害扩大,减轻甚至避免实验事故或灾害对检验人员造成的伤害,提高紧急状况发生时检验人员的应变措施成效。

乳品检验实验室中危险化学品是指具有爆炸性物质、易燃固体、自燃物质、禁水性物质、氧化性物质、引火性液体、可燃性气体等。有害化学品包括致癌物、毒性物质、剧毒物质、生殖系统致毒物、刺激物、腐蚀性物质、致敏感物、肝脏致毒物、神经系统致毒物、肾脏致毒物、造血系统致毒物及其他造成肺部、皮肤、黏膜危害的物质。毒性化学品是指依据《危险化学品安全管理条例》公告的化学物质。检验实验室是指检验机构依《中华人民共和国食品安全法》所建立的实验场所。检验人员是指在实验室工作的乳品检验人员。实验室负责人是指对乳品检验机构中各实验室负有指挥、监督责任的人员。

实验事故是指阻碍或干扰实验操作进行的事件,或指有缺陷的环境及不当实验操作引起的非计划事件,或使实验操作效率降低的事件。实验事故包括异味事故、轻微医疗援助事故、化学品泄漏事故、气体泄漏事故、小规模火灾事故、财产及设备损失事故、基础建筑事故、失能伤害与疾病事故、虚惊事故。实验灾害是指实验室的建筑物、仪器设备、原材料、化学品、气体、粉尘等或实验操作及其他实验活动原因引起的检验人员疾病、伤害、残废或死亡,重大实验灾害是指实验灾害发生导致 1 人及以上死亡或同一事故 3 人及以上受灾者的事故。

检验实验室一级状况是指实验室灾害超过乳品检验机构的救援能力范围,需要外单位援助才能控制的状况。例如,检验实验室出现大量化学品泄漏或较大火灾时,要及时成立实验室紧急应变小组,协调现场指挥救灾,通知消防、医院等救援单位,请求外单位协助救灾,紧急应变小组协同开展救灾工作。检验实验室二级状况是指实验室事故超过现场检验人员及实验室负责人的抢救控制范围,紧急事故范围扩展至更多的实验场所,需要检验机构组织人员支援的状况。例如,检验实验室出现化学品中等规模泄漏或小型火灾等检验人员无法控制的实验事故时,需要请求其他实验室人员支援,乳品检验机构负责人应启动实验室紧急应变预案,动员本单位一定数量的检验人员开展抢救行动。实验室三级状况是指检验实验室事故现场人员及实验室负责人能实时控制突发事故的状况。例如,出现化学品小规模泄漏等可被现场检验人员控制住的实验室事故。不用动员大量其他人员参与抢救时,由检验实验室负责人执行抢救作业,事故处理后将详细事故报告给检验机构。

乳品检验机构为应对实验室可能发生化学物质溅漏、火灾或爆炸等灾害,应建立实验室紧急应变预案,成立实验室紧急应变小组,根据灾害分级设置假想状况,拟订实验室灾害紧急应变计划。乳品检验机构要定期组织检验人员开展实验室紧急应变训练,训练的重点为实验室火灾及爆炸的预防措施、毒性化学物质泄漏的紧急处理方法、人员中毒的急救方法。新入职的检验人员应接受实验室一般性安全教育训练和紧急应变防护训练,各实验室人员也可自行依据本实验室实际防护措施,安排紧急应变训练的实施时间。乳品检验机构每年至少要安排一次全员模拟演练,应邀医院人员、消防人员等参与演练,现场教授如何使用灭火器等救灾设备,提高检验人员的防护应变能力、逃生技能及抢救能力。乳品检验机构还要选派实验室紧急应变小组负责人参加消防队、安监局有关部门举办的训练、研讨与讲座等,各实验室负责人每年至少要组织一次灾害事故模拟演练,让实验室人员实际操作冲淋设备、冲眼器、灭火器、防护衣、空气呼吸器等设备器材,紧急应变演练后要记录演练情形,并就人员防护不足之处再做深化教育与训练。

二、实验室紧急应变小组

乳品检验机构负责人为实验室紧急应变小组召集人,即应变总指挥,他要根据实验室灾害或事故状况,召集组建实验室紧急应变小组,成立实验室救灾指挥中心,掌握灾害或事故详情,决定各项实验室紧急应变措施,负责指挥紧急应变具体行动,宣布解除实验室紧急状态。实验室紧急应变小组副召集人作为紧急应变副指挥要负责协助调查与分析实验室紧急应变灾害原因,向救援单位报告事故情形,负责协调紧急应变任务,分组开展救灾工作,依据应变总指挥指派,督导紧急应变分组积极开展实验室救灾行动,协同指导事故现场救灾工作。乳品检验机构办公室主任负责救灾指挥中心的设立,启动值勤与联络工作,发布实验室事故或灾害的预警信息,搜集实验室灾情信息,提供实验室事故抢救及灾害救援的财务等行政事务支持。实验室负责人协调处理本实验室安全保障事宜,提供实验室灾害救援的人事和相关业务支持。实验室负责人和部分受过训练的检验人员组成不同的紧急应变小组,当实验室灾害或事故现场人力不足时,紧急应变小组的人员可依现场状况进行工作。

紧急应变小组负责通报实验室发生的事故或灾害,立即通知紧急应变小组召集人、副召集人、各紧急应变任务分组成员,成立后的救灾指挥中心负责通报实验室救灾进展,发布危险警告与灾害通知,协助总指挥掌握相关救援信息,协助联络实验室紧急应变小组成员和外单位相关救援人员。检验机构安全管理员负责事故抢救器具、救生器具等物品的调派供应,并辅导救援人员使用救灾器具,为救援人员提供适时适当的物品支援。实验室紧急应变安全防护组负责现场抢救、器材支持与危险品移除,防止实验室灾害扩大,通过掌握危险品标示、物质安全数据表辨识危害,利用灭火器、消防水管开展实验室初期救援作业,协助引导消防队员进入实验室救灾,负责重要仪器设备的抢救及复位,协助完成实验室灾害的善后恢复。实验室紧急应变小组还要负责实验事故或灾害现场的伤员救护工作,协助实验室现场人员逃生与疏散。实验室负责人协助各紧急应变分组进行事故抢救或灾害救援,其他受训检验人员要合理分工,承担实验室抢救或伤员的救护工作。

实验室紧急应变现场管制组负责建立灾害现场隔离与安全警告标示,成立临时管制区,开展实验室灾害现场交通管制,引导相关救援人员进入灾害现场。现场管制组还需负责开展现场人员的清查工作,将人员清查结果上报紧急应变总指挥。避难引导组负责引导检验人员避难疏散,避难引导员要确认打开紧急出口、安全门,移除妨碍避难物品。引导人员要操作指引器具指挥避难引导,应大声指引避难方向,避免发生惊慌导致踩踏事故。避难引导员应在楼道转角、楼梯出入口处合理配置。医疗救护组负责安排伤员救护工作,要在实验室灾害现场上风处、安全处设置紧急救护区,处理受伤人员并登记伤员姓名,与医院联系,并向医护人员提供伤员信息,安排伤员诊疗。

三、实验室突发灾害通报

因化学反应产生毒化物或毒化物泄漏而污染实验室周围环境,或由于实验过程中发生突发灾害危害检验人员健康时,检验机构负责人应立即采取紧急应变措施,立即进行实验室灾害应变通报。通报人要采用最短、最有效的告知方式,清晰通告全体工作人员实验室突发灾害情况。实验室紧急应变小组可以事先拟好实验室灾害通报,以供相关通报人员练习,避免实验突发灾害时,通报人因慌张而将部分通报内容遗漏,造成救援延误或更严重的灾害后果。实验室突发灾害通报内容事项的通报词应包括通报人单位、职称及姓名;通报灾害发生时间与发生地点;灾害状况简要描述;伤亡状况简要报告;已实施或将实施的办法;可能需要的协助。紧急通报方式有广播、打电话、短信群发、和其他可靠、快捷的方式等。

发生灾害实验室的负责人要向检验机构内部通报发现者姓名、灾害时间、灾害地点、泄漏物质、目前状况、人员状况等。单位内部疏散广播的内容包括时间、事故地点、泄漏物、目前状况、应变动作或逃生方向等。

检验机构向周边单位通报广播的内容包括广播单位、广播者、灾害种类、灾害程度、气象条件、应变举动或逃生方向、联络电话等。检验机构请求外单位支援的内容包括请求者、灾害种类、灾害程度、支持项目、灾害地点、联络电话、约定地点等。

四、实验室紧急应变指南

实验室小型火灾应变方式为判断火灾类型、水电煤气控制、人员抢救等。实验室爆炸应变方式为判断何物引起爆炸、排除再爆炸源头、水电煤气控制、人员抢救。实验室大型火灾应变方式为立即切断电源、切断可燃性或毒性气体来源、选择适当的灭火器灭火、立即通报紧急联络电话并说明地点与何种灾害、立即通报消防队119。实验室化学气体泄露应变方式为判断何种气体外泄、排除继续泄露源头、水电煤气控制、人员抢救。实验室化学液体泄露应变方式为判断何种液体外泄、排除继续泄露源头、水电煤气控制、人员抢救。人员烧烫伤应变方式为冲洗、脱衣、泡水、盖暖、送医。人员中毒应变方式为供给新鲜空气、催吐、人工呼吸、心肺复苏、送医。实验室逃生原则为避开火、热、烟的场所,不搭电梯,不跳楼,尽可能往地面逃,保持镇定、不争先恐后。实验室灭火原则为取适用灭火器,在上风处,移开可燃物品,关闭电源,注意回火。检验人员触电处理原则为用干燥物移开电源或关闭电源,救灾,人员急救,送医。检验人员遭受化学品侵染或溅泼时,应立即用大量水冲洗 15 分钟以上,立即通报紧急联络电话并说明地点与何种伤害,通知医院请求救援。

五、实验室突发灾害评估

实验室紧急应变小组需评估实验室受灾情况与紧急应变能力,尽可能获得下列信息:实验室发生灾害的类型,引起实验室灾害的原因,化学物质释放及扩散的程度,实验室与仪器设备的损害程度;受伤检验人员信息包括伤员人数、位置及情况,所需要提供的治疗,失联人员情况。实验室紧急应变小组需根据实验室内化学物质类型,判断接下来现场可能会发生的状况;实验室火灾、爆炸、有害物质释放的可能性;检验人员相对于危害区域的位置;实验室建筑周边人群或环境的潜在风险。实验室紧急应变小组应组织按照预案可以进行的事项,调配救援伤员所需的人力与物资;组织可以执行救援任务的未受伤工作人员,协调单位内外可调用的支援力量,计算支援人员到达现场所需的时间,分析救援应变过程中可能遭遇的危害。

六、紧急应变任务安排

实验室紧急应变小组可根据实验室灾害信息,针对引起突发灾害的原因、因灾受损情况及潜在危害风险,先确定救援人员及疏散路线,再启动必要的救援步骤,救援措施必须要同时进行。各紧急应变分组的救援行动需执行伙伴体系,既在没有同伴陪同下,单独救援人员不得进入实验室意外灾害现场的工作区、隔离区或危险区。在实验室灾害现场的所有救援人员在任何时刻均应处于总指挥或指定现场负责人的可沟通范围内,可随时与总指挥或现场负责人保持联络。

实验室紧急应变小组要明确所有伤员的位置,开展伤亡调查并评估现场状况,提供运输伤员所需的资源。紧急应变小组需评估灾害对工作人员、周边民众可能出现的危害,再决定下一步应采取的措施,如是否需要疏散周边的民众。紧急应变小组要及时调配救援所需的资源,安排救援人员开展行动,联络消防队、救护中心等,进行实验室危险区域管制,使用多种方法阻止实验室灾害扩大,及时救出实验室工作人员。

现场管制组要将实验室人员疏散至灾害地点上风处,还应采取必要措施以减少运输工具和医护人员遭受化学性污染。医疗救护组在伤员可搬移后,应给予其必要的医疗处理。医疗救护组要在除污区使用预案中除污步骤对未受伤的检验人员进行除污;受伤人员要根据其伤势情况,在其状况稳定后再为他们除污。如果实验室灾害扩大导致除污区不安全,医疗救护组则应在适当距离以外重新建立除污区。在运送伤员前,紧急应变小组需确定急救中心医护人员所需防护装备的等级,尽量提供可抛弃式的全身式外罩、可抛弃式手套,必要时需额外供给空气以保护医护人员。在伤员送入医院前,应由穿着适当保护装备的医疗救护人员再次为伤员完成除污,如条件许可,紧急应变小组成员应将伤员送至急救中心,以协助伤员向医生说明伤害情况。

确保安全为实验室紧急应变处理的第一优先考虑,实验室紧急应变行动应准确、迅速,在不危及救援人员安全情况下,尽量设法降低实验室灾害程度。紧急应变各小组要采取可互助支持的分队方式进行抢救,现场管制组人员要及时封锁危险区,禁止非必要人员进入或靠近实验室灾害现场。安全防护组人员应确保佩戴防护装备,由除污通道进出禁区,实验室灾害处理后救援人员应确认达到除污效果后才能离开,未穿着防护装备人员,不得进入实验室污染区域。救援人员要熟悉个人防护具及各种抢救设备的使用方法,要保障护具与设备数量充足。受伤人员需急救时,应迅速将其搬离实验室灾害现场,检查伤员症状后予以适当的急救治疗。

七、紧急应变救援行动

实验室灾害紧急应变的救援过程要坚持安全原则,保障检验人员生命为第一,保护实验室财产为其次,以抢救受伤人员为优先。实验室负责人不了解灾害状况时,实验室紧急应变小组不要勉强处理,要请灾害预防技术支持咨询中心相关专家协助救援。实验室灾害救援行动需做到正确,而不是只求快速,保证第一次救援行动准确,才不会使救援人员陷入危险。实验室灾害处理要求及时且彻底完成,原则上应一次完成灾害救援,控制好实验室灾害后,经慎重规划后再进行实验室善后处理,减小实验室灾害影响范围,不建议将关闭实验室灾害现场的方法作为最终处理方案。

检验人员发现实验室火势已无法控制时,应隔离火灾现场并立即逃离实验室,通知临近检验人员协助疏散附近人群,实验室负责人依照实验室紧急事故通报程序告知实验室救灾指挥中心,除急救人员外应禁止非救援人员靠近火灾现场。紧急应变小组总指挥组织相关人员确认火灾物质种类、危害性及火灾类型,实验室救灾指挥中心将现场信息迅速通报至消防部门以利于其展开救火。

实验室发生爆炸时,检验人员应快速关闭实验操作开关,阻绝实验物质爆炸源,可能发生触电危险时,检验人员应尽可能在安全无危险下,关闭实验仪器设备电源,或者通知实验室电气维修人员进行紧急处理。实验室负责人要及时确认爆炸物质种类,判断实验室是否有二次爆炸的危险,在爆炸危险消除前,检验人员不得随意进入爆炸灾害现场,实验室负责人应及时依照实验室紧急事故通报程序告知实验室救灾指挥中心,组织人员隔离爆炸灾害现场,疏散实验室附近人群,协助实验室伤员急救。

当实验室发生大规模化学品泄漏或火灾时,检验人员需先撤离危险区,检验人员在尽可能安全接近状况下,设法切断并移开化学物质泄漏源或引火源,以减缓实验室灾害蔓延,不要接触或穿越实验室泄漏污染及火灾区域。避难引导组要依据灾害建筑附近场地势考虑,保持疏散人员位于实验室灾害上风处,远离地势低洼或通风不良处。紧急应变小组总指挥可根据实验室泄漏等灾害状况,要求实验室救灾指挥中心联络消防部门、急救中心、实验设备及药品供货商等单位寻求援助。实验室灾害救援人员必须有适当防护装备,只有接受过相关培训的人员才能执行灾害实验室的清理处置工作,要避免使废水流入下水道或其他密闭空间。实验室密封辐射源发生毁损时,实验室负责人应立即封锁灾害现场,严禁非必要人员进入灾害实验室,并用铅板或适当屏蔽物覆盖放毁损辐射源。

八、灾害伤员的急救措施

检验人员对突发灾害不知如何处置时,应及时通知实验室负责人寻求帮助。实验室出现大量化学物质泄漏时,应立即疏散实验室人员,打开实验室排风设备,要依照紧急通报程序通知实验室负责人,并由有经验的工作人员佩戴特殊防护用具前往现场,以适当的泄漏液中和剂做中和处理。实验室人员要及时移开所有热源和火源,保持实验室通风,围堵可能外泄的化学物质。将实验室污染区以黄塑料绳隔离并标示为危险区,用自来水不断冲洗以冲淡或消除化学物质。使用自来水清洗伤处时,必须缓慢冲洗以防止人员的烧伤组织受到进一步伤害,要注意冲过的废水能顺畅排出,防止清洗废液再次伤害他人。

救援人员在实施救援前需要确定实验的灾害状况对伤员或自身无进一步的危害风险。处理吸入、接触或食入性的化学物质中毒伤员时,救援人员应先将伤员由高危险区移至空气新鲜的场所或给予氧气供给。救援人员在安全与能力所及的情况下,应尽可能关闭暴露的化学物质源头或立即搬离化学物质暴露源。救援人员搬运实验室伤员前,需检查其头部、颈部、胸部、腹部及四肢伤势,搬运器材必须牢固,让伤员尽量保持舒适的姿势。救援人员要按照规定疏散人员,实施急救时要避免其他人员围观,及时清除伤员身上的暴露化学物,迅速脱去伤员所有被污染的衣物及鞋子,并放入特定除污容器内。现场急救人员应对实验室伤员进行及时治疗,对于最危急的伤员给予优先处理,实验室伤员若出现意识不清、昏迷或失去知觉时,救援人员应对伤员做心肺复苏且不可喂食。伤员脸色潮红时,应将其头部抬高;伤员脸色苍白有休克现象时,应将其头部放低。实验室伤员若无呼吸、心跳停止时,救援人员立即对其实施心肺复苏并及时送医。若伤员有自发性呕吐现象时,可让伤员前倾或使其头部侧倾,以免发生伤员吸入呕吐物造成呼吸道阻塞的危险。救援人员可将伤员送至医院处置,并向医护人员告知实验室伤员曾接触过化学物质,最好携带物质安全数据表一同送至医院,以利于医生参考后实施急救。

检验人员受到辐射污染时,应立即停止走动,并请实验室负责人或辐防人员协助除污工作。伤员的眼睛、伤口或体内受到辐射污染时,救护人员应先做紧急处理与取样,要在医护人员配合下清理辐射污染。人体辐射污染可用35℃~45℃温水的除去,皮肤上的辐射污染物应以水冲洗,再以中性清洁剂或中性肥皂轻柔刷洗多数,然后再做检查。辐射物污染检验人员手部时,应先修剪指甲,再依照皮肤辐射物污染清除方式处理。检验人员伤口发生辐射物污染时,要在15秒内用大量自来水冲洗,并将伤口拨开后将受污染血液挤出,经实验室简单除污后,受辐射污染人员需由专业机构进行剂量评估,以确定人员是否遭受体内污染,为医护人员采取进一步措施做参考。

九、实验室灾情调查与上报

依据我国安全生产法规定,乳品检验实验室发生灾害时,应在24小时内报告上级有关部门。发生实验室灾害时,乳品检验机构除开展必要的救援与抢救外,任何人未经司法机关或调查机构许可,不得移动或破坏实验室灾害现场。实验室紧急上报用语要力求简短、清楚,通告内容应涉及实验室发生何灾害、灾害发生地点、灾害发生时间、灾害情形与现况等。

紧急应变总指挥在实验室灾害过后,需开展灾害的调查并做好记录,应在灾害发生后的7天内完成实验室灾害调查记录,此记录可被检验人员用来汲取经验教训,避免此类实验室灾害再次发生。调查记录作为证据,也可用于可能发生的司法过程中,以协助保险公司等单位开展责任评估,或提交给主管部门做进一步调查。实验室灾害调查记录要求客观、准确地记录突发灾害、紧急应变措施和救援行动等相关信息。相关检验人员在接受灾害调查时,必须在调查记录中签名并填写日期,要尽量减少调查记录人员数量以避免出现信息混淆,调查记录人员不能删除灾害任何相关数据或信息。要保证调查记录的完整性,调查记录人员要按事故发生顺序整理实验室灾害过程,阐述发生实验室灾害的真相,总结实验室紧急应变小组的工作情况及效果等。实验室灾害调查记录要提出应变行动的决定内容、由何人做出决定、命令下达的内容、何时下令与受令对象采取的行动等。实验室灾害调查记录还要包括实验室灾害样本的测试结果、空气监测结果、现场人员可能受到的灾害影响、救援人员潜在的自身伤害或疾病等。

乳品检验实验室发生灾害后应向上级部门提供灾害报告,报告内容应包括实验灾害发生涉及的人员、时间、地点、物品等背景资料,叙述实验室灾害类型,实验灾害发生原因,实验室灾害发生经过,检验人员受伤情况,财物损失程度分析,实验室破坏程度等情况。实验室灾害原因包括实验人员及实验环境、实验室管理措施等主导因素,实验室破坏能量、危险化学品泄漏程度等直接原因,实验人员不安全行为、实验室不安全状况等间接原因。实验室灾害报告中的改善建议应涉及实验室近期及长期将采取的补救与灾害预防措施。紧急应变小组应依据新实验场所状况和上次紧急应变取得的经验,检讨并修改实验室紧急应变预案的部分内容。

十、清理受灾实验室

受灾实验室清理人员要受过相关业务培训,实验室应先进行通风换气,人员清理时要保持受灾实验室通风良好,并将实验室灾后废气导入废气处理系统。实验室消防冷却用后的废水可能具有毒性,应收集后排入废水处理系统。清理人员将非燃性分散剂撒在实验室化学物质泄漏处,并用大量清水和毛刷冲洗,当分散剂发生作用行成乳状液后,可立即将其清除干净。清理人员也可以用细砂代替分散剂,使用不产生火花的工具将污砂铲入桶中,再使用清洁剂和水彻底清洗实验室受灾区,清洗产生的废水应予以收集处理。

清理人员从实验室灾害现场回到指挥中心前,应先做好设备及工具的除污工作,清理人员依照指定路径进入除污场所,用大量清水冲洗防护装备和清理工具。利用简易测试判断清理人员装备是否还有残留毒性化学物质,若发现仍有残留要进行再次清洗。清理人员清洗除污结束后,要依照指示在特定区域脱除防护装置。脱除的防护装置及除污处理后的废弃物要置于防渗塑料袋内或除污废弃物容器中做进一步处理。

清理人员进行实验室辐射除污作业前,选择辐射物除污的方法应考虑清理人员辐射清理工作时间、废料产生量、材质腐蚀性及清理费用等各项因素,除污程序要符合实验室辐射物除污工作基本原则。实验室辐射物除污时,清理人员要遵循由高处向低处,由外向内,由辐射低污染区向辐射高污染区方向进行的原则。实验室若发生粉尘辐射污染时,清理人员为避免污染物辐射扩散,应先采用真空吸尘器等干式方法除污;液体辐射污染易造成辐射渗透、腐蚀及扩散等,清理人员应依照规定处理。

若污染物已出现腐蚀现象,或污染物表面已形成氧化物时,要选用活性除污剂处理。实验室物品受辐射污染程度不高时,清理人员应避免采用剧烈除污方法,以减低物品可能受到的腐蚀作用。若无法立即进行辐射物除污,清理人员可采取暂时隔离、屏蔽等措施,必要时可先围护现场并予以警示,再请专业辐射防护机构或厂商进行处理。清理人员应在辐射安全容许的条件下进行辐射物除污,实施辐射物除污的清理人员应穿戴适当的防护装备,在辐射物除污工作中,应防止二次辐射污染或辐射污染扩散,还要考虑除污后废料的处理问题。

实验室器材接受辐射物除污时,清理人员应先以盖式计数器判断器材受辐射污染程度,再清洗或储存受污染的实验器材,待其放射线强度衰减到接近背景值时,实验器材可以再次使用或当成放射性废料丢弃。清理人员可使用无水酒精对实验仪器设备上的辐射物除污,实验仪器辐射物除污方法与实验器材辐射物除污方法相同。清理人员可用除污液处理受辐射实验器材,但不能使用大量水冲洗器材,以免稀释量不足而导致周边环境遭受辐射污染。

十一、实验室灾后复原

实验室复原人员应先设法了解灾后实验室是否可以进入,如果可以进入再执行实验室复原工作。复原人员进入实验室前应先与实验室负责人联系,取得实验室化学物质清单和物质安全资料表,以便了解实验室潜在危害。进入实验室人员应穿着全身式安全防护衣,进入实验室时,人员应由楼层最安全出入口附近,逐步清查各实验室状况,再次发生紧急情况时以此为逃生路线。检查人员要佩戴安全帽、安全鞋、手套等必要防护装备,不可穿尼龙等材质衣物,尼龙材质受热后易黏住皮肤而增加烫伤程度。

工作人员不能急于恢复实验室的水电供应,以免有易燃类物质泄漏后被供电火花点燃再次引起火灾或爆炸。工作人员勘查现场时应使用防爆型照明设备,若无防爆型照明设备,要以塑料袋密封包住手电筒。

实验室复原工作人员进入实验室时,注意开启任何开关或金属门时不能引起火花,以免触燃不兼容性化学物质或者易燃物质引发火灾。如实验室出现易燃物外泄的情况,可先喷洒化学泡沫,再打开门窗通风,勿使用电。复原人员进入实验室后,如无火灾发生顾虑,应立即将所有仪器设备插头拔除,以避免送电时毁损仪器设备,发现实验室有浓烈的可燃蒸气时,先确认实验室没有接通电源,再拔除仪器设备插头,以免发生电火花。对已知成分的泄漏物应根据物质安全数据表,依照特殊处理程序中和泄漏物以消除危害。对不明成分的化学物质不要以猜测来判断其成分,要以危险物质对待并处置。清除破损的玻璃器皿要注意避免割伤,可使用防割伤材质手套及安全鞋。使用钢瓶式呼吸防护具时,要注意此钢瓶防护具可使用时间。整层楼全部检查完毕并确认安全无虑后,再处理其他楼层实验室。灾害实验室清理完毕后,可逐楼层对各实验室独立恢复供电,实验室供水供电时,需检查实验室墙壁中水电管线是否已损毁,切勿同时恢复供水供电。严禁无关人员在已损坏实验室附近围观,以免妨碍复原人员工作或被意外灾害所伤。

第四章
分析仪器操作规程

第一节　2WA–J阿贝折射仪操作规程

1. 目的

建立2WA–J阿贝折射仪操作规程,规范实验仪器操作,以确保实验检验操作的规范化、标准化。

2. 范围

适用于2WA–J阿贝折射仪操作规程的操作。

3. 职责

(1)实验操作人员对本规程负责。

(2)实验教师监督、检查本规程的实施。

(3)实验室主任负责检查本部门人员落实本规程的情况。

4. 操作步骤

(1)操作前的准备

1)在开始测定前,必须先用标准试样读数校对。

2)在测定工作前需进行示值校准,将进光棱镜毛面、折射棱镜抛光面和标准试样抛光面用无水乙醇和乙醚(1:4)混合液轻擦干净。

（2）测定

1）测定透明、半透明液体

将被测液体用干净滴管滴加在折射棱镜表面上，用进光棱镜盖好，用手轮锁紧，液层要求均匀，充满整个视场，无气泡。打开遮光面板，调节目镜的视度，使十字线成像清晰，再旋转手轮，在目镜视场中找到明暗分界线的位置，使分界线不带任何色彩，继续微调手轮，使分界线位于十字线中心，然后适当转动聚光镜，这时目镜视场下方的显示值就是被测液体的折射率。

2）测定透明固体

被测物体要有一个平整的抛光面。将进光棱镜打开，在折射镜抛光面上加 1 至 2 滴溴代萘，再将被测物体抛光面擦干净后放上去，使其接触良好，此时即可在目镜视场中寻找分界线，瞄准操作和读数方法如前所述。

3）测定半透明固体

被测半透明固体上要有一个平整抛光面。测量时将固体抛光面用溴代萘粘贴在折射棱镜上，打开反射镜后调整角度，利用反射光束测量，瞄准操作和读数方法如前所述。

4）测量蔗糖内糖量浓度

实验操作与液体折射率测量相类似，读数可直接从中示值的上半部读取，即得到蔗糖溶液的糖量浓度。

5）在测量不同温度下的折射率时，把温度计旋转进入温度计座中，并连接恒温器的通水管，将恒温器上的温度调整到所需的测量温度，接通好循环水管，待温度稳定 10 min 后，即可测量。

5. 维护与保养

（1）仪器要放置于干燥、空气流通的室内环境中，避免光学零件受潮后产生霉菌。

（2）进行腐蚀性液体测试后应及时完成清洗工作，避免侵蚀损坏仪器。

（3）被测试样中不要有硬性杂质，当进行固体试样测试时，要防止在折射棱镜表面产生压痕。

（4）要经常保持仪器的清洁，不可用油手或汗手触及光学零件，若光学零件表面沾上油垢，要及时用乙醇 – 乙醚混合液擦拭干净。

（5）仪器要避免强烈撞击，要防止光学零件损伤进而影响仪器精度。

第二节 DGX－9240 型鼓风干燥箱操作规程

1. 目的

建立 DGX－9240 型鼓风干燥箱实验仪器操作规程,保证实验检验操作的规范化、标准化。

2. 范围

适用于 DGX－9240 型鼓风干燥箱操作规程的操作。

3. 职责

(1)实验操作人员对本规程负责。

(2)实验教师监督、检查本规程的实施。

(3)实验室主任负责检查本部门人员落实本规程的情况。

4. 操作步骤

(1)将实验样品放入干燥箱内,关闭箱门,将风门调节旋钮旋转到"Z"处。

(2)将电源开关拨至"开"处,这时电源指示灯亮,控温仪上显示数字。

(3)执行温度控制仪的流程操作。

(4)根据不同样品各自的湿度,选择并设定不同的干燥时间与干燥温度。若物品比较湿,可旋转风门调节旋钮将干燥箱内的湿空气排出。

(5)干燥结束后应先旋转风门调节旋钮将风门关好,再将电源开关调至"关"处。

(6)登记好干燥箱的使用时间和使用情况。

5. 注意事项

(1)干燥箱外壳要有效接地,严格保证用电安全。

(2)干燥箱要放置在具有良好通风条件的实验室内,在干燥箱的周围不要放置易燃易爆物品。

(3)干燥箱并无防爆装置,不可放入易燃易爆的物品干燥。

(4)干燥箱内的样品放置切勿拥挤,必须留有空间,以利于热空气的循环。

第三节 DZ – 1BC 型真空干燥箱操作规程

1. 目的

建立 DZ – 1BC 型真空干燥箱实验仪器操作规程,以确保实验检验操作的规范化、标准化。

2. 范围

适用于 DZ – 1BC 型真空干燥箱操作规程的操作。

3. 职责

(1)实验操作人员对本规程负责。

(2)实验教师监督、检查本规程的实施。

(3)实验室主任负责检查本部门人员落实本规程的情况。

4. 操作步骤

(1)把需干燥处理的物品放入真空干燥箱内,关好箱门。

(2)将真空干燥箱的电源开关调至"开"处,选择好要求的温度,箱内的温度开始升高,当箱内温度接近设定温度时,加热指示灯间歇亮熄反复多次,2 h 以内真空干燥箱进入恒温状态。

(3)当温度恒定后,开启真空阀并关闭放气阀,再开启真空泵电源开始抽气,使箱内达到真空度 – 0.1MPa,关闭真空阀,再关闭真空泵电源开关。

(4)当所需工作温度较低,如所需工作温度低于 60 ℃时,可将高低温开关置于低温挡,这样可降低甚至杜绝温度过冲现象,尽快进入恒温状态。

5. 注意事项

(1)真空干燥箱外壳必须有效接地,严格保证用电安全。

(2)真空干燥箱不连续抽气时,要先关闭其真空阀,再关闭真空泵电机的电源,避免真空泵油倒灌箱内。

（3）取出被处理的样品时,若处理样品为易燃物品,必须待其温度冷却至低于燃烧点后,才能放入空气,避免发生燃烧。

（4）真空泵并无防爆装置,严禁放入易爆样品干燥。

（5）真空箱与真空泵之间要求放入过滤器,避免潮湿气体进入真空泵。

（6）正常操作时不要随意打开边门,以免损坏真空干燥箱的电气系统。

（7）请勿随意修改真空干燥箱自身设定的数据。

第四节　GHP－9162型电热干燥箱操作规程

1. 目的

建立 GHP－9162 型电热干燥箱实验操作规程,以确保实验检验操作的规范化、标准化。

2. 范围

适用于 GHP－9162 型电热干燥箱操作规程的操作。

3. 职责

（1）实验操作人员对本规程负责。

（2）实验教师监督、检查本规程的实施。

（3）实验室主任负责检查本部门人员落实本规程的情况。

4. 操作步骤

（1）将实验样品放入干燥箱内,关闭箱门,将风门调节旋钮旋转到"Z"处。

（2）将电源开关拨至"开"处,这时电源指示灯亮,控温仪上显示数字。

（3）执行温度控制仪的流程操作。

（4）根据不同样品各自的湿度,选择并设定不同的干燥时间与干燥温度。若物品比较湿,可旋转风门调节旋钮将干燥箱内的湿空气排出。

（5）干燥结束后应先旋转风门调节旋钮将风门关好,再将电源开关调至"关"处。

（6）登记好干燥箱的使用时间和使用情况。

5. 注意事项

（1）干燥箱外壳要有效接地,严格保证用电安全。

（2）干燥箱要放置在具有良好通风条件的实验室内，在干燥箱的周围不要放置易燃易爆物品。

（3）干燥箱并无防爆装置，不可放入易燃易爆的物品干燥。

（4）干燥箱内样品放置切勿拥挤，必须留以空间，以利于热空气的循环。

第五节　　Hanonk 9840 型氮分析仪操作规程

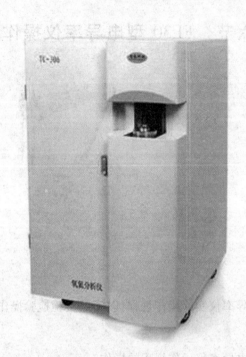

1. 目的

建立 Hanonk 9840 型氮分析仪操作规程，以确保检验实验操作的规范化、标准化。

2. 范围

适用于 Hanonk 9840 型氮分析仪操作规程的操作。

3. 职责

（1）实验操作人员对本规程负责。

（2）实验教师监督、检查本规程的实施。

（3）实验室主任负责检查本部门人员落实本规程的情况。

4. 操作步骤

（1）开机准备：接通电源并打开冷凝水。

（2）此时屏幕上显示主界面，有 5 条菜单，用▼、▲键将光标移至 PREHEATION，按 START 键开始预热。

（3）将光标移至蒸馏 DISTILLATION 菜单，按 ENTER 键进入蒸馏参数设置，用▼、

▲键将光标移至需要更改的参数上,按 EDIT 键后,当前值将在屏幕右下方闪烁。

(4)用▼、▲键更改需要的数值,按 ENTER 键确定。

(5)蒸馏参数设置完毕后,按 START 键开始蒸馏。

(6)蒸馏结束后,将光标移至清洗 CLEANING 菜单,按 START 键开始清洗。

(7)实验结束后,关闭电源及冷凝水。

(8)登记使用时间和使用情况。

第六节　FE30 型电导率仪操作规程

1. 目的

建立 FE30 型电导率仪实验操作规程,以确保实验检验操作的规范化、标准化。

2. 范围

适用于 FE30 型电导率仪操作规程的操作。

3. 职责

(1)实验操作人员对本规程负责。

(2)实验教师监督、检查本规程的实施。

(3)实验室主任负责检查本部门人员落实本规程的情况。

4. 操作步骤

(1)开机准备

1)将多功能电极架插入插座中,并拧好。

2)将电导电极及温度电极安装在电极架上。

3)用蒸馏水清洗电极。

(2)仪器操作流程

1)接通电源,打开仪器开关,预热 30 min。

2)温度设定:按温度【↑】键、【↓】键,调整温度至被测溶液温度,按确认键。

3)电极常数的设置:按"电极常数"键调整数值,显示的电极常数在 10、1、0.1、

0.01 之间转换,按"确认"键。

4)电导率的测量:按"电导率/TDS"键,将仪器调整进入电导率测量状态,将温度电极和电导电极浸入被测溶液中,用玻璃棒搅拌溶液至均匀,利用显示屏直接读取溶液的电导率值。

5)TDS 的测量:按"电导率/TDS"键,使仪器进入 TDS 测量状态,将温度电极和电导电极浸入被测溶液中,用玻璃棒搅拌溶液至均匀,利用显示屏直接读取溶液的 TDS 值。

（3）关机

关掉仪器开关,用蒸馏水冲洗电极,填写使用登记。

第七节　BX43 型系统显微镜操作规程

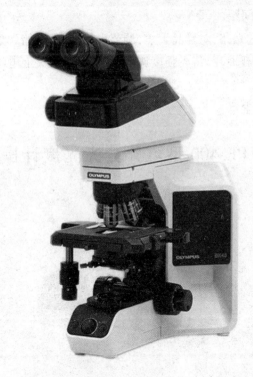

1. 目的

建立 BX43 型显微镜实验操作规程,以确保实验检验操作的规范化、标准化。

2. 范围

适用于 BX43 型显微镜操作规程的操作。

3. 职责

（1）实验操作人员对本规程负责。

（2）实验教师监督、检查本规程的实施。

（3）实验室主任负责检查本部门人员落实本规程的情况。

4.操作步骤

(1)操作前准备:

1)打开 BX43 型显微镜电源。

2)开机。将主开关拨到Ⅰ(开),调节光强度,按下 LBD 滤色片旋钮。

3)选择光路。推拉光路选择钮选择所需要的光路:若光路选择钮推进,则光强100%用于双筒目镜,用于观察暗样品;若光路选择钮处于中间位置,则光强20%用于双筒目镜,80%用于显微摄影;若光路选择钮拉出,则光强100%用于显微摄影。

(2)放置样品

把样品放置在载物台上,用样品夹夹好;调节 x 轴和 y 轴旋钮,以调节载物台前后左右的移动方向。

1)调节物镜转换器,将物镜转进光路,调节粗/微调旋钮对样品聚焦,还可调节双目镜筒,达到最佳的瞳间距。

2)将所需物镜装进光路,对样品聚焦,调节光的强度,开始观察样品。

3)观察完毕,取下载玻片,将光强度调节到最小,然后关上电源主开关。

(3)关机

切断电源,罩好防尘罩。

第八节　PE 400 型红外分光光度计操作规程

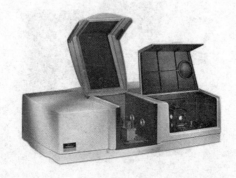

1.目的

建立 PE 400 型红外分光光度计实验操作规程,以确保实验检验操作的规范化、标准化。

2.范围

适用于 PE 400 型红外分光光度计操作规程的操作。

3.职责

(1)实验操作人员对本规程负责。

(2)实验教师监督、检查本规程的实施。

（3）实验室主任负责检查本部门人员落实本规程的情况。

4. 操作步骤

（1）接通电源

1）打开绘图仪电源开关。

2）主机电源开关扳至"＋"。

3）打开显示屏电源开关,再打开计算机电源开关。

4）稳定 30 min。

（2）参数设置

1）开机后 2～3 min 仪器自动复位至 4000 cm^{-1}。

2）按【F3】,设置所需的参数。屏幕显示参数为仪器的通常工作参数,若不适合,可做适当修改。

（3）校准

在确认样品室未放入任何物体的情况下,按【F2】,仪器可自动校准 0% 至 100%。

（4）校准记录纸的 0% 及 100% 刻度线

1）将标志记录笔位置的有机玻璃板上的红色竖刻线分别对准记录纸的 0% 及 100% 刻度线。

2）按【F12】,【1】,调 0% 线;按【2】,调 100% 线。在调整过程中,按【←】或者【→】左右平移记录笔,使笔架上的红色刻线对准记录纸上的 0% 刻度线（或 100% 刻度线）。

（5）放置样品

1）取下样品室盖。

2）参比光束中后侧放置好参比物,如空白溴化钾片。

3）样品光束中前侧放置好经检验规程处理的样品。

（6）扫描

按【F1】,仪器开始扫描,供试品红外吸收光谱实时显示在荧光屏上,扫描至 400 cm^{-1},仪器自动停止扫描。

（7）记录光谱图

1）观察荧光屏上显示的光谱图是否满意（包括基线、最大吸收峰强度、有无干涉条纹等）,如满意即可记录。

2）按【F8】,根据屏幕提示输入绘图倍率,输入数字"2",再按【Enter】,仪器即绘出光谱图。

（8）取下光谱图

用绘图仪上的【∧】【∨】键,调整绘图纸至穿孔线,撕下光谱图。

（9）进行下一个供试品的测定

1）按【F10】键,清屏。

2）按【F7】键,单色器重新定位于 4000 cm^{-1}。

3）重复上述的各操作步骤。

（10）关机

先关计算机电源,后关显示器电源,再关主机电源,做好使用登记。

第九节　XT120A 型电子分析天平操作规程

1. 目的

建立 XT120A 型电子分析天平实验操作规程,以确保实验检验操作的规范化、标准化。

2. 范围

适用于 XT120A 型电子分析天平操作规程的操作。

3. 职责

（1）实验操作人员对本规程负责。

（2）实验教师监督、检查本规程的实施。

（3）实验室主任负责检查本部门人员落实本规程的情况。

4. 操作步骤

（1）在使用天平前观察水平仪。水平仪水泡如偏移,要调整水平调节脚,保证水泡位于水平仪的中间。

（2）本天平使用轻触式按键,可以实施多键盘控制,操作方便灵活,按取相应的按键完成各功能的选择与转换。

（3）开机。

1）选择适当的电源电压,把电压转换开关设置于相应的位置。

2）接通电源后开始通电工作,通常预热 1 h 后才可以开启显示器进行操作。

键盘的操作功能：

轻按一下"ON"键,显示器点亮：

±8888888%
0　　　　g

对显示器性能进行检查,约 2 s 后,显示此天平的型号：│ − 2004 − │

稍后显示称量模式：│ 0.0000g │

轻按下"OFF"键,显示器即可熄灭,如果较长时间不使用天平,则要拔去电源线。

将容器放置于秤盘上,显示该容器的质量,如：│ + 18.9001g │

然后轻按下"TAR"键,立即出现全零状态,容器质量显示值已经去掉,即为去皮重。

如果拿下容器,就出现该容器质量的负值：│ − 18.9001g │

(4)称量:按下"TAR"键,显示器显示为零后,将被称物放置于天平的中央,待数字稳定,显示器左边"0"标志熄灭后,显示的数字即为被称物的质量数值。

1)去皮重:容器放置于秤盘上,天平显示其质量,按下"TAR"键,显示为零,即为去皮重。再次称量容器中的被称物,这时显示值即是被称物的净重。

2)累计称量:采用去皮重的称量法,将被称物逐次放置于秤盘上,并相应逐次去皮清零,最后移去所有被称物,显示数的绝对值即为被称物的总质量数值。

(5)天平的维护与保养:天平要求小心使用,秤盘与外壳要求经常使用软布及牙膏轻微擦洗,严禁使用强溶剂擦洗。

(6)关闭天平后要求进行仪器使用登记。

第十节　PB10 型 pH 计操作规程

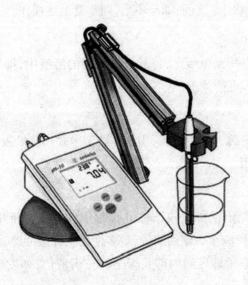

1. 目的

建立 PB - 10 型 pH 计实验操作规程,确保实验检验操作的规范化、标准化。

2. 范围

适用于 PB - 10 型 pH 计操作规程的操作。

3. 职责

(1)实验操作人员对本规程负责。

(2)实验教师监督、检查本规程的实施。

(3)实验室主任负责检查本部门人员落实本规程的情况。

4. 开机

插上电源变压器,接通电源。

5. pH 计的校准

(1)用水冲洗电极,并用滤纸吸干,将其浸入到缓冲溶液中,搅拌溶液,直至达到稳定的测量值。

(2)按【pH/mv】键,直至显示出 pH 测量方式。

(3)按【Setup】键和【Enter】键消除上次校准用的缓冲液值。

(4)重复按【Setup】键,选择所需要的缓冲液组(一般为 1.68,4.01,6.86,9.18, 12.46),按【Enter】键确认。

(5)按【Standardize】(校正)键,缓冲液 pH 值被储存,pH 计显示电极斜率为 100%,屏幕显示该缓冲液值。

(6)冲洗电极并用滤纸吸干,将其浸入第二种缓冲液中,搅拌溶液,直至达到稳定的测量值,按【Standardize】键校正,显示屏上显示第一和第二个缓冲液值。

(7)当浸入第二种或第三种缓冲液时,pH 计进行电极检验,然后显示电极斜率, 数值应在 90.0% ~ 100.0% 之间;如果不是,则重复上述操作。

6. 测量

用水冲洗电极,并用滤纸吸干,将其浸入待测的溶液中,搅拌,当屏幕左上角出现 "S"(稳定)符号时,即可读数。

7. 关机

测定完毕,关闭电源。取出电极,用水冲洗干净并用滤纸吸干,套上装有浸泡液的塑料套,以备下次使用。

8. 注意事项

(1)该 pH 计无须预热,如果较长时间不使用,应将电源断开。

(2)校准此 pH 计,应至少使用两种,最多使用三种缓冲液。

(3)使用前需观察敏感球泡内部是否全部充满液体,如发现有气泡,则应将电极向下轻轻甩动,以消除敏感球泡内的气泡,否则将影响测试精度。

第十一节　PB21 型 pH 计操作规程

1. 目的

建立 PB21 型 pH 计实验操作规程,以确保实验检验操作的规范化、标准化。

2. 范围

适用于 PB21 型 pH 计操作规程的操作。

3. 职责

(1)实验操作人员对本规程负责。

(2)实验教师监督、检查本规程的实施。

(3)实验室主任负责检查本部门人员落实本规程的情况。

4. 操作步骤

(1)操作前准备:

1)把电极头上方的保护帽拔除,在电极插入溶液之前,仪器输入端先要插入 Q9 短路杆,使输入端短路以保护仪器。

2)仪器供电电源应为交流电。将 pH 计的三芯插头插上 220 V 的交流电源,并将电极准确安装在电极架上,再将 Q9 短路杆拔除,将复合电极插头插在 pH 计的电极插座中,电极下端的玻璃球泡非常薄,应避免破碎。电极插头在使用前要求保持干燥清洁,严禁与污染物接触。

(2)将仪器选择开关置于"pH"挡或"MV"挡,开启 pH 计电源,预热 3 ~ 5 min,开始仪器校正。

(3)仪器校正:pH 计使用之前,要先期校正。pH 计连续使用时,要求每天校正一次。

校正方法分为两种：

1）一点校正法——适用于分析精度要求并不高的情况：

将电极插入仪器上，选择开关置于 pH 挡，顺时针旋到底，将斜率调节器置于100% 位置。

选择一种非常接近样品 pH 值的缓冲溶液，将电极放入该缓冲液中，调节温度调节器，使 pH 计的指示温度与溶液的温度相同，不断摇动试杯，使溶液达到均匀。待pH 计读数稳定后，读数即为缓冲液的 pH 值，否则应调节定位调节器。注意清洗电极，并吸干电极球泡的表面残余水分。

2）两点校正法——用于分析精度要求较高的情况：

电极插入仪器，开关置于 pH 挡，调节斜率调节器处于100% 位置。选择两种缓冲液，被测溶液的 pH 值在两 pH 缓冲液之间或接近状况。将电极放入第一种缓冲液后调节温度调节器，使 pH 计指示的温度与溶液的温度一致。等待读数稳定后，此读数即为这种缓冲溶液的 pH 值，否则应调节定位调节器。将电极放入第二种缓冲液，摇动容器使溶液均匀。等待读数稳定后，此读数即是该缓冲溶液的 pH 值，否则应调节斜率调节器。注意清洗电极，并吸干电极球泡的表面残余水分。

（4）经校正的 pH 计，其各调节器不必再有变动，不用仪器时电极球泡应浸在蒸馏水中，在一般情况下24 h 之内不需要校正。如果出现下列情况，应该事先进行校正：溶液温度与标定时的原有温度出现较大变化时；电极过久出现干燥；换过后的新电极；定位调节器出现变动，或可能出现变动；测量浓酸溶液（pH < 2）或浓碱溶液（pH > 12）之后；测量过含有氧化物的溶液或者较浓的有机溶液之后。

（5）测量 pH 值：仪器经过标定后才可用来测量被测溶液的 pH 值。

1）被测溶液与定位溶液温度相同时：

保持"定位"调节器不变。移动电极夹向上，使用蒸馏水清洗好电极的头部，再用滤纸吸干电极头。将电极插入被测溶液之中，摇动容器，使其中溶液均匀后读取该溶液的 pH 值。

2）被测溶液和定位溶液温度不同时：

保持"定位"调节器不变。使用蒸馏水清洗好电极的头部，再用滤纸吸干。调节"温度"调节器，使其指示于该温度的数值上。把电极插入被测溶液内，摇动容器使溶液均匀后，读取该溶液的 pH 值。

（6）测量电极电位值（MV 值）。

1）校正：拔除测量电极的杆，插入短路杆，置于"MV"档。

2）测量：接上相关的离子，选择电极，使用蒸馏水清洗电极，再用滤纸吸干。将电极插入被测溶液内，把溶液搅拌均匀，就可读取该离子选择电极的电极电位值（MV值），并自动显出其正负极性。

（7）若被测信号超出仪器的测量范围或者测量端出现开路，显示部分就会发出超载报警。

(8)仪器配有斜率调节器,由此可做两点校正定位法,用以准确测定样品。

(9)关闭 pH 计电源后要求做好使用登记。

第十二节 TE1245 型电子天平操作规程

1.目的

建立 TE1245 型电子天平实验操作规程,以确保实验检验操作的规范化、标准化。

2.范围

适用于 TE1245 型电子天平操作规程的操作。

3.职责

(1)实验操作人员对本规程负责。

(2)实验教师监督、检查本规程的实施。

(3)实验室主任负责检查本部门人员落实本规程的情况。

4.操作步骤

(1)接通电源,打开电源开关与天平开关,预热时间在 30 min 以上,也可选择在上班时预热,至下班时关掉电源,使天平长期处于预热状态。

(2)天平自检:天平预热完毕后,轻按天平面板上的开关键,天平将开启,并显示 100.0000,继后闪显 0,稍后天平显示 0.0000,显示天平自检完毕,即可称量。

(3)放入被称量物。将被称样品预先放置,使其与天平温度一致,过热、过冷的样品均不能放在天平上称量。先用台式天平称量出被称物大致质量,开启天平侧门,将被称样品放置于天平载物盘的中央,放入被称样品时应戴手套或用有橡皮套的镊子,严禁直接用手接触样品。

(4)天平自动显示被称量样品的质量,待稳定后,显示屏左侧亮点消失,即可读取数据并记录。

(5)关闭天平,进行天平使用登记。

第十三节　Titroline Easy 型自动滴定仪操作规程

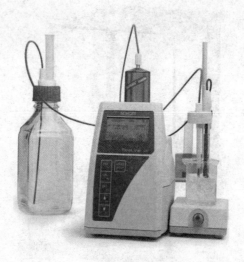

1. 目的

建立 Titroline Easy 型自动滴定仪实验操作规程,以确保实验检验操作的规范化、标准化。

2. 范围

适用于 Titroline Easy 型自动滴定仪操作规程的操作。

3. 职责

(1)实验操作人员对本规程负责。

(2)实验教师监督、检查本规程的实施。

(3)实验室主任负责检查本部门人员落实本规程的情况。

4. 操作步骤

(1)装入滴定液及清洗滴定管:选择操作面板的 Burette 键,选择 Rinse burette,按 F5 清洗滴定管,装入滴定液,将滴定管插入滴定杯,接通电极并将电极插入滴定杯。

(2)按菜单键 Run,输入样品数量、方法识别编号、操作者,按 F5 或 Start 键。

(3)检查滴定台、传感器、滴定液是否正确,按 F5 或运行键。

(4)仪器提示把盛有样品的滴定杯固定在滴定台上套住滴定头,按 F5 或运行键,滴定开始。

(5)滴定结束后,退出测定状态,关机,关电源。

5. 注意事项

(1)装入滴定液时,应注意管路和活塞中有无气泡存在。

(2)滴定时为了使复合电极内外平衡,应注意将填液帽打开。

(3)实验结束后应用蒸馏水冲洗滴定管头、搅拌桨、电极,并将电极擦干后插入装有填充液的保护套。

第十四节　UP痕量分析型超纯水机操作规程

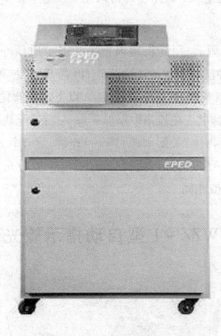

1. 目的

建立 UP 痕量分析型超纯水机实验操作规程,以确保实验检验操作的规范化、标准化。

2. 范围

适用于 UP 痕量分析型超纯水机操作规程的操作。

3. 职责

(1)实验操作人员对本规程负责。

(2)实验教师监督、检查本规程的实施。

(3)实验室主任负责检查本部门人员落实本规程的情况。

4. 操作步骤

(1)开启进水球阀,接通水源,然后将储水桶上塑胶球阀旋转至与白色 PE 管平衡的位置。

(2)通水 1 min 后接通电源,"系统电源"指示灯、"泵浦工作"指示灯、"进水水源"

指示灯同时亮,机器开始启动运行。

(3)机器每次开机会自动冲洗 RO 膜和 UP 膜,18 s 后,"系统冲洗"指示灯熄灭,系统冲洗结束,机器进入正常制水工作状态。

(4)开机运行一段时间,水箱满水后,"满水备用"指示灯亮,机器自动停机;取水后水箱水位下降,机器又自动开机制水。

(5)纯水取用:

1)轻按"RO 取水"按钮,RO 取水嘴即可取用 RO 纯化水,再按即关闭。

2)轻按"UP 取水"按钮,UP 取水嘴即可取用 UP 超纯水,再按即关闭。

5. 维护保养

(1)PP 滤芯:关闭水源后,用随机塑料扳手卸下水质预处理的第一级滤壳,取出 PP 滤芯,用高压水反复冲洗直至比较干净为止,再将 PP 滤芯和滤壳上好。

(2)软化树脂滤芯:10% NaCl 溶液浸泡 24 h 以上即可软化树脂部分再生。

(3)全自动软水树脂再生:在盐箱中添加 3 kg 左右工业盐即可。

(4)手动软水器树脂再生:关闭水源,卸下 PE 管,旋开软水器盖,倒出罐中余水,用 15% NaCl 溶液浸泡 3~5 h 后即可使树脂再生;再生后应充分排出 NaCl 溶液,直至出水 TDS 值与进水 TDS 值相同。

第十五节   WZZ－1 型自动指示旋光仪操作规程

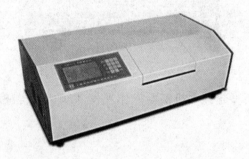

1. 目的

建立 WZZ－1 型自动指示旋光仪实验操作规程,以确保实验检验操作的规范化、标准化。

2. 范围

适用于 WZZ－1 型自动指示旋光仪操作规程的操作。

3. 职责

(1)实验操作人员对本规程负责。

(2)实验教师监督、检查本规程的实施。

(3)实验室主任负责检查本部门人员落实本规程的情况。

4. 操作步骤

(1)操作前准备工作

1)测定条件:除另有特殊规定外,旋光仪测定温度为 20 ℃。对测定温度有严格要求的样品,在测定前将仪器及样品置于规定环境温度的恒温室中至少 2 h。

2)接通电源前检查样品室内有无异物,确定旋光仪光源开关置于"～"(交流)挡,电源开关及示数开关应置于向下的关闭位置;检查旋光仪旋转位置是否适宜,钠光灯启辉后,不应再搬动仪器,避免损坏钠光灯。

(2)接通电源

1)将旋光仪电源插头插入 220 V 交流电源插座上,并连接好地线,若使用的交流电压不稳定,可使用 1 kV 电子稳压器。

2)开启旋光仪的电源开关,钠光灯经辉光放电,瞬间启辉点燃,但此时发光不稳,需至少预热 15 min,待钠光灯呈现稳定的橙黄色后,将旋光仪光源开关转至"－"(直流)挡。若钠光灯熄灭,可能是由于预热时间不够,可将光源开关上下扳动重复 1～2 次,促进钠光灯点燃。测定时仪器光源开关应保持在"－"位置,保证钠光灯在直流电下工作。

(3)测定操作

1)向上扳动开启示数开关,用调零手轮调节仪器的示数值使之为零点。反复按下复测键,使仪器指示值偏离零点,放开仪器复测键,示数盘将回到零处。示数盘上红色示值为左旋,黑色示值为右旋,若有偏离,可使用手轮调节,反复将复测按钮按放 3 次,使其偏离后再回至零点或停点,记录 3 次的平均值为旋光仪的零点。

2)将样品管一端的螺旋帽放上皮垫和盖玻片,拧紧,盖玻片应紧靠样品管,从另一端注入水或样品溶剂,洗涤样品管后注满,将另一盖玻片盖上,放上皮垫,拧紧螺帽,将两端盖玻片用试纸擦干。若有气泡,可手摇样品管使气泡浮入凸颈瓶内,向下扳动关闭示数开关,打开样品室盖,将样品管置于样品室内试管槽上,关闭样品室盖,开启示数开关,按前段所述测定零点或停点,若测定值为停点,则计算时扣除停点的读数即为零点。

3)向下扳关闭示数开关,取出样品管,倒出空白溶液,注入样品溶液少量,冲洗数次后装满样品溶液,同上操作,取 3 次平均值再扣掉水或溶剂的读数,即为样品溶液的旋光度。

4)若旋光度超出旋光仪的测量范围,仪器在 ±45° 处能自动停止,此时取出样品管,按样品室内的复位开关按钮,旋光仪即能自动回零。

5)若直流供电产生故障,仪器钠光灯也可使用交流电,但其稳定性能不好,旋光仪必须按规程检定,性能符合要求方可使用,若有异常现象,应当随时检测。

(4)关机

1)测定结束后,应先将仪器示数开关关闭,然后再关旋光仪电源,取出样品管洗净,晾干,样品室内可放入硅胶吸湿。

2)登记旋光仪使用时间和仪器状况。

5. 注意事项

(1)工作台要坚固稳定,不得有过于明显的冲击和振动,不得有较强烈电磁场的干扰。

(2)钠光灯有一定的使用寿命,一般连续使用不超过 4 h,不得在短时间内反复开关。

(3)钠光灯启辉后 20 min 后才能稳定,测定及读数时应在钠光灯稳定后读取,测定时钠光灯应选择使用直流电。

(4)样品管两端的盖玻片应使用软布或擦镜纸擦干,样品管两端的螺旋帽要旋至适中的位置,过紧容易应力过大损坏盖玻片,过松则容易漏液。

(5)每次测定前要以溶剂做空白校正,测定后需再校正一次,用以确定在测定时零点有无变动;若第二次校正时发现仪器零点有变动,则要重新测定样品溶液的旋光度。

(6)测定零点及停点时,必须要按动复测钮数次,使得检偏镜分别向左或右偏离光学零位,以减小仪器的机械误差,同时通过观察左右复测数次的停点,检查旋光仪的重复性和稳定性,必要时,也可使用旋光标准石英管校正仪器的准确度。

(7)测定结束后,样品管应洗净晾干,镜片必须保持干燥清洁,防止灰尘和油污的污染。

(8)样品室内应保持干燥清洁,仪器不用期间应放置硅胶以吸潮。

(9)供试的液体及固体物质的溶液不得混浊或含有混悬的小颗粒。若有上述情形出现,应预先滤过,并及时弃去初滤液。

(10)对见光后旋光度变化较大的化合物必须要进行避光操作,对旋光度随时间发生改变的化合物必须在规定要求的时间内完成旋光度的测定。

(11)打开样品室盖前要关闭仪器的示数开关,关闭样品室盖后以及测定前要开启仪器示数开关。

第十六节　YB－Ⅱ型澄明度检测仪操作规程

1. 目的

建立 YB－Ⅱ型澄明度检测仪实验操作规程,以确保实验检验操作的规范化、标准化。

2. 范围

适用于 YB－Ⅱ型澄明度检测仪操作规程的操作。

3. 职责

(1)实验操作人员对本规程负责。

(2)实验教师监督、检查本规程的实施。

(3)实验室主任负责检查本部门人员落实本规程的情况。

4. 操作步骤

(1)启动仪器电源开关,此时仪器荧光灯即点亮。

(2)启动仪器照度开关,此时仪器照度显示为数字,00 表示照度为 0 × 100 lx。

(3)将澄明度检测仪的附件照明传感器插头插入面孔板,把传感器放置在检测样品位置后测定照度,同时调节澄明度检测仪上部的旋钮,调至所需要的照度条件,照度调节好后,拔下插头,关闭仪器照度开关。

(4)根据所需样品的要求,用澄明度检测仪面板上的拨盘开关,设定所需要的检测时间。

(5)若控制检查时间,在检测样品的同时,按动仪器计时微触开关,指示灯每秒将闪烁一次,并且起始和终止有响声报警。

(6)测试完毕后,关闭澄明度检测仪的总电源开关,拔下仪器电源插头。

5. 注意事项

(1)澄明度检测仪在使用前一定要检查电源插头的地线是否接地。样品盒内若残留有药水,要及时清除,严禁流入仪器箱内,以免造成其他检验事故。

(2)打开仪器电源开关后,若灯管不亮,要首先检查保险管及电源。

第十七节　SG46 - 280 型电热手提式压力蒸汽消毒器操作规程

1. 目的

建立 SG46 - 280 型电热手提式压力蒸汽消毒器实验操作规程,以确保实验检验操作的规范化、标准化。

2. 范围

适用于 SG46 - 280 型电热手提式压力蒸汽消毒器操作规程的操作。

3. 职责

(1)实验操作人员对本规程负责。

(2)实验教师监督、检查本规程的实施。

(3)实验室主任负责检查本部门人员落实本规程的情况。

4. 操作步骤

(1)使用前,查看水位是否超过加热管。

(2)将所要灭菌之物品放入灭菌桶内,盖上盖,放气软管插入灭菌桶半圆槽内,在对齐上下槽后,将蝶形螺母旋紧,达到密封要求。

(3)通电加热后,先将放气阀搭子放在垂直放气位置,直到有蒸气喷出两分钟后,再将放气阀搭子复位,当灭菌器压力达到所需范围时,开始按不同物品要求计算灭菌时间。

(4)消毒结束后,当压力表恢复到 0 位后,再将放气阀打开。

5. 注意事项

(1)每次消毒前应注意水位,避免电热管空烧损坏。

(2)经常检查压力表与安全阀,当压力表指针不能复位、读数不准时应切断电源,及时修理或更换。

(3)灭菌器工作时,工作人员切勿离开现场。

第十八节　安捷伦7890A型气相色谱仪操作规程

1. 目的

建立安捷伦7890A型气相色谱仪实验操作规程。

2. 范围

适用于安捷伦7890A型气相色谱仪操作规程的操作。

3. 职责

(1)实验室操作人员对本规程负责。

(2)实验室主任监督、检查本规程的实施。

(3)实验室负责人负责检查本部门人员落实本规程的情况。

4. 操作步骤

(1)仪器操作前的准备

1)色谱柱的检查与安装:首先打开柱温箱门查看色谱柱是否为所需的,若不是应旋下毛细管柱,按住进样口和检测器的螺母,卸下此毛细管柱。取出需用的毛细管柱,放上螺母,在毛细管柱两端各放入一个石墨环,然后将两侧柱端各截去1~2 mm,进样口一端的石墨环和柱末端之间长度应为4~6 mm,将检测器一端柱插到底,轻微回拉1 mm左右,然后用手将螺母旋紧,无须用扳手,当新柱老化时,将进样口一端接入进样器接口,另一端放空在柱温箱内,检测器一端封住,新柱应在低于最高使用温度以下,通过高流速载气连续老化24 h以上。

2)气体流量的调节:载气为氮气或氦气,开启氮气钢瓶高压阀前,低压阀的调节杆要处于释放状态,逐渐打开高压阀,缓慢旋动低压阀的调节杆,调节至0.6 MPa。打开氢气钢瓶或氢气发生器主阀,调节输出压力至0.4 MPa。启动空气压缩机主机,调节输出压力至0.4 MPa。

3)检验泄漏:用检漏液检查色谱柱及气体管路是否出现漏气。

(2)主机操作

1)接通仪器电源,打开计算机,进入英文 Windows NT 主菜单界面。然后开启仪器主机,仪器主机进行自检,通过主机屏幕显示 power on successul,进入 Windows 系统后,双击电脑桌面的"Instrument Online"图标,使仪器和工作站连接。

2)编辑新的方法

从"Method"菜单中选择"Edit Entire Method",根据需要选择项目,如方法信息"Method Information",仪器参数/数据采集条件"Instrument/Acquisition",数据分析条件"Data Analysis",运行时间顺序表"Run Time Checklist",确定后可单击"OK"。

出现"Method Commons"窗口,若需要输入方法信息,如方法用途等,单击"OK"。

进入方法参数设置"Agilent GC Method:Instrument 1"。

"Inlet"参数设置。输入进样口温度"Heater";隔垫吹扫速度"Septum Purge Flow";拉下菜单"Mode",选择分流模式或不分流模式或脉冲分流模式或脉冲不分流模式;若选择分流或脉冲分流模式,输入分流比"Split Ratio"。完成后单击"OK"。

参数设置"CFT Setting"。选择恒流或恒压模式"Control Mode",若选择恒流模式,再输入柱流速"Value"。完成后单击"OK"。

参数设置"Oven"。选择使用柱温箱温度"Oven Temp On";输入恒温分析或者程序升温设置参数;如有需要,输入平衡时间"Equilibration Time",后运行时间"Post Run Time"和后运行温度"Post Run"。完成后单击"OK"。

参数设置"Detector"。选择检测器温度"Heater",氢气流速"H_2 Flow",空气流速"Air Flow",尾吹速度 N_2"Makeup Flow",点火"Flame"和静电"Electrometer",并对前四个参数输入分析所要求的量值。完成后单击"OK"。

若选择了"Data Analysis":

出现"Signal Detail"窗口。接受默认选项,单击"OK"。

出现编辑积分事件"Edit Integration Events",根据需要优化积分参数。完成后单击"OK"。

出现编辑报告"Specify Report",选择报告类型"Report Style";定量分析结果选项"Quantitative Results"。完成后单击"OK"。

若选择了"Run Time Checklist",出现"Run Time Checklist",选择数据采集"Data Acquisition"。完成后单击"OK"。

3)方法编辑完成。储存方法:单击"Method"菜单,选中"Save Method As",输入新键方法名称,单击"OK"完成。

4)单个样品的方法信息编辑及样品运行

从"Run Control"菜单中选择"Sample Info"选项,输入操作者名称,在"Data File"–子目录"Subdirectory"中输入保存文件夹名称,并选择"Manual"或者"Prefix/

Counter",并输入相应信息;在"Sample Parameters"内输入样品瓶的位置、样品名称等信息。完成后单击"OK"。

每次处理样品之前必须给出新名字,否则仪器会将上次的数据覆盖掉。在 Prefix 框中输入前缀,在 Counter 框中输入计数器的起始位后开始自动计数。一般已保存的方法,只要在工作站中调出即可,不用每次重新设定。

5)待工作站提示"Ready",并且仪器基线平衡稳定后,从"Run Control"菜单中选择"Run Method"选项,仪器开始采集数据。

(3)数据处理

双击电脑桌面的"Instrument 1 Offline"图标,进入仪器工作站。

1)查看数据

选择数据。单击"File"—"Load Signal",选择需要处理数据的"File Name",单击"OK"。

选择方法。单击打开图标,选择需要方法的"File Name",单击"OK"。

2)积分

①单击菜单"Integration"—"Auto Integrate"。若积分结果不理想,再从菜单中选择"Integration"—"Integration events"选项,选择合适的"Slope sensitivity","Peak Width,Area Reject","Height Reject"。

②从"Integration"菜单中选择"Integrate"选项按照要求,数据被重新积分。

③若积分结果不理想,要求重复①和②的操作,直到满意为止。

3)建立新校正的标准曲线

①调出第一个标准样品谱图。单击菜单"File"—"Load Signal",选择标准样品的"File Name",单击"OK"。

②单击菜单"Calibration"—"New Calibration Table"。

③弹出"Calibrate"窗口,根据需要输入校正级"Level"和含量"Amount",或者接受默认选项,单击"OK"。

④若③中没有输入含量"Amount",则在"Amt"中输入,并输入化合物名称"Compound"。

⑤增加一级校正。要求单击菜单"File"—"Load Signal",选择另一标样的"File Name",单击"OK"。然后单击菜单"Calibration"—"Add Level"。并重复④步骤。

⑥如果使用多级(点)校正表,要求重复⑤的步骤。

⑦方法储存。单击"Method"菜单,选择"Save Method As",输入新键方法名称,单击"OK"完成。Agilent Chemstation 软件的功能庞大、灵活,这里仅是简单介绍,如有需要可咨询仪器负责人。

(4)关机

1)仪器在实验完毕后,先将检测器熄火,再关闭空气、氢气,将炉温降至50℃以下,检测器温度降至100℃以下,再关闭进样口、炉温、检测器加热开关,关闭载气。将仪器工作站退出,然后关闭仪器主机,最后关闭载气钢瓶阀门,切断仪器电源。

2)仪器使用后应及时做好登记。

(5)系统日常维护与保养

1)气相色谱仪在使用时应当严格按规程要求操作,注意日常保养与维护。

2)样品处理:要求用0.45 μm的滤膜过滤样品,确保样品中不含固体颗粒,同时进样量要尽量小。

3)色谱柱的维护:在使用新色谱柱或放置比较久的色谱柱之前,需预先老化用以除去柱中残留的溶剂,选择老化温度时应考虑以下几点:(1)足够高温以除去不挥发物质;(2)足够低温以延长色谱柱的寿命和减小色谱柱流失;(3)老化温度越低,老化时间应越长;(4)按仪器实际工作时的柱温程序重复升温,以使色谱柱得以较好老化。色谱柱在使用过程中,一般检测完柱温后,应升至比检测温度高20℃~30℃以除去柱中残留的溶剂,色谱柱使用结束或色谱柱长时间不使用时,应堵上柱子两端以保护柱子中的固定液不被氧气和被其他污染物污染。

4)仪器每次使用、维护完毕后,应当详细填写仪器使用记录,包括色谱柱的类型,遇到的问题、维护方法等。对实验中仪器的使用问题,应当详细填写好具体的发生情况以及处理方法。未能处理的仪器问题应向他人求征,并对后续使用者提出问题所在。每次使用仪器之前,应当查看使用记录,确定有无尚未解决的仪器问题。

5)气相色谱仪的移动、安装、更新或升级应当由仪器负责人或设备厂商人员完成,操作者不得随意移动、拆装仪器。

6)仪器若出现故障,请立即告知气相色谱仪负责人,由负责人集中处理,解决仪器问题。

(6)仪器自校及法定校正周期的规定

1)仪器每年应自校一次,若更换或维修相应的配件则需校正相关的项目。

2)仪器法定校正应为每两年进行一次。

第十九节 DL－6000B 型离心器操作规程

1. 目的

建立 DL－6000B 型离心器实验操作规程,以确保实验检验操作的规范化、标准化。

2. 范围

适用于 DL－6000B 型离心器操作规程的操作。

3. 职责

(1)实验室操作人员对本规程负责。

(2)实验室主任监督、检查本规程的实施。

(3)实验室负责人负责检查本部门人员落实本规程的情况。

4. 操作步骤

(1)离心

将样品放入离心管内,将仪器调速调到最低位置,把离心机定时器旋到实验所需要的时间,打开仪器电源开关,逐渐由低速向高速调至所需的实验工作速度。

(2)结束

关闭离心器开关及电源;登记使用时间和仪器状况。

5. 注意事项

(1)使用时一定要接地线。

(2)使用时需将有机玻璃盖头盖紧,减少噪音及空气的阻力。

(3)离心管内所加的物质应相对平衡,偏差小于 3 克。

第二十节　岛津 LC – 20 型高效液相色谱仪操作规程

1. 目的

建立岛津 LC – 20 型高效液相色谱仪实验操作规程,以确保实验检验操作的规范化、标准化。

2. 范围

适用于岛津 LC – 20 型高效液相色谱仪操作规程的操作。

3. 职责

(1)实验室操作人员对本规程负责。

(2)实验室主任监督、检查本规程的实施。

(3)实验室负责人负责检查本部门人员落实本规程的情况。

4. 仪器组成

本仪器由 LC – 20ATvp 泵、SPD – 20Avp 检测器和色谱工作站(N – 3000)组成,三个部件各自均有电源插头。

5. 开机

将电源插头分别插入插座后,依次打开泵、检测器和工作站的电源开关。

6. LC – 20ATvp 泵的参数设定

(1)打开泵的排液阀,按【Purge】,进入吸入过滤器至泵的冲洗操作,也可用注射器在排液阀的管道处抽吸清洗,冲洗完毕后关闭排液阀。

(2)显示屏显示

0.000mL		MAX 2500
0	Psi　Min	0

逐次按【Func】键,输入流速、压力上限和下限,按【Enter】;继续按【Func】键至出现 Set System param,输入【1】为双泵各自单独控制,输入【2】为双泵联动,若双泵联动,按【Conc】键,设定二泵流速比。

(3)按 Pump 启动泵,对色谱柱进行平衡,待压力稳定后,可开始分析测试操作。

7. 柱温箱操作

如需控制柱温,按以下操作:

逐次按【Func】键,出现 Set Temp 画面,按【∨】或【∧】键设置温度,再按【Oven】键即开始加热,待 Ready 灯亮,表示温度达到设定值。

8. 检测器操作

按【Func】　　显示

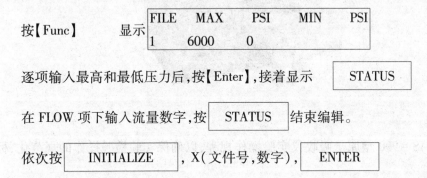

FILE	MAX	PSI	MIN	PSI
1	6000	0		

逐项输入最高和最低压力后,按【Enter】,接着显示　STATUS

在 FLOW 项下输入流量数字,按 STATUS 结束编辑。

依次按 INITIALIZE , X(文件号,数字), ENTER

启动泵,对色谱柱进行平衡,待 Ready 指示灯亮,表示柱压已稳定,可以开始分析测试工作。

9. 色谱工作站

(1)打开色谱工作站计算机电源,双击桌面快捷方式【在线色谱工作站】。

(2)单击"打开通道1"前的小方框,出现色谱工作站主画面。

(3)单击通道 1 主画面的方法页,在采样控制页选择保存路径、采样结束时间等;在积分页设置峰宽、斜率、最小峰面积等,在组分页设置样品名称和保留时间等,在仪器条件页输入仪器条件等。

(4)当启动自动进样器后,即可在数据采集页观察记录的色谱图。

(5)若要打印图谱和结果,双击桌面快捷方式【离线色谱工作站】,即可在主画面设置项中选择打印图谱和结果。

10. 关机

(1)使用完毕后,需按柱的要求清洗泵、进样器、柱和检测器。

(2)把进样瓶取出,洗净后放回原处。

(3)使用完毕后,按使用登记要求逐项进行检查并登记。

第二十一节　TAS－990 型原子吸收仪操作规程

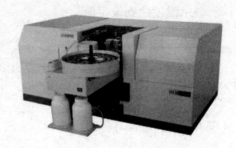

1. 目的

建立 TAS－990 型原子吸收仪实验操作规程,以确保实验检验操作的规范化、标准化。

2. 范围

适用于 TAS－990 原子吸收仪操作规程的操作。

3. 职责

(1)实验室操作人员对本规程负责。

(2)实验室主任监督、检查本规程的实施。

(3)实验室负责人负责检查本部门人员落实本规程的情况。

4. 操作步骤

(1)TAS－990 型原子吸收仪吸收石墨炉的操作步骤:

1) 开机步骤

打开 ASC－990。

打开氩气,并使次级压力表为 0.35 兆帕左右。

打开冷却水和石墨炉电源开关,打开自动进样器开关。

打开 TAS－990 主机电源开关。

2)运行软件

双击"WizAArd－990",打开软件。

单击"元素选择",点击"取消"。

点击"仪器"→"连接",连接主机。

①单击"参数"→"元素选择对话框"。

选择元素。

选石墨炉。

选普通灯。

②选中元素后,单击"编辑参数",之后可选各种参数。

光学参数包括灯模式、发射模式、不扣背景、氘灯扣背景、SR扣背景。

可在关机情况下进行灯位设置。

点击"谱线搜索",结束之后点"关闭"。

重复测量条件

测量参数:一般选峰高方式。

校正曲线参数,需选定单位。

③编辑设置参数完毕,按"确定"键。按"下一步",进入制备参数设定,点"编辑"。设置标准点个数,输入样品浓度,点"确定",随后设置样品数和样品瓶号位置,确认光学参数,确认石墨炉程序。

④测量窗口显示实时图、最近四次吸光值图、标准曲线图与表格。

3)打开石墨炉的空气开关,进行必要的实验测定。

4)关机

关闭软件。

关闭石墨炉空气开关和电源开关,关闭ASC自动进样器开关。

关闭循环水电源开关。

关闭TAS-990主机开关。

关闭氩气钢瓶开关。

(2)TAS-990原子吸收仪火焰法简易操作步骤:

1)开机步骤

打开乙炔气,逆时针旋转乙炔钢瓶主阀1~1.5圈,并使次级压力表为0.09 MPa。

打开空气压缩机电源,调节输出压力至0.35MPa。

打开TAS-990主机电源开关。

2)运行软件

双击"WizAArd-990",打开软件。

单击"元素选择",单击"取消"。

点击"仪器"→"连接",连接主机,等待仪器初始化完成。

①安全提示(操作人员检查)

乙炔主表不低于0.5 MPa、燃气出口压力0.09 MPa(不超过0.12)、助燃0.35 MPa(不超过0.4)。检查燃烧头是否堵塞、确定燃烧头到位、确定雾化器金属片已固定住、每次开机时检查气管,检查废液管是否漏气漏水、检查废液罐是否装满水,确定废液管末端不要插到液面以下并设置燃气流量(仪器默认值)。

检查完毕,点击"确定"。

②单击"选择元素"对话框。

选择元素、选火焰法(连续)、选普通灯。

③选中元素后,单击"编辑参数",之后可选各种参数。

灯模式:发射模式、不扣背景、氘灯扣背景、SR扣背景,普通情况可以选择不扣背景方式;单击"谱线搜索",之后点"关闭"。

重复测量条件,可改变测定重复次数。

测量参数一般选择默认。工作曲线参数需选定单位。

④编辑设置参数完毕,按"确定"键。按"下一步",进行制备参数设定,点"编辑",设置标准点个数。输入样品浓度,点"确定"。按"下一步",设置样品数,确认光学参数,确认气体流量设定。

⑤测量窗口显示实时图、最近四次吸光值图、标准曲线图与表格。

3)点火:点火前确认乙炔气已供给,排风机电源已打开。同时按住"PURGE" + "IGNITE"两个按钮几秒钟,等待火焰点燃。

火焰点燃后,吸引纯净水,火焰预热15 min后可以开始测定。

待显示数据稳定后,点"自动调零"。

待显示数据稳定后,点击"空白",测定空白值。

待显示数据稳定后,点击"START"测定样品值。

4)关机步骤

①实验完毕,用纯水清洗进样管十分钟。

②选择仪器菜单下的"余气燃烧",将管路中剩余的气体烧尽。

③关闭空压机,对空压机进行排水。

④关闭排风机电源。

⑤关闭软件,关闭电脑。

⑥关主机电源。

第二十二节　TU1901型紫外分光光度计操作规程

1. 目的

建立TU1901型紫外分光光度计实验操作规程,以确保实验检验操作的规范化、标准化。

2. 范围

适用于 TU1901 型紫外分光光度计操作规程的操作。

3. 职责

(1)实验室操作人员对本规程负责。

(2)实验室主任监督、检查本规程的实施。

(3)实验室负责人负责检查本部门人员落实本规程的情况。

4. 操作步骤

(1)操作前准备

1)电压正常后,打开计算机和 TU1901 型紫外分光光度计主机,双击桌面上的"UVProbe. Ink"快捷键,进入 TU1901 型紫外分光光度计工作站。

2)检查仪器光路,单击连接键连接,连接计算机主机与 TU1901 型紫外分光光度计主机,随即仪器进入自检状态;待仪器自检完毕全部通过后,单击"通过确定"键确定,完成仪器自检。

(2)光谱扫描

1)单击工具栏中的光谱快捷键进入光谱扫描工作界面;单击方法快捷键进入方法编辑栏,在此可设定扫描的有关参数,如扫描的起始波长、结束波长狭缝宽度等;参数设定完成后,单击确定键退出方法编辑栏,返回光谱扫描工作界面。

2)将待测定样品的空白溶剂放入吸收池中,单击"基线"键开始对检测基线进行校准。

3)完成基线校准后,将供试品放入吸收池中,单击"开始"键开始对供试品进行光谱扫描。

4)样品扫描完成后,点击"激活"键激活,调出单个光谱图;单击"图谱"键对样品的峰和谷的波长数进行峰值检测。

5)在峰值检测栏内,单击右键后点击属性(r)进入属性对话框,在其中可以设置峰的阈值、编号和描述等。

6)检测完成后,单击打印键打印光谱图和数据。

(3)光度测定

1)单击工具栏中的光度测定快捷键,进入光度测定工作界面;单击方法快捷键 M 进入方法编辑栏,在此设定光度测定的有关参数,如光度测定波长类型、波长、样品采样次数、校准的公式、方程式的定制和狭缝的宽度等;参数设定完成后,单击"关闭"键退出方法编辑栏,返回光度测定工作界面。

2)将待测定样品的空白溶剂放入吸收池中,单击波长键,将仪器波长调整到测定波长;单击"0.00"自动调零键,消除空白。

3)将供试品溶液放入吸收池中,在样品表编辑栏的样品列内设定样品编号,然后将光标移至所设定的光度测定的波长栏下,如 WL254.0,单击"Unk"键,开始对样品进行吸光度测定。

4)检测完成后,单击"打印"键打印吸光度测定的数据。

5)完成测定后,单击"断开"键,将计算机与 TU1901 型紫外分光光度计主机断开,将吸收池清洗干净后,将计算机和 TU1901 型紫外分光光度计主机分别关闭。

5. 注意事项

(1)设定的参数不恰当会导致测定的结果和图谱不佳,如狭缝太宽使吸收值降低,分辨率下降;狭缝太窄则出现过大垢噪声,使读数不准确等。

(2)测定时样品室应关严,否则过多的杂散光进入样品室会导致测定的吸光度失真。

(3)本规程适用于供试品的常规测定,其他非常规测试,如时间扫描和自动定量计算等则需参考仪器的使用说明书,按照具体的情况设定操作参数,进行测定。

第五章
原料牛乳检验综合实训

第一节　原料牛乳中三聚氰胺的快速检测实训

第一法　高效液相色谱法及外标法定量分析

一、基本知识

三聚氰胺(Melamine),俗称密胺、蛋白精,化学式:$C_3H_6N_6$,IUPAC命名为"1,3,5-三嗪-2,4,6-三胺",为三嗪类含氮杂环有机化合物,被当作一种化工原料。三聚氰胺为白色单斜晶体,几近无味,常温溶解度为3.1 g/L,微溶于水,三聚氰胺可溶于甲醇、甲醛、乙酸、甘油、吡啶等有机溶剂,但不溶于丙酮和醚类,三聚氰胺对身体有害,不可用于食品加工或作为食品添加剂。

二、实训原理

用乙腈作为原料牛乳中的蛋白质沉淀剂和三聚氰胺提取剂,使用强阳离子交换色谱柱分离,经高效液相色谱连接紫外检测器或二极管阵列检测器检测,最后由外标法定量分析三聚氰胺含量。

三、实训目的

掌握使用高效液相色谱法及外标法定量分析原料牛乳中三聚氰胺的实验技能。

四、实训材料与试剂

实验材料:液相色谱级乙腈(CH_3CN),分析纯磷酸(H_3PO_4),分析纯磷酸二氢钾(KH_2PO_4),纯度不低于99%的三聚氰胺标准物质($C_3H_6N_6$),高效液相色谱分析用水。2 mL一次性注射器,0.45 μm水相滤膜,0.45 μm有机相针式过滤器,50 mL具塞刻度试管。

三聚氰胺标准贮备溶液:准确称取 0.05 g 三聚氰胺标准物质,准确至 0.001 g,用水完全溶解后,置于 50 mL 棕色容量瓶中定容至刻度线,混合均匀后得到 1 mg/mL 三聚氰胺标准贮备溶液。

高浓度标准工作溶液:准确移取 20 mL 三聚氰胺标准贮备溶液,置于 100 mL 棕色容量瓶中,用水稀释至刻度,混合均匀后得到 0.2 mg/mL 标准溶液甲。按表 5-1 分别移取不同体积的标准溶液甲于容量瓶中,用水稀释至刻度线,混合均匀后得到高浓度标准工作溶液。

表 5-1　高浓度标准工作溶液配制

标准溶液甲体积(mL)	0.10	0.25	1.0	1.25	5.0	12.5
定容体积(mL)	50	50	50	25	25	25
标准工作溶液浓度(mg/L)	0.4	1.0	4.0	10.0	40.0	100.0

低浓度标准工作溶液:准确移取 0.25 mL 标准溶液甲,置于 100 mL 棕色容量瓶中,用水稀释至刻度线,混合均匀后得到 0.50 mg/L 标准溶液乙。按表 5-2 分别移取不同体积的标准溶液乙于容量瓶中,用水稀释至刻度,混匀后得到低浓度标准工作溶液。

表 5-2　低浓度标准工作溶液配制

标准溶液乙体积(mL)	1.0	2.0	4.0	20.0	40.0
定容体积(mL)	50	50	50	50	50
标准工作溶液浓度(mg/L)	0.01	0.02	0.04	0.20	0.40

磷酸盐缓冲液:准确称取 3.4 g 磷酸二氢钾,精确至 0.001 g,加入水 400 mL,完全溶解后再用磷酸调节 pH 至 3.0,加水稀释至 500 mL,再用滤膜过滤后得 0.05 mol/L 磷酸盐缓冲液备用。

五、仪器使用

配有紫外检测器或二极管阵列检测器的液相色谱仪,感量为 0.001 g 的电子分析天平,测量精度为 ±0.01 的 pH 计,溶剂过滤器。

六、实训步骤

制备试样:准确称取混合均匀的 5 g 原料牛乳样品,精确至 0.001 g,置于 50 mL 具塞刻度试管中,加入 40 mL 乙腈,剧烈振荡 8 min,加水定容至满刻度,充分混匀后静置 4 min,用一次性注射器吸取上清液,用针式过滤器过滤后,得到高效液相色谱分析试样。

高效液相色谱条件:SCX 强阳离子交换色谱柱(填料粒径=5 μm,柱长=250 mm,内径=4.6 mm),流动相为磷酸盐缓冲溶液-乙腈溶液(7:3)。流速设定为 1.2 mL/min,柱温设定为 30℃,检测波长设定为 240 nm,进样量设定为 20 μL。

高效液相色谱定性分析:仪器开机,用流动相平衡色谱柱,待基线稳定后开始进样。定性分析是依据保留时间一致性进行定性识别的方法,根据三聚氰胺标准物质的保留时间,确定样品中三聚氰胺的色谱峰。

高效液相色谱定量分析:采用的校准方法为外标法。校准曲线的制作要根据检测需要,使用标准工作溶液分别进样,以标准工作溶液浓度为横坐标,以峰面积为纵坐标,绘制出校准曲线。原料牛乳样品要分别进样,获得目标峰面积,根据校准曲线计算原样牛乳样品中三聚氰胺的含量(mg/kg)。按以上步骤,对同一原料牛乳样品进行平行试验测定。除不称取样品外,按上述步骤同时完成各自空白试验。

七、注意事项

三聚氰胺标准贮备溶液应在 −18℃ 条件下避光保存,有效为 1 个月;标准工作溶液需在使用时配制。宜在色谱柱前加保护柱(或预柱),以延长色谱柱使用寿命。原料牛乳试样中待测三聚氰胺的响应值要在本方法线性范围内,当原料牛乳试样中三聚氰胺的响应值超出方法的线性范围的上限时,可减少样品称样量,再次进行提取和测定。

如果保留时间或柱压发生明显变化时,要检测离子交换色谱柱的柱效,用以保证检测结果的可靠性。使用不同的离子交换色谱柱时,保留时间会有较大差异,要对色谱条件进行优化。强阳离子交换色谱的流动相为酸性物质,每次结束实验后要用中性流动相冲洗仪器以进行维护保养。

本实训精密度的重复性和再现性值以 95% 的置信度计算。在重复性条件下,得到的两次独立测量结果的绝对差值不超过重复性限,如果两次测定结果的差值超过重复性限,要舍弃实训结果并重新完成两次单个实验测定。在再现性的条件下,得到的两次独立测定结果的绝对差值不得超过再现性限。

八、检测报告

以校准曲线得到的三聚氰胺溶液的浓度,单位为毫克每升(mg/L);试样定容体积,单位为毫升(mL);原料牛乳样品称量质量,单位为克(g);设计方程求解原料牛乳中三聚氰胺的含量,单位为毫克每千克(mg/kg)。

九、参考文献

1. 原料乳中三聚氰胺快速检测 液相色谱法(GB/T 22400 − 2008)。
2. 宋旭,乳制品中三聚氰胺快速检测方法的研究[D],上海:上海师范大学,2012。
3. 刘雅婷,乳制品中三聚氰胺检测新方法研究[D],衡阳:南华大学,2011。

第二法　高效液相色谱法(HPLC法)

一、基本知识

高效液相色谱(High Performance Liquid Chromatography,简称HPLC),又名高压或高速液相色谱、高分离度液相色谱或近代柱色谱,是以液体为流动相,采用高压输液的系统,是色谱法的一个重要分支。

二、实训原理

牛乳样品中三聚氰胺采用三氯乙酸溶液－乙腈提取,提取液经阳离子交换固相萃取柱净化,使用高效液相色谱仪测定,采用外标法定量分析三聚氰胺含量。

三、实训目的

掌握使用高效液相色谱法定量分析原料牛乳中三聚氰胺含量的实验技能。

四、实训材料与试剂

实验材料:液相色谱级甲醇、液相色谱级乙腈、氨水(氨含量为26%左右)、三氯乙酸、柠檬酸、液相色谱级辛烷磺酸钠、三聚氰胺标准品、定性滤纸、0.22 μm有机系微孔滤膜、纯度大于99.99%的氮气。

甲醇水溶液:准确量取50 mL甲醇和50 mL水混合均匀后备用。

1%三氯乙酸溶液:准确称取5 g三氯乙酸于500 mL容量瓶中,用水溶解并定容至刻度,混合均匀后备用。

5%氨水甲醇溶液:使用前准确量取95 mL甲醇和5 mL氨水混合均匀后备用。

离子对试剂缓冲液:准确称取1.08 g辛烷磺酸钠和1.05 g柠檬酸,加入490 mL水溶解,调节pH至3.0后,定容至500 mL备用。

三聚氰胺标准储备液:准确称取0.05 g三聚氰胺标准品,精确至0.001 g,加入50 mL棕色容量瓶中,用甲醇水溶液稀释并定容至刻度后混合均匀,配制成浓度为1 mg/mL的标准储备液。

阳离子交换固相萃取柱:混合型阳离子交换固相萃取柱,基质为苯磺酸化的聚苯乙烯－二乙烯基苯高聚物,填料质量为60 mg,体积为3 mL。使用前依次用3 mL甲醇、6 mL水过柱活化。

海砂(化学纯):粒度为0.75 mm±0.1 mm,其中二氧化硅含量大于99%。

五、仪器使用

装配有紫外检测器或二极管阵列检测器的高效液相色谱仪,感量为0.001 g及

0.01 g的电子分析天平,转速大于8000 r/min的冷冻离心机,超声波水浴器,固相萃取装置,氮气吹干仪,涡旋混匀器,50 mL 具塞塑料离心管、研钵。

六、实训步骤

提取:称取原料牛乳或乳粉匀质样品 2 g,精确至 0.001 g,置入 50 mL 具塞塑料离心管中,再加入 6 mL 乙腈和 18 mL 三氯乙酸溶液,超声提取 15 min,再振荡提取 15 min后,4℃下以不低于 8000 r/min 离心 15 min。上清液经三氯乙酸溶液润湿的滤纸过滤后,用三氯乙酸溶液定容至 25 mL,移取 3 mL 滤液,加入 3 mL 水混合均匀后做待净化液。

称取奶油样品 1 g 置于研钵中,精确至 0.001 g,加入试样质量的 5 倍海砂研磨成干粉状,溶液转移至 50 mL 具塞塑料离心管中,用 18 mL 三氯乙酸溶液分数次清洗研钵,清洗液转入离心管中,再向离心管中加入 6 mL 乙腈,超声提取 15 min,再振荡提取 15 min 后,4℃下以不低于 8000 r/min 离心 5 min。上清液经三氯乙酸溶液润湿的滤纸过滤后,用三氯乙酸溶液定容至 25 mL,移取 3 mL 滤液,加入 3 mL 水混匀后作为待净化液。

净化:将待净化液转移至固相萃取柱中。依次用 3 mL 水和 3 mL 甲醇洗涤,真空抽至近干后,用 6 mL 氨水甲醇溶液洗脱。整个固相萃取过程流速不超过 1 滴/s。洗脱液在 45℃下用氮气吹干,残留物用 1 mL 流动相定容,涡旋混合 2 min,透过微孔滤膜后,待高效液相色谱测定。

高效液相色谱测定:C_8柱色谱柱(填料粒径 = 5 μm,柱长 = 250 mm,内径 = 4.6 mm);C_{18}柱色谱柱(填料粒径 = 5 μm,柱长 = 250 mm,内径 = 4.6 mm);C_8柱流动相的离子对试剂缓冲液 – 乙腈(85∶15)混匀;C_{18}柱流动相的离子对试剂缓冲液 – 乙腈((9∶1))混匀。流速设定为 1.0 mL/min,柱温设定为 40℃,波长设定为 240 nm,进样量设定为 20 μL。

制作标准曲线:用流动相将三聚氰胺标准储备液逐级稀释得到浓度为 0.8、2、20、40、80 μg/mL 的标准工作液,由低浓度到高浓度进样检测,以峰面积 – 浓度作图,得到标准曲线回归方程。

定量测定:待测样液中三聚氰胺的响应值要在标准曲线线性范围内,超过线性范围则需稀释后再进样分析。空白实验除不称取原料牛乳样品外,均按照上述测定条件和步骤进行。

七、注意事项

三聚氰胺标准品纯度应大于 99%,三聚氰胺标准储备液在 – 18℃避光保存。若牛乳样品中脂肪含量较高,可以用三氯乙酸溶液与饱和的正己烷液分配除脂后再用阳离子固相萃取柱净化。本实训在重复性条件下获得的两次独立测定结果的绝对差值不得超过算术平均值的8%。

八、检测报告

以样液中三聚氰胺的峰面积;标准溶液中三聚氰胺的浓度,单位为微克每毫升(μg/mL);样液最终定容体积,单位为毫升(mL);标准溶液中三聚氰胺的峰面积;牛乳样品的质量,单位为克(g)以及稀释倍数来设计方程,求解原料牛乳样品中三聚氰胺的含量,单位为毫克每千克(mg/kg)。

九、参考文献

1. 原料乳与乳制品中三聚氰胺检测方法(GB/T 22388-2008)。
2. 宋旭,乳制品中三聚氰胺快速检测方法的研究[D],上海:上海师范大学,2012。
3. 刘雅婷,乳制品中三聚氰胺检测新方法研究[D],衡阳:南华大学,2011。

第三法　液相色谱-质谱/质谱法

一、基本知识

液相色谱-质谱/质谱法(liquid chromatography massspectro metry,LC-MS),是指用液相色谱法分离与用质谱法定性相联用的分析方法。

二、实训原理

原料牛乳中三聚氰胺用三氯乙酸溶液提取,样品提取液经阳离子交换固相萃取柱净化后,使用液相色谱-质谱/质谱法测定和确证,采用外标法定量分析三聚氰胺含量。

三、实训目的

掌握使用液相色谱-质谱/质谱外标法定量分析原料牛乳中三聚氰胺含量的实验技能。

四、实训材料与试剂

实验材料:乙酸、乙酸胺。

10 mmol/L乙酸胺溶液:准确称取0.386 g乙酸胺于500 mL容量瓶中,用水溶解并定容至刻度后混合均匀备用。

五、仪器使用

配有电喷雾离子源(ESI)的液相色谱-串联质谱仪,转速大于8000 r/min的冷冻离心机。

六、实训步骤

提取:准确称取原料牛乳或乳粉均质样品 1 g,精确至 0.001 g,移入 50 mL 具塞塑料离心管内,加入 4 mL 乙腈和 16 mL 三氯乙酸溶液,超声提取 15 min,再振荡提取 15 min后,4℃下以不低于 8000 r/min 离心 5 min。上清液经三氯乙酸溶液润湿的滤纸过滤后,做待净化液。

准确称取奶酪样品 1 g 置于研钵内,精确至 0.001 g,加入样品质量 5 倍的海砂研磨成干粉状,转移至 50 mL 具塞塑料离心管中,加入 16 mL 三氯乙酸溶液,分数次清洗研钵,清洗液转入离心管中,再加入 4 mL 乙腈,超声提取 15 min,再振荡提取 15 min后,4℃下以 8000 r/min 离心 5 min。上清液经三氯乙酸溶液润湿的滤纸过滤后,做待净化液。

净化:将待净化液转移至固相萃取柱中。依次用 3 mL 水和 3 mL 甲醇洗涤,真空抽至近干后,用 6 mL 氨水甲醇溶液洗脱。整个固相萃取过程流速不超过 1 mL/min。洗脱液于 42℃下用氮气吹干,残留用 1 mL 流动相定容,涡旋混合 2 min,透过微孔滤膜后,待液相色谱 – 串联质谱测定。

液相色谱 – 质谱测定条件:色谱柱采用强阳离子交换与反相 C_{18} 混合填料(1:4),粒径为 5 μm,柱长为 150 mm,内径为 2.0 mm。进样量设定为 10 μL、柱温设定为 35℃、流速设定为 0.3 mL/min,流动相为等体积的乙酸胺溶液和乙腈充分混匀,用乙酸调节至 pH 为 3.0 后备用。

参考条件:电离方式为电喷雾电离(正离子),离子喷雾电压设定为 4.5 kV;雾化气为氮气,压力设定为 414 kPa (60 Psi);干燥气为氮气,流速设定为 10 L/min,温度设定为 350℃;碰撞气为氮气;分辨率 Q1(单位)Q3(单位);扫描模式采用多反应监测(MRM),母离子为 m/z127.1,定量子离子为 m/z 85.5,定性子离子为 m/z 68.4;停留时间设定为 0.3 s;裂解电压设定为 100 V;碰撞电压:m/z 127.1 > m/z 85.5 为 27 V,m/z 127.1 > m/z 68.4 为 43 V。

制作标准曲线:取空白样品按照上述实训步骤处理,用得到的样液将三聚氰胺标准储备液逐级稀释得到浓度为 0.01、0.05、0.1、0.2、0.5 μg/mL 的标准工作液,浓度由低到高完成进样检测,用定量子离子峰面积 – 浓度作图,得到标准曲线回归方程。

定量测定:待测样液中三聚氰胺的响应值要在标准曲线线性范围内,超过线性范围则要稀释后再次进样分析。

定性判定:按照上述条件测定原料牛乳样品和标准工作溶液,如果牛乳样品中的质量色谱峰保留时间与标准工作溶液的变化范围在 ±2% 之内;样品中目标化合物的两个子离子的相对丰度与浓度与标准溶液的相对丰度一致,相对丰度偏差不超过表 5 – 3 规定,则可判断牛乳样品中含有三聚氰胺。空白实验除不称取原料牛乳样品外,均按照以上测定条件与步骤进行。

表 5 - 3   三聚氰胺定性离子相对丰度的最大允许偏差

相对离子丰度	>50%	20% ~ 50%	10% ~ 20%	≤10%
允许的相对偏差	±20%	±25%	±30%	±50%

七、注意事项

若原料牛乳样品中脂肪含量较高,可以用三氯乙酸溶液饱和的正己烷液分配除脂后再用阳离子固相萃取柱净化。本实训在重复性条件下获得的两次独立测定结果的绝对差值不得超过算术平均值的8%。

八、检测报告

以样液中三聚氰胺的峰面积;标准溶液中三聚氰胺的浓度,单位为微克每毫升 (μg/mL) ;样液最终定容体积,单位为毫升(mL) ;标准溶液中三聚氰胺的峰面积;样品的质量,单位为克(g) 以及稀释倍数来设计方程,求解原料牛乳试样中三聚氰胺的含量,单位为毫克每千克(mg/kg) 。

九、参考文献

1. 原料乳与乳制品中三聚氰胺检测方法(GB/T 22388 - 2008) 。

2. 江鑫,食品及环境样品中三聚氰胺的液质联用分析技术研究[D],南昌:南昌航空大学,2010。

3. 李帮锐,高效液相色谱 - 串联质谱联用法在食品安全分析中的应用[D],长沙:湖南大学,2009。

第四法   气相色谱 - 质谱联用法

一、基本知识

气相色谱 - 质谱联用法(Gas Chromatography - Mass Spectrometry,GC - MS)是使用气相色谱作为后续质谱的进样系统,将样品中复杂的化学组分分离,再利用质谱检测仪作为监测器进行定性和定量分析。气相色谱 - 质谱联用法被广泛应用于复杂组分物质的分离与鉴定,该法同时具有气相色谱的高分辨率和质谱的高灵敏度。

二、实训原理

原料牛乳经超声提取、固相萃取净化后,样品再进行硅烷化衍生,衍生产物利用离子监测质谱扫描模式(SIM)或多反应监测质谱扫描模式(MRM),用化合物的保留时间和质谱碎片的丰度比定性,采用外标法定量分析三聚氰胺含量。

三、实训目的

掌握使用气相色谱－质谱联用外标法定量分析原料牛乳中三聚氰胺含量的实验技能。

四、实训材料与试剂

实验材料:吡啶(优级纯),乙酸铅,氢气(纯度大于99.99%),氦气(纯度大于99.99%)。

衍生化试剂:液相色谱级N,O－双三甲基硅基三氟乙酰胺(BSTFA)＋三甲基氯硅烷(TMCS,体积比为99:1)。

22 g/L乙酸铅溶液:准确称取11 g乙酸铅用200 mL水溶解后定容至500 mL后混合均匀。

三聚氰胺标准溶液:准确吸取三聚氰胺标准储备液1 mL移入100 mL容量瓶内,用甲醇定容至刻度后混合均匀,此标准溶液1 mL相当于10 μg三聚氰胺标准品。

五、仪器使用

配有电子轰击电离离子源(EI)的气相色谱－质谱(GC－MS)仪,配有电子轰击电离离子源(EI)的气相色谱－串联质谱仪,电子恒温箱。

六、实训步骤

GC－MS法提取:准确称取原料牛乳、奶粉、酸奶或奶糖样品5 g,精确至0.001 g,置于50 mL具塞比色管内,加入25 mL三氯乙酸溶液,涡旋振荡1 min,再加入15 mL三氯乙酸溶液,超声提取20 min,加入2 mL乙酸铅溶液,用三氯乙酸溶液定容至刻度。充分混匀后,转移上层提取液30 mL至50 mL具塞离心管中,4℃下以不低于8000 r/min离心10 min,上清液待净化。

准确称取5 g奶酪或奶油样品,精确至0.001 g,移入50 mL具塞比色管中,用5 mL热水溶解,必要时可再加热,加入20 mL三氯乙酸溶液,涡旋振荡30 s,再加入15 mL三氯乙酸溶液超声提取20 min,加入2 mL乙酸铅溶液,用三氯乙酸溶液定容至刻度。充分混匀后,转移上层提取液30 mL至50 mL,4℃下以不低于8000 r/min离心5 min,上清液待净化。

净化:准确移取5 mL的待净化滤液至阳离子固相萃取柱中,再用3 mL水、3 mL甲醇淋洗,弃淋洗液,真空抽近干后用3 mL氨水甲醇溶液洗脱,收集洗脱液,45℃水浴条件下用氮气吹干。

GC－MS/MS法提取:准确称取乳粉、奶酪、奶油或奶糖等样品0.1 g,精确至

0.001 g,加入 5 mL 甲醇水溶液涡旋混匀 2 min 后,超声提取 20 min,4℃下以不低于 8000 r/min 离心 15 min,取上清液 200 μL 用微孔滤膜过滤,50℃水浴条件下用氮气吹干。

准确称取 2 g 液态乳或酸乳样品,精确至 0.001 g,加入 5 mL 甲醇,涡旋混匀 2 min 后,超声提取 20 min,4℃下以不低于 8000 r/min 离心 5 min,取上清液 200 μL 用微孔滤膜过滤,45℃水浴条件下用氮气吹干。

衍生化:取上述氮气吹干残留物,加入 600 μL 吡啶和 200 μL 衍生化试剂混匀,70℃反应 30 min 后,采用质谱仪定量检测或确证。

气相色谱 – 质谱测定:色谱柱为 5% 苯基二甲基聚硅氧烷石英毛细管柱(膜厚 = 0.25 μm,柱长 = 30 m,内径 = 0.25 mm);程序升温:75℃保持 1 min,以 15 ℃/min 的速率升温至 250℃,保持 10 min;流速为 1.2 mL/min。传输线温度设定为 280℃,进样口温度设定为 250℃,进样方式采用不分流进样,进样量设定为 1 μL,电离方式采用电子轰击电离(EI),电离能量设定为 70 eV,离子源温度设定为 230℃。扫描模式采用选择离子扫描,定性离子为 m/z 99、m/z 171、m/z 327、m/z 342,定量离子为 m/z 327。

GC – MS/MS 测定:色谱柱为 5% 苯基二甲基聚硅氧烷石英毛细管柱(填料粒径 = 0.25 μm,柱长 = 30 m,内径 = 0.25 mm);程序升温:75℃保持 1 min,以 250℃/min 的速率升温至 220℃,再以 5℃/min 的速率升温至 260℃,保持 2 min。流速设定为 1.2 mL/min,进样口温度设定为 260℃,接口温度设定为 260℃,进样方式采用不分流进样,进样量设定为 1 μL,电离方式采用电子轰击电离(EI),电离能量设定为 70 eV,离子源温度设定为 220℃,四级杆温度设定为 150℃。碰撞气氩气压力设定为 0.2394 Pa,碰撞能量设定为 15 V,扫描方式采用多反应监测(MRM),定量离子为 m/z 342 > m/z 327,定性离子为 m/z 342 > m/z 327,m/z 342 > m/z 171。

GC – MS 法制作标准曲线:准确吸取三聚氰胺标准溶液 0、0.2、0.4、0.8、2、4、8 mL,分别置于 7 个 50 mL 容量瓶中,用甲醇稀释至刻度线。各取 1 mL 用氮气吹干,按照衍生化步骤操作。配制成衍生化产物浓度分别为 0、0.05、0.1、0.2、0.5、1.2 μg/mL 的标准溶液。反应液采用气相色谱 – 质谱仪测定,以标准工作溶液浓度为横坐标,定量离子质量色谱峰面积为纵坐标,制作标准工作曲线。

GC – MS/MS 法制作标准曲线:准确吸取三聚氰胺标准溶液 0、0.02、0.04、0.2、0.4、2、4 mL,分别置于 7 个 50 mL 容量瓶中,用甲醇稀释至刻度线。各取 1 mL 用氮气吹干,按照衍生化步骤操作。配制成衍生化产物浓度分别为 0、0.005、0.01、0.05、0.1、0.5、1 μg/mL 的标准溶液。反应液供气相色谱 – 串联质仪测定。以标准工作溶液浓度为横坐标,定量离子质量色谱峰面积为纵坐标,制作标准工作曲线。

定量测定:待测样液中三聚氰胺的响应值要在标准曲线线性范围内,超过线性范围则要对净化液稀释,重新衍生化后再次进样分析。

GC – MS 法定性判定:以标准样品的保留时间和监测离子(m/z 99、m/z 171、

m/z 327 和 m/z 342）定性分析，待测样品中 4 个离子（m/z 99、m/z 171、m/z 327 和 m/z 342）的丰度比与标准品的相同离子丰度比相差小于 15%。

GC – MS/MS 法定性判定：以标准样品的保留时间以及多反应监测离子（m/z 342 > m/z 327、m/z 342 > m/z 171）定性，其他定性判定原则相同。空白实验除不称取原料牛乳样品外，均按照以上测定条件与步骤实施。

七、注意事项

三聚氰胺标准溶液要求在 –18℃ 冰箱内储存，有效期为 1 个月。若原料牛乳样品中脂肪含量较高，可以先用乙醚脱脂后再用三氯乙酸溶液提取。

八、检测报告

以样液中三聚氰胺的峰面积；标准溶液中三聚氰胺的浓度，单位为微克每毫升（$\mu g/mL$）；样液最终定容体积，单位为毫升（mL）；标准溶液中三聚氰胺的峰面积；试样的质量，单位为克（g）以及稀释倍数来设计方程，求解样品中三聚氰胺的含量，单位为毫克每千克（mg/kg）。

九、参考文献

1. 原料乳与乳制品中三聚氰胺检测方法（GB/T 22388 – 2008）。
2. 盛开，基于气相色谱 – 质谱联用技术的三聚氰胺衍生化分析方法的研究［D］，沈阳：中国医科大学，2010。
3. 申军士，低剂量三聚氰胺在奶牛体内代谢残留规律研究［D］，北京：中国农业科学院，2010。

第二节　原料牛乳中非蛋白氮含量测定实训

一、基本知识

非蛋白氮（nonprotein nitrogen；NPN），是指除蛋白质以外氮的含量。乳中非蛋白氮主要来源于乳中的氨、尿素、肌酸、肌酸酐、尿酸、乳清酸、多肽、马尿酸、氨基酸和其他成分。非蛋白氮是用浓度为 12% 的三氯乙酸（TCA）将乳中的蛋白质沉淀后残留于上清液中的可溶性含氮化合物，约占含氮化合物的 5%。

二、实训原理

用 150 g/L 的三氯乙酸溶液沉淀原料牛乳中的蛋白质，滤液经消化、蒸馏后，用 0.05 mol/L 硫酸滴定，计算样品中的氮含量，即为原料牛乳样品中非蛋白氮的含量。

三、实训目的

掌握使用滴定法定量分析原料牛乳中非蛋白氮含量的实验技能。

四、实训材料与试剂

实验材料:中速定量滤纸;蔗糖($C_{12}H_{22}O_{11}$)的含氮量质量分数应小于0.01%,使用前不能在烘箱中烘干;0.05 mol/L硫酸标准滴定溶液。

150 g/L三氯乙酸溶液:准确称取三氯乙酸(CCl_3COOH)15 g,加水溶解并稀释至100 mL后混合均匀。

五、仪器使用

转速为8000~12000 r/min的均质机,感量为0.001 g的电子分析天平,定氮蒸馏装置或定氮仪。

六、实训步骤

样品制备:原料牛乳温度达到室温后,准确称取10 g牛乳样品,精确称量至0.001 g,移入已预先称量的烧杯内。或者准确称取1 g乳粉样品,精确称量至0.001 g,移入烧杯中。乳粉加入温水10mL,搅拌均匀;干酪加入温水80 mL,用均质机匀浆溶解;奶油温热熔化。吸取10 mL乳制品样品移入预先已称量的烧杯后再次称量。

沉淀与过滤:准确量取30 mL的三氯乙酸溶液,加入上述盛有试样的烧杯后摇匀,精确称量至0.001 g。静置8 min后用中速定量滤纸过滤,收集澄清滤液移入定氮瓶中。加入少量硫酸维持溶液酸度,沸水加热浓缩至近干,再向定氮瓶中加入0.2 g硫酸铜、6 g硫酸钾和20 mL硫酸,摇动定氮瓶后,在瓶口放置漏斗。将定氮瓶倾斜置于石棉网上缓慢加热至瓶内物质全部碳化,泡沫停止后需加大火力,保持定氮瓶内液体轻微沸腾,液体呈现蓝绿色澄清透明状后,再继续加热40 min后将定氮瓶冷却,缓慢加入20 mL水,再进行定氮蒸馏。

定氮蒸馏后测定:准确称取滤液20 g,精确称量至0.001 g,用0.05 mol/L硫酸标准滴定溶液进行滴定。

空白测定:准确称取蔗糖0.2 g移入烧杯内,加入三氯乙酸溶液32 mL,按上两步操作进行,作为空白值。

七、注意事项

如样品为贮藏在4℃冰箱中的原料牛乳,要在实训前预先将其取出。本实训在重复性条件下获得的两次独立测定结果的绝对差值不得超过算术平均值的8%。

八、检测报告

以硫酸标准滴定溶液的浓度,单位为摩尔每升(mol/L);原料牛乳样品消耗硫酸标准滴定溶液的体积,单位为毫升(mL);空白样品消耗硫酸标准滴定溶液的体积,单位为毫升(mL);加入 40 mL 三氯乙酸溶液后的试样质量,单位为克(g)。用上述条件设计方程求解原料牛乳中非蛋白氮的含量,以质量分数(%)计。

九、参考文献

1. 乳与乳制品中非蛋白氮含量的测定(GB/T 21704 - 2008)。

2. 麻士卫,牛乳中体细胞数与含氮化合物含量相关性研究[D],呼和浩特:内蒙古农业大学,2007。

3. 孟宪娇,乳与乳制品中蛋白质风险指标体系的建立[D],长沙:中南林业科技大学,2010。

第三节 原料牛乳冰点测定实训

一、基本知识

冰点即凝固点,即物质由液态转化为固态时的温度。牛奶的凝固点习惯上叫"冰点",用英文"FPD(freezing point depression)"表示。牛奶的冰点随水分及其他成分含量的变化而变化,在通常情况下,牛乳的水分占 85.5% ~ 88.7%,冰点仅在狭小的范围内变动。冰点的单位以千分之一摄氏度(m℃)表示。

二、实训原理

将一定量的原料牛乳样品放入样品管中,置于热敏电阻冰点仪冷阱中,在冰点以下制冷,将牛乳样品过冷至适当温度。当被测牛乳样品冷却到 -3℃时,进行引晶,通过瞬时释放热量使牛乳样品产生结晶,牛乳结冰后通过连续释放热量,使样品温度回升至最高点,并在短时间内保持恒定,形成冰点温度平台。待牛乳样品温度达到平衡状态后,并且 20 s 内温度上升小于 0.5 m℃时,该温度即为该牛乳样品的冰点值。

三、实训目的

掌握使用热敏电阻冰点仪测定原料牛乳冰点的实验技能。

四、实训材料与试剂

实验材料:乙二醇($C_2H_6O_2$);氯化钠(NaCl):磨细后置于干燥箱中,在130℃ ±

103

3℃干燥 30 h,置于干燥器中冷却至室温。

标准溶液 A:将水煮沸后冷却并保持在 20℃以下,准确称取 6.731 g 氯化钠,溶于 100 mL 水中,定容至 1000 mL 容量瓶后混合均匀,其冰点值为 -400 m℃。

标准溶液 B:将水煮沸后冷却并保持在 20℃以下,准确称取 9.422 g 氯化钠,溶于 100 mL 水中,定容至 1000 mL 容量瓶后混合均匀,其冰点值为 -507 m℃。

标准溶液 C:将水煮沸后冷却并保持在 20℃以下,准确称取 10.161 g 氯化钠,溶于 100 mL 水中,定容至 1000 mL 容量瓶后混合均匀,其冰点值为 -600 m℃。将标准溶液 A、B、C 分装储存于 250 mL 的聚乙烯塑料瓶中,置于 4℃冰箱中冷藏,上述标准溶液的保存期为 1 个月。

配置不同冰点的氯化钠标准溶液,氯化钠标准溶液应覆盖被测原料牛乳样品的冰点值范围,并且选择的氯化钠标准溶液的冰点值相差不应大于 100 m℃,见表 5-4。

表 5-4　氯化钠标准溶液的冰点(20℃)

氯化钠溶液 A(g/L)	氯化钠溶液 B(g/kg)	冰点(m℃)
6.731	6.763	-400.0
6.868	6.901	-408.0
7.587	7.625	-450.0
8.444	8.489	-500.0
8.615	8.662	-510.0
8.650	8.697	-512.0
8.787	8.835	-520.0
8.959	9.008	-530.0
9.130	9.181	-540.0
9.302	9.354	-550.0
9.422	9.475	-557.0
10.161	10.220	-600.0

冷却液:准确量取 330 mL 乙二醇加入 1000 mL 容量瓶中,用水定容至刻度后混合均匀,冷却液的体积比为 33%。

五、仪器使用

感量为 0.001 g 的电子分析天平,称量瓶,1000 mL 容量瓶,温度可控制在 130℃ ±3℃的烘箱,干燥器,1~5 mL 移液器。热敏电阻冰点仪:带有热敏电阻控制的冷却装置、热敏电阻探头、搅拌器和结晶装置和温度显示仪。样品管为硼硅玻璃材质,长度为 50.5 ±0.2 mm,外部直径为 16.0 ±0.2 mm,内部直径为 13.7 ±0.3 mm。

检测装置、温度传感器和相应的电子线路。温度传感器为 1.60 ±0.4 mm 直径的玻璃探头,在 0℃时的电阻在 3 Ω 与 30 kΩ 之间。当探头在测量位置时,热敏电阻顶部要求位于样品管的中轴线,且顶部离内壁与管底保持相等距离。温度传感器和相应的电子线路在 -600 m℃ 至 -400 m℃ 之间的测量分辨率应为 1 m℃。冰点仪的冷却装置要保证仪器内部的冷却液体温度恒定为 -7.0 ± 0.5℃。

六、实训步骤

试样制备:原料牛乳样品要保存在 4℃ 的冰箱内,牛乳样品抵达实验室 6 h 内检测的效果最好。测试前原料牛乳样品温度要求达到室温,且牛乳样品与氯化钠标准溶液在测试时的温度要保持相同。

仪器预冷:开启热敏电阻冰点仪,等待冰点仪传感探头升起后,打开冷阱盖,按所用仪器规定加入相应体积的冷却液,盖好上盖,冰点仪预冷 30 min 后进行测定。

A 液校准仪器:用移液器分别吸取 2.5 mL 标准溶液 A,依次放入三个样品管中,在启动后的冷阱中插入装有标准溶液 A 的样品管。重复测量值在 -400 ± 2 m℃ 的校准值时,结束标准溶液 A 校准。

B 液校准仪器:用移液器分别吸取 2.5 mL 标准溶液 B,依次放入三个样品管中,在启动后的冷阱中插入装有标准溶液 B 的样品管。重复测量值在 -557 ± 2 m℃ 的校准值时,结束标准溶液 B 校准。

C 液校准仪器:测定羊乳样品时,要求使用标准溶液 C 校准。用移液器分别吸取 2.5 mL 标准溶液 C,依次放入三个样品管中,在启动后的冷阱中插入装有标准溶液 C 的样品管。重复测量值在 -600 ± 2 m℃ 的校准值时,结束标准溶液 C 校准。

样品测定:轻微摇匀原料牛乳样品,避免混入空气产生气泡,将 2.5 mL 牛乳样品转移到一个干燥清洁的样品管中,将待测样品管放到已校准过的冰点仪的测量孔中。开启冰点仪冷却样品,显示器可显示当前牛乳样品温度,温度逐渐下降,当牛乳样品温度达到 -3.0 ± 0.1℃ 时启动引晶的机械振动,搅拌金属棒开始振动引晶,原料牛乳样品开始冻结导致温度上升,当温度平衡后在 20 s 内温度回升小于 0.5 m℃ 时,冰点仪停止测量,升起传感头,显示温度即为原料牛乳样品的冰点值。

测试结束后,要保证探头和搅拌金属棒干燥清洁,使用柔软洁净的纱布仔细擦拭。如果引晶在达到 -3.0 ± 0.1℃ 之前发生,则本次测定作废,需重新取样测试。测定结束后,移走样品管,并用水冲洗温度传感器和搅拌金属棒并擦拭干净。每个牛乳样品至少进行三次平行测定,绝对差值小于 5 m℃ 时,取平均值作为测试结果。

七、注意事项

热敏电阻仪正常工作时,其循环系统在 -600 m℃ 到 -400 m℃ 范围之间任何一个点的线性误差不能超过 1 m℃。在冷却过程中搅拌原料牛乳样品,耐腐蚀搅拌金属棒要根据相应仪器的安放位置以调整振幅。正常搅拌时金属棒不可碰撞玻璃传感器或样品管壁。实验操作时,牛乳样品达到 -3.0 ± 0.1℃ 时启动引晶的机械振动装置,在引晶时要使搅拌金属棒在 2 s 内加大振幅,将金属棒碰撞样品管壁。

八、检测报告

如果常规校准检查结果已证实热敏电阻冰点仪校准的有效性,则取三次测定结果的平均值,单位以 m℃ 计。在重复性条件下获得三次独立测定结果的绝对差值不超过 5 m℃。

九、参考文献

1. 食品安全国家标准 生乳冰点的测定(GB 5413.38 – 2010)。
2. 宋维政,液态奶安全质量控制体系应用研究[D],呼和浩特:内蒙古大学,2010。
3. 孙涛,尹京苑,韩奕奕,等,生鲜乳质量变化规律及其影响因素 [J],食品科学,2013,34(11):94 – 99。

第四节 原料牛乳及其制品酸度测定实训

第一法 原料牛乳、乳粉中酸度的测定
基准法

一、基本知识

牛乳有两种酸度,一种是外表酸度,又名固有酸度,是指刚挤出来的新鲜牛乳本身所具有的酸度,是由磷酸、酪蛋白、白蛋白、柠檬酸和 CO_2 等所引起的;第二种是真实酸度,又名发酵酸度,是指牛乳在放置过程中,在乳酸菌作用下,乳糖发酵产生了乳酸而升高的那部分酸度。

可用°T 或乳酸百分数来表示牛乳的酸度。°T 指滴定 100 mL 牛乳样品消耗 0.1 mol/LNaOH溶液的体积。

二、实训原理

通过中和 10 g 原料牛乳至 pH 为 8.3 所消耗的 0.1000 mol/L 氢氧化钠体积,确定牛乳样品的酸度。

三、实训目的

掌握使用基准滴定法测定原料牛乳中酸度的实验技能。

四、实训材料与试剂

实验材料:0.1000 mol/L 氢氧化钠标准溶液,氮气。

五、仪器使用

感量为 0.001 g 的电子分析天平,分刻度为 0.1 mL 的滴定管(可准确至 0.05 mL),带玻璃电极和适当参比电极的 pH 计,磁力搅拌器。

六、实训步骤

样品制备:准确量取 100 mL 原料牛乳全部移入到约两倍样品体积并带密封盖的洁净干燥容器中,立即盖紧容器,反复旋转振荡,使样品彻底混合。或者准确称取 4 g 乳粉样品置于锥形瓶中,精确至 0.001 g,用量筒量取 96 mL 水,密闭加热至 50℃后,加入锥形瓶后搅拌,至使乳粉样品复原,然后静置 20 min。

测定:准确称取 10 g 原料牛乳或复原乳样品,精确至 0.001 g,将已混匀的原料乳样品移入 150 mL 锥形瓶中,加入 20 mL 新煮沸 15 min 并密闭冷却至室温的水,摇动锥形瓶使两者混合均匀。用滴定管向锥形瓶中滴加 0.1000 mol/L 氢氧化钠标准溶液,直到 pH 稳定在 8.30±0.01 处 4 s。在滴定过程中,不断用磁力搅拌器进行搅拌,同时向锥形瓶中吹入氮气,防止溶液吸收空气中的二氧化碳。记录所用氢氧化钠溶液的体积,精确至 0.05 mL。利用样品等体积的蒸馏水做空白实验,记录消耗 0.1000 mol/L 氢氧化钠标准溶液的体积数。

七、注意事项

在原料牛乳样品制备操作过程中,要尽量避免牛乳样品暴露在空气中,整个滴定操作过程要求在 40 s 内完成。

常规法

一、基本知识

利用标准碱来中和乳粉的酸度,用乳酸的百分数来表示。

二、实训原理

乳粉样品经过处理后,使用酚酞作为指示剂、硫酸钴作参比颜色,以 0.1000 mol/L 氢氧化钠标准溶液滴定 100 mL 干物质为 12% 的复原乳至粉红色,所消耗的体积经计算确定乳粉的酸度。

三、实训目的

掌握使用基准滴定法测定乳粉酸度的实验技能。

四、实训材料与试剂

实验材料:0.1000 mol/L 氢氧化钠标准溶液。

参比溶液:准确称取 1.5 g 七水硫酸钴($CoSO_4 \cdot 7H_2O$)溶解于水中,并定容至 50 mL 后混合均匀。

酚酞指示液:准确称取 0.25 g 酚酞溶解于 38 mL 体积分数为95%的乙醇中,并加入 10 mL 水,再滴加 0.1000 mol/L 氢氧化钠标准溶液至微粉色,最后加入水定容至 50 mL 后混合均匀。

五、仪器使用

感量为 0.001 g 的电子分析天平,分刻度为 0.1 mL 的滴定管(可准确至 0.05 mL)。

六、实训步骤

试样制备:将乳粉样品全部移入到约两倍样品体积带密封盖的洁净干燥容器中,立即盖紧容器,反复旋转振荡,使样品彻底混合,尽量避免样品暴露在空气中。

测定:准确称取 4 g 乳粉样品,精确称量至 0.001 g,置于 250 mL 锥形瓶中。用量筒准确量取20℃水 96 mL,搅拌使乳粉样品复溶,然后静置 15 min。向其中的一只装有 96 mL 水(20℃)的锥形瓶中加入 2.0 mL 参比溶液,轻微转动使之混合,得到标准参比颜色。向第二只装有样品的锥形瓶中加入 2.0 mL 酚酞指示液,轻微转动使之混合。用25 mL 碱式滴定管向第二只锥形瓶中滴加 0.1000 mol/L 氢氧化钠标准溶液,一边滴加一边转动烧瓶,直到溶液颜色与标准溶液的颜色相似,且 5 s 内不消退,整个滴定过程应在 40 s 内完成。记录所用氢氧化钠溶液的体积,精确至 0.05 mL。使用 100 mL 蒸馏水做空白实验,记录所消耗 0.1000 mol/L 氢氧化钠标准溶液的体积数。空白实验所消耗的氢氧化钠溶液的体积不应为零,否则要重新制备符合要求的蒸馏水完成检测。

七、注意事项

如果需要测定多个相似的乳粉样品时,标准参比颜色溶液可用于整个测定过程,但使用时间不得超过 2 h。本实训在重复性条件下获得的两次独立测定结果的绝对差值不得超过 0.5°T。滴定过程中,要不断向锥形瓶中吹氮气,防止溶液吸收空气中的二氧化碳。

八、检测报告

以氢氧化钠标准溶液的浓度,单位为摩尔每升(mol/L);滴定时所用氢氧化钠溶液的体积,单位为毫升(mL);称取乳粉样品的质量,单位为克(g);试样中水分的质量分数,单位为克每百克(g/100g)以及酸度理论定义氢氧化钠的摩尔浓度 0.1 mol/L,设计方程求解乳粉中酸度的含量,若以乳酸含量表示样品的酸度,样品的乳酸含量(g/100g) = $T \times 0.009$。T 为样品的滴定酸度,0.009 为乳酸的换算系数,即 1 mL 0.1 000 mol/L 的氢氧化钠标准溶液相当于 0.009 g 乳酸。

第二法　电位滴定法

一、基本知识

电位滴定法(potentiometric titration)是指在滴定过程中通过测量电位变化以确定滴定终点的方法。

二、实训原理

以酚酞为指示液,用 0.1000 mol/L 氢氧化钠标准溶液滴定 100 g 样品,最后通过其所消耗的氢氧化钠标准溶液体积来确定原料牛乳及乳制品样品的酸度。

三、实训目的

掌握使用基准滴定法测定原料牛乳及乳制品酸度的实验技能。

四、实训材料与试剂

0.1000 mol/L 氢氧化钠标准溶液。

中性乙醇 – 乙醚混合溶液:准确量取 100 mL 乙醇和 100 mL 乙醚混合后加 3 滴酚酞指示液,用 0.1000 mol/L 氢氧化钠溶液滴至微红色。

酚酞指示液:称取 0.25 g 酚酞溶于 38 mL 体积分数为 95 % 的乙醇中,并加入水 10 mL ,再滴加 0.1000 mol/L 氢氧化钠溶液至微粉色,最后入水定容至 50 mL 后混合均匀。

五、仪器使用

感量为 0.001 g 的电子分析天平,电位滴定仪,水浴锅,分刻度为 0.1 mL 的碱式滴定管。

六、实训步骤

原料牛乳、巴氏杀菌乳、灭菌乳、发酵乳酸度测定:准确称取 10 g 样品,精确称量至 0.001 g,将已混匀样品移入 150 mL 锥形瓶中,加入新煮沸 15 min 后冷却至室温的水 20 mL。混匀后用 0.1000 mol/L 氢氧化钠标准溶液电位滴定至 pH 为 8.3,滴定过程中,不断向锥形瓶中通入氮气,记录消耗的氢氧化钠标准滴定溶液体积。

奶油酸度测定:准确称取 10 g 奶油样品,精确称量至 0.001 g,置于 250 mL 锥形瓶中,在已混匀后的奶油样品加入 30 mL 中性乙醇 – 乙醚混合溶液后混合均匀,用 0.1000 mol/L 氢氧化钠标准溶液电位滴定至 pH 为 8.3,记录消耗的氢氧化钠标准滴定溶液体积。

干酪素酸度测定:准确称取 5 g 干酪素样品,精确称量至 0.001 g,将研磨混匀的干酪素样品置于 250 mL 锥形瓶中,加入新煮沸 15 min 后冷却至室温的水 50 mL,在 20℃室温下放置 4 h,也可在水浴锅中加热到 45℃并在此温度下保持 30 min,再加 50 mL 水,混匀后通过干燥的滤纸过滤。吸取滤液 50 mL 于锥形瓶中,用 0.1000 mol/L 氢氧化钠标准溶液电位滴定至 pH 为 8.3,记录消耗的氢氧化钠标准滴定溶液体积。

炼乳酸度测定:准确称取 10 g 炼乳样品,精确称量至 0.001 g,将已混匀的炼乳样品置于 250 mL 锥形瓶中,加新煮沸 15 min 冷却至室温的水 60 mL 溶解,混匀后用 0.1000 mol/L 氢氧化钠标准溶液电位滴定至 pH 为 8.3,记录消耗的氢氧化钠标准滴定溶液体积。

空白滴定:原料牛乳和液态乳制品利用等体积的蒸馏水做空白实验,记录消耗的 0.1000 mol/L 氢氧化钠标准滴定溶液体积。测定奶油酸度时,用 30 mL 中性乙醇 – 乙醚混合液做空白实验,记录消耗的氢氧化钠标准滴定溶液体积。

七、注意事项

本实训在重复性条件下获得的两次独立测定结果的绝对差值不得超过 0.5°T。滴定过程中,要不断向锥形瓶中吹氮气,防止溶液吸收空气中的二氧化碳。

八、检测报告

以试样的酸度,单位为度(°T);氢氧化钠标准溶液的摩尔浓度,单位为摩尔每升(mol/L);滴定时消耗氢氧化钠标准溶液体积,单位为毫升(mL);试样的质量,单位为克(g);酸度理论定义氢氧化钠的摩尔浓度,0.1 摩尔每升(mol/L)来设计方程,求解原料牛乳和乳制品中酸度的含量,酸度数值以(°T)表示,

九、参考文献

1. 食品安全国家标准 乳和乳制品酸度的测定(GB 5413.34 – 2010)。
2. 李爽,草原红牛乳加工特性研究 [D],长春:吉林大学,2013。
3. 陈璐,酸豆奶稳定性研究及配方设计 [D],长春:吉林大学,2013。

第五节　原料牛乳相对密度测定实训

一、基本知识

乳的相对密度是指乳在20℃时的质量与同体积水在20℃时的质量之比。

二、实训原理

使用相对密度计检测原料牛乳样品,根据读数经查表可得到牛乳相对密度的结果。

三、实训目的

掌握使用相对密度计测定原料牛乳相对密度的实验技能。

四、实训材料

250 mL 量筒。

五、仪器使用

密度计(20℃/4℃),上部细管中带有刻度标签,表示相对密度读数。

六、实训步骤

取混匀后温度为 10~25 ℃的原料牛乳样品,缓慢倒入 250mL 量筒内,不要使其产生泡沫并测量样品温度。将相对密度计洗净擦干,缓慢将相对密度计放入牛乳中到刻度30°处,然后让密度计自然上升,但不能与量筒内壁接触,静置 3 min,水平观察牛乳液面的刻度,读取相对密度数值。根据牛乳样品的温度和相对密度计读数查《相对密度计读数变为温度 20℃时的度数换算表》,换算成20℃时的度数。

七、注意事项

量筒高度应大于相对密度计的长度,量筒直径大小要使在沉入相对密度计时,其其周边与量筒内壁的距离大于 4 mm。

八、检测报告

用密度计(20℃/4℃),在不同温度下测定原料牛乳的相对密度,使用《相对密度计读数变为温度 20℃时的度数换算表》,利用相对密度计刻度关系计算出原料牛乳的相对密度(ρ_4^{20})。

九、参考文献

1. 食品安全国家标准 生乳相对密度的测定(GB 5413. 22 – 2010)。

2. 罗兰,王盛民,吴贞贞,等,超高压射流灭菌对牛奶理化特性的影响[J],中国乳品工业,2011,39(4):28 – 31。

3 常大伟,焦维娜,赵丹,关中山羊乳感官品质及营养成分监测[J],陕西科技大学学报(自然科学版),2013,31(1):82 – 86。

第六节 原料牛乳中非脂乳固体测定实训

一、基本知识

非脂乳固体是指牛乳中除了脂肪和水分之外的物质总称,非脂乳固体的主要组成为蛋白质、糖类、酸类、维生素等,牛奶的非脂乳固体一般在9% ~12%。

二、实训原理

分别测定出原料牛乳中的总固体含量、脂肪含量,添加了蔗糖的非乳成分含量应扣除,再用总固体含量减去脂肪和蔗糖等非乳成分含量,结果为原料牛乳的非脂乳固体含量。

三、实训目的

掌握使用重量法分析原料牛乳中非脂乳固体含量的实验技能。

四、实训材料与试剂

平底皿盒:高22 mm,直径60 mm 的带盖铝皿或不锈钢盒,也可使用带盖的玻璃称量皿。

短玻璃棒:要求与皿盒的直径相符,可倾斜放在皿盒内,不影响关闭上盖。

海砂:要求其可通过400 μm 孔径的筛子,但不能通过200 μm 孔径的筛子。将20 g的海砂同短玻璃棒一同放在皿盒内,然后敞盖在100℃的干燥箱中烘干3 h。把皿盒盖紧后放入干燥器中冷却至室温后称量,准确至0.001 g。用5 mL 水把海砂润湿,用短玻璃棒混合海砂和水,将皿盒再次放入干燥箱中干燥4 h。把皿盒盖紧后放入干燥器中冷却至室温后称量,精确至0.001 g,两次称量的差不应超过0.4 mg。若两次称量的质量差超过0.4 mg,需要将海砂在体积分数为20 % 的盐酸溶液中浸泡4 天,定期搅拌,尽可能去除上清液,用水洗涤海砂至中性,在150 ℃条件下加热海砂5 h,重复进行操作至适用性测试合格。

五、仪器使用

感量为 0.001 g 的电子分析天平,干燥箱(150 ℃ ±2 ℃),水浴锅。

六、实训步骤

总固体测定:在平底皿盒中加入 20 g 海砂,在 100℃的干燥箱中干燥 3 h,在干燥器冷却 20 min 后称量,并反复干燥操作至恒重。准确称取 5 g 牛乳样品,精确至 0.001 g,样品移入恒重皿内,置于水浴上蒸干液体,擦去皿盒外面的水珠,在 100℃干燥箱中干燥 4 h,加盖但不要盖紧,取出置于干燥器中冷却 20 min 后称量,在 100℃干燥箱中干燥 2 h,取出冷却后称量,如此反复至两次称量质量相差不超过 1.5 mg。计算牛乳样品中总固体的含量,单位为克每百克(g/100g)。

以皿盒、海砂加样品干燥后质量,单位为克(g);皿盒、海砂的质量,单位为克(g);原料牛乳样品的质量,单位为克(g)。脂肪测定按乳品中脂肪的测定方法操作,蔗糖测定按乳品中乳糖、蔗糖的测定方法操作。

七、检测报告

以原料牛乳样品中总固体的含量,单位为克每百克(g/100g);样品中脂肪的含量,单位为克每百克(g/100g);样品中蔗糖的含量,单位为克每百克(g/100g)来设计方程,求解原料牛乳样品中非脂乳固体的含量,单位为克每百克(g/100g)。以重复性条件下获得的两次独立测定结果的算术平均值表示,结果保留三位有效数字。

八、参考文献

1. 食品安全国家标准 乳和乳制品中非脂乳固体的测定(GB 541339 – 2010)。
2. 孙涛,生乳质量评价体系及信息管理系统的研究[D],上海:上海大学,2012。
3. 纪淑娟,周倩,冯婧媛,辽宁地区不同来源新鲜牛乳主要营养成分分析[J],食品科学,2011,18:316 – 318。

第七节　原料牛乳中黄曲霉毒素 M_1 测定实训

第一法　免疫亲和层析净化液相色谱 – 串联质谱法

一、基本知识

黄曲霉毒素 M_1(Aflatoxin M_1,缩写 AFM₁),属于黄曲霉毒素一类结构相似的化合物中的一种,其基本结构为一个二呋喃环的氧杂萘邻酮。该类毒素是由常见的黄曲霉菌和寄生曲霉菌产生的代谢产物,在湿热地区食品和饲料中出现黄曲霉毒素的概率最高。AFM$_1$分子式为 $C_{17}H_{12}O_7$,分子量为 328,熔点 299℃,形状为长方形片状,无色结晶。在 365 nm 的紫外光下产生蓝紫色荧光,溶于多种有机溶剂,如氯仿、乙腈、甲醇和水,但不溶于正己烷、石油醚、乙醚等非极性溶剂中,物理化学性质相当稳定,不被巴氏消毒破坏。

二、实训原理

原料牛乳提取液经均质、超声提取、离心,取上清液经免疫亲和柱净化,试样经液相色谱分离后电喷雾离子源离子化,多反应离子监测方式检测,基质加标外标法定量分析黄曲霉毒素 M$_1$ 含量。

三、实训目的

掌握使用免疫亲和层析净化液相色谱 – 串联质谱法定量分析原料牛乳中黄曲霉毒素 M$_1$ 含量的实验技能。

四、实训材料与试剂

实验材料:甲酸(HCOOH),液相色谱级乙腈(CH_3CN),石油醚(C_nH_{2n+2},沸程(45℃±10℃)),三氯甲烷($CHCl_3$),氮气(纯度大于 99.99%),黄曲霉毒素 M$_1$ 标准品(纯度大于 98%),10、50 mL 一次性注射器,带 0.22 μm 水相系微孔滤膜的一次性微孔滤头,50 mL 具塞塑料离心管,250 mL 具塞锥形瓶,针筒式 3 mL 免疫亲和柱。

乙腈 – 水溶液(1:4):在 200 mL 水中加入 50 mL 乙腈后混合均匀。

乙腈 – 水溶液(1:9):在 225 mL 水中加入 25 mL 乙腈后混合均匀。

0.1% 甲酸水溶液:准确吸取 0.5 mL 甲酸,用水稀释至 500 mL 后混合均匀。

乙腈 – 甲醇溶液(1:1):在 250 mL 乙腈中加入 250 mL 甲醇后混合均匀。

0.5 mol/L 氢氧化钠溶液:准确称取 2 g 氢氧化钠溶解于 100 mL 水后混合均匀。

空白基质溶液:分别称取与牛乳样品基质相同的、不含被测黄曲霉毒素的阴性样品 6 份置于 100 mL 烧杯中。合并所有 6 份样品的纯化液,用配有 0.22 μm 微孔滤膜的一次性滤头过滤;弃掉前 0.5 mL 滤液,接取少量滤液用液相色谱 – 质谱联用仪检测,结果应不含黄曲霉毒素 M$_1$;剩余滤液转移至棕色瓶中,在 –20℃ 冰箱内储存,用于配制标准系列溶液使用。

黄曲霉毒素 M$_1$ 标准储备溶液:分别称取 0.0001 g 黄曲霉毒素 M$_1$ 标准品,精确称量至 0.0001 g,用三氯甲烷溶解定容至 100 mL 后混合均匀,所得标准溶液浓度为 0.01 mg/mL。溶液转移至棕色玻璃瓶中后,在 –20℃ 电冰箱内保存备用。

黄曲霉毒素 M$_1$ 标准系列溶液:吸取黄曲霉毒素 M$_1$ 标准储备溶液 10 μL,置于 10 mL 容量瓶中,用氮气将三氯甲烷吹干,将空白基质溶液定容至刻度后混合均匀,所得浓度为 10 ng/mL 的 M_1 标准中间溶液。再用空白基质溶液将黄曲霉毒素 M_1 标准中间溶液稀释为 0.2 ng/mL、0.4 ng/mL、0.8 ng/mL、1.0 ng/mL、2.0 ng/mL、3.0 ng/mL、4.0 ng/mL 的系列标准工作液。

五、仪器使用

配有电喷雾离子源的液相色谱 – 质谱联用仪,UPLC HSS T3 色谱柱(填料粒径 = 1.8 μm,柱长 = 100 mm,内径 = 2.1 mm),感量为 0.001 g 和 0.0001 g 的分析天平,匀浆器,超声波清洗器,转速大于 6000 r/min 的离心机,水浴锅(温度范围25 ~ 60℃,精度为 ±2℃),旋转蒸发仪,测定精度为 0.01 的 pH 计,带真空系统的固相萃取装置。

六、实训步骤

试液提取:准确称取 5 g 混匀的原料牛乳,精确称量至 0.001 g,样品置于 50 mL 具塞离心管中,在水浴中加热到 36 ±1℃,加入 10 mL 甲醇,漩涡振荡 3 min。在 4℃ 下以不低于 6000 r/min 离心 10 min;收集适量上清液移入烧杯中,加入 40 mL 水稀释,待净化操作使用。

准确称取 5 g 混匀的发酵乳(包括固体状、半固体状和带果肉型)样品,精确称量至 0.001 g,用 0.5 mol/L 的氢氧化钠溶液在酸度计指示下调 pH 至 7.4,以不低于 9000 r/min 匀浆 3 min,收集适量上清液移入烧杯中,加入 40 mL 水稀释,待净化操作使用。

准确称取 1 g 乳粉样品,精确称量至 0.001 g,移入 150 mL 离心管中。将 9 mL 已预热到 50℃ 的水加入到样品中,用漩涡振荡器将其混合均匀。如果乳粉样品仍未完全溶解,可将离心管置于 50℃ 的水浴中放置 30 min。至完全溶解后取出冷却至 20℃,加入 100 mL 甲醇,在 4℃ 下以不低于 6000 r/min 离心 10 min;收集适量上清液移入烧杯中,加入 40 mL 水稀释,待净化操作使用。

称取经切细混匀、直径小于 2 mm 的干酪样品 1 g,精确称量至 0.001 g,移入 50 mL 离心管内,加入 1 mL 水和 18 mL 甲醇,以不低于 9000 r/min 匀浆 3 min,振荡提取 30 min,在 4℃ 下以不低于 6000 r/min 离心 15 min,收集上清液并移入 250 mL 分液漏斗中。在分液漏斗中加入 40 mL 石油醚,振摇 3 min,待分层后将下层移于 100 mL 烧杯中,弃去石油醚层。重复使用石油醚提取 2 次,将下层溶液移到 100 mL 圆底烧瓶中,减压旋转蒸发至 2 mL,浓缩液倒入 50 mL 离心管中,烧瓶用 5 mL 乙腈 – 水溶液(1:4)分两次洗涤,洗涤液合并移入 50 mL 离心管中,加水稀释至 50 mL,以不低于 6000 r/min 离心 10 min,上清液供净化处理。

准确称取 1 g 奶油样品,精确称量至 0.001 g,置于 50 mL 离心管中,用 9 mL 石油醚将其溶解后移入 100 mL 具塞锥形瓶中。加入 18 mL 水和 22 mL 甲醇,振荡 30 min 后加入 0.4 g 氯化钠,充分摇动使其溶解。将所有液体移至分液漏斗内,静置分层后,将下层液体全部移入 100 mL 圆底烧瓶内,利用旋转蒸发仪减压浓缩至 10 mL,加水稀释至 50 mL,供净化处理。

样液纯化:将 50 mL 一次性注射器筒与亲和柱的顶部联接,再把亲和柱与固相萃取装置连接起来制备完成免疫亲和柱。将上述样液移至 50 mL 注射器筒中,调节固相萃取装置的真空度,控制液样以 2 mL/min 的流速向下流动过柱。取下 50 mL 的注射器筒,重新装好 10 mL 注射器筒。注射器筒内加入 10 mL 水,以 2 mL/min 的稳定流速洗柱,然后用真空泵抽干亲和柱。脱离真空系统后,在亲和柱下部放置 10 mL 刻度试管,上部装上另一个 10 mL 注射器筒,加入 2 mL 乙腈,以 2 mL/min 流速洗脱黄曲霉毒素 M_1,洗脱液收集在刻度试管中,洗脱两次,然后用氮气缓慢地在 30℃ 下将洗脱液蒸发至近干,再用乙腈 - 水溶液(1:9)稀释至 1 mL。

液相色谱测定条件:流动相 A 为 0.1% 甲酸溶液,流动相 B 为乙腈 - 甲醇 1:1 溶液。流动相流动速度设定为 0.3 mL/min,柱温设定为 38℃,试液温度设定为 20℃,进样量设定为 10 μL。

质谱测定条件:检测方式采用多离子反应监测(MRM),母离子为 m/z 329,定量子离子为 m/z 273,碰撞能量设定为 23 eV,定性子离子为 m/z 259,碰撞能量 23 eV,离子化方式采用 ESI +。离子源控制条件:毛细管电压设定为 13.5 kV,锥孔电压设定为 45 V,射频透镜 1 电压设定为 12.5 V,射频透镜 2 电压为设定 12.5 V,离子源温度设定为 120℃,锥孔反吹气流量设定为 50 L/h,脱溶剂气温度设定为 350℃,脱溶剂气流量设定为 500 L/h,电子倍增电压设定为 650 V。

定性分析:原料牛乳样品中黄曲霉毒素 M_1 色谱峰的保留时间与相应标准色谱峰的保留时间相比较,变化范围应在 ±2% 之内。黄曲霉毒素 M_1 的定性离子的重构离子色谱峰的信噪比应大于 3,定量离子的重构子色谱峰的信噪比要大于 10。

每种化合物的质谱定性离子都应出现,至少要包括一个母离子和两个子离子,并且对同一检测批次,对同一化合物,原料牛乳样品中黄曲霉毒素 M_1 的两个子离子的相对丰度比与浓度相当的标准溶液不超过规定范围。

黄曲霉毒素 M_1 以保留时间、特征离子对和定量离子对两对离子、色谱峰面积相对丰度进行定性分析。要求被测牛乳样品中黄曲霉毒素 M_1 的保留时间与标准物的保留时间一致(偏差小于 20%),同时要求样品中目标化对应液相色谱 - 串联质谱色谱峰面积比与标准溶液中目标化合物的面积比一致(偏差小于 20%)。

测定:测定样液和标准系列溶液中黄曲霉毒素 M_1 的离子强度,采用外标法定量分析。黄曲霉毒素 M_1 的色谱参考保留时间约为 3.23 min。不称取试样,按提取和净化步骤做空白实验,要确认过程中不含有干扰被测组分的物质。

制作标准曲线:将标准系列溶液由低浓度到高浓度进样检测,以峰面积 - 浓度作图,得到标准曲线回归方程。

定量测定:待测样液中黄曲霉毒素 M_1 的响应值要求在标准曲线线性范围内,如果超过线性范围时,可将样液用空白基质溶液稀释后重新进样分析,或减少取样量,重新按样品提取操作进行处理后再进样分析。

七、注意事项

要根据免疫亲和柱的使用说明书要求,控制样液的 pH 值。避免氮气吹洗脱液蒸发全干,这样会造成黄曲霉毒素 M_1 损失。本实训在重复性条件下获得的两次独立测定结果的绝对差值不得超过算术平均值的 8%。

八、检测报告

以原料牛乳样品中黄曲霉毒素 M_1 的浓度,单位为纳克每毫升(ng/mL);样品定容体积,单位为毫升(mL);f—样液稀释因子;样品的称样量,单位为克(g),利用外标法定量分析来设计方程求解原料牛乳样品中黄曲霉毒素 M_1 的残留量,单位为微克每千克(μg/kg)。

第二法　免疫亲和层析净化高效液相色谱法

一、基本知识

免疫亲和柱或 C_{18} 净化后,HPLC 串联不同的检测器,如荧光(FLD)、紫外(UV)、质谱(MS)等的定量测定被广泛应用于牛奶中不同种类霉菌毒素的检测。对于检测方法和霉菌毒素结构的不同,使用的流动相也不同,常用的流动相为乙腈、甲醇、水等,有时也添加甲酸、乙酸或缓冲液。

二、实训原理

亲和柱内含有的黄曲霉毒素 M_1 特异性单克隆抗体,抗体交联在柱内固体支持物上,当样液流过亲和柱时,抗体选择性地与抗原黄曲霉毒素 M_1 键合,形成抗体—抗原复合体。再用水洗柱除去柱内杂质,用洗脱剂洗脱吸附在柱上的黄曲霉毒素 M_1 后,收集洗脱液。使用配有荧光检测器的高效液相色谱仪测定洗脱液中黄曲霉毒素 M_1 的含量。

三、实训目的

掌握使用免疫亲和层析净化高效液相色谱法分析原料牛乳中黄曲霉毒素 M_1 含量的实验技能。

四、实训材料与试剂

实验材料:液相级色谱乙腈(CH_3CN),纯度大于 99.99% 的氮气(N_2),黄曲霉毒

素 M_1 标准溶液(纯度大于98%)。

免疫亲和柱的最大容量应大于 100 ng 黄曲霉毒素 M_1,相当于 50 mL 浓度为 2 μg/L 的样液,当标准溶液含有 4 ng 黄曲霉毒素 M_1,相当于 50 mL 浓度为 80 ng/L 的样液时回收率不低于80%。注意定期检查亲和柱的柱效和回收率,每个批次测定所用的亲和柱要求进行检查。

柱效检查时,用移液管移取 1 mL 的黄曲霉毒素 M_1 标准储备液移入 20 mL 的锥形试管中。用恒定流速的氮气将液体缓慢吹干,再用 10 mL 乙腈水溶液(1∶9)溶解残渣,充分摇荡。将溶液加入 40 mL 水中充分混匀,全部通过免疫亲和柱。淋洗免疫亲和柱后,洗脱得到黄曲霉毒素 M_1。将洗脱液进行适量稀释后,用高效液相色谱仪测定免疫亲和柱洗脱液中黄曲霉毒素 M_1 含量。计算黄曲霉毒素 M_1 的回收率,将结果与免疫亲和柱所规定的指标进行对比。

回收率检查:用移液管移取 5 ng/mL 的黄曲霉毒素 M_1 标准工作液 0.8 mL 加入到 10 mL 水后混合均匀,全部溶液通过免疫亲和柱。淋洗免疫亲和柱,洗脱得到黄曲霉毒素 M_1。将洗脱液进行适量稀释后,用高效液相色谱仪测定免疫亲和柱洗脱的黄曲霉毒素 M_1 含量。计算黄曲霉毒素 M_1 的回收率,将结果与免疫亲和柱所规定的指标进行比较。

25% 乙腈水溶液:将 250 mL 乙腈与 750 mL 水混合均匀。

10% 乙腈水溶液:将 100 mL 乙腈与 900 mL 水混合均匀。

三氯甲烷:加入与三氯甲烷质量比为 0.8% 的乙醇进行稳定。

浓度的校正:黄曲霉毒素 M_1 三氯甲烷标准溶液浓度是 10 μg/mL。根据下面的方法,在最大吸收波段处测定溶液的吸光度,明确黄曲霉毒素 M_1 的实际浓度。

使用紫外分光光度计在 360 nm 处测定,吸光度值扣除三氯甲烷的空白本底,读取标准溶液的吸光度值。在接近 360 nm 最大吸收波段 λ_{max} 处,测得吸光度值,计算黄曲霉毒素 M_1 实际浓度,单位为微克每毫升(μg/mL)。

标准储备液:确定黄曲霉毒素 M_1 标准溶液的实际浓度后,利用三氯甲烷将其稀释为浓度为 0.1 μg/mL 的储备液。

黄曲霉毒素 M_1 标准工作液:从 4℃ 冰箱中取出标准储备液,放置升温至室温,移取一定体积的储备液进行稀释,制备为标准工作液,工作液要求在临用前现配制。用移液管准确移取 1.0 mL 黄曲霉毒素 M_1 储备液移入 20 mL 的锥形试管中,缓慢用氮气将溶液吹至近干,再用 20 mL 乙腈水溶液(1∶9)将残渣重新溶解,30 min 内振摇混匀,配制成浓度为 5 ng/mL 的黄曲霉毒素 M_1 标准工作液。

在测定标准曲线时,黄曲霉毒素 M_1 的进样绝对含量分别是 0.05 ng、0.1 ng、0.2 ng、0.4 ng。根据高效液相色谱仪进样环的容积量,用工作液配置处系列浓度的黄曲霉毒素 M_1 标准溶液,稀释液使用乙腈水溶液(1∶9)。

五、仪器使用

10 mL、50 mL 一次性注射器,真空泵系统,转速大于 7000 r/min 的冷冻离心机,水浴锅,中速定性滤纸,5 mL、10 mL 和 20 mL 带刻度的磨口锥形玻璃试管。

高效液相色谱仪应配有适合恒定体积流量为 1 mL/min 的泵;进样系统具有进样体积为 50~500 μL 的进样环;反相色谱柱为填充 4 μm 的十八烷基硅胶,并带有填充反相材料的保护柱;荧光检测器设定为 360 nm 激发波长、430 nm 发射波长;波长范围为 340~370 nm 的紫外分光光度计;感量为 0.01 g 的电子分析天平。

六、实训步骤

试样制备:将原料牛乳样品在水浴中加热到 36℃,在 4℃下以不低于 7000 r/min 离心 20 min,收集 50 mL 以上样液。或者称取 5 g 乳粉样品,精确称量至 0.001 g,移入 250 mL 的烧杯内。将 50 mL 已预热到 50℃温水分两次加入到乳粉中,用搅拌棒将其混合均匀。如果乳粉不能完全溶解,将烧杯在 50℃的水浴中放置 30 min,充分混匀。将溶解好的复原乳液冷却至 20℃后,移入 100 mL 容量瓶内,用少量水分多次淋洗烧杯内壁,将淋洗液合并移入容量瓶内,再用水定容至刻度后混合均匀,在 4℃下以不低于 7000 r/min 离心 20 min,收集 50 mL 以上样液。

免疫亲和柱的准备:将 50 mL 一次性注射器筒与亲和柱顶部连接,再将亲和柱与真空泵系统相连。

样液的提取与纯化:用移液管移处 50 mL 样液至 50 mL 注射器中,调节真空泵系统,控制试样以 2 mL/min 的稳定流速通过亲和柱。取下 50 mL 注射器,装上 10 mL 注射器,注射器内加入 10 mL 水,以 2 mL/min 稳定流速洗柱,然后真空抽干亲和柱。脱开真空泵系统,装上另一个 10 mL 注射器,加入 2 mL 乙腈。缓慢推动注射器柱塞,通过柱塞控制流速约为 2 mL/min,洗脱黄曲霉毒素 M_1,洗脱样液收集于锥形管中。再用氮气在 30℃下缓缓将洗脱样液蒸发至体积为 50~500μL,再用水稀释 10 倍至 500~5000 μL。

液相色谱分析条件:C_{18} 色谱柱(填料粒径 = 4 μm,柱长 = 200 mm,内径 = 4.6 mm),流动相为 25% 乙腈水溶液,控温为 40℃,流速为 1 mL/min。

黄曲霉毒素 M_1 的标准曲线:根据高效液相色谱仪进样环容积,选择合适的进样体积数,分别注入含有绝对质量为 0.05 ng、0.1 ng、0.2 ng 和 0.4 ng 的黄曲霉毒素 M_1 标准溶液。测定峰面积对黄曲霉毒素 M_1 质量的标准曲线。

液相色谱分析:根据原料牛乳样品洗脱液色谱图中黄曲霉毒素 M_1 的峰面积,从标准曲线上得出洗脱样液中所含有的黄曲霉毒素 M_1 的绝对质量(ng)。

七、注意事项

本实训所有的操作分析均要求在避光条件下进行,乙腈－水溶液使用前应脱气处理。使用氮气对储备液吹干的过程中,应仔细操作,避免因温度降低太多而出现结露现象。黄曲霉毒素 M_1 储备液密封后在4℃冰箱中避光保存,储备液可以稳定保存1个月。若样品洗脱液中黄曲霉毒素 M_1 的峰面积大于标准曲线范围,要用适量水定容稀释样品洗脱样液后,重新完成进样分析。

八、检测报告

以洗脱样液黄曲霉毒素 M_1 的峰面积;从标准曲线上得出的黄曲霉毒素 M_1 的质量,单位为纳克(ng);洗脱样液的进样体积,单位为微升(μL);洗脱样液的最终体积,单位为微升(μL);通过免疫亲和柱的被测样品的体积,单位为毫升(mL)来设计方程,求解原料牛乳和乳制品中的黄曲霉毒素 M_1 的含量,单位为微克每升(μg/L)。

第三法　免疫层析净化荧光分光度法(HPLC – FLD 法)

一、基本知识

采用 HPLC – FLD 法检测时,需要被检测物质具有荧光特性,对于荧光敏感度较低的物质其经过衍生化处理后荧光特性增强,仍可用 HPLC – FLD 法测定。HPLC – FLD 法灵敏性高、选择性强、价格经济、易于操作而被广泛使用。牛奶中常见的黄曲霉毒素 M_1 具有较强的发射荧光特性,适合用 HPLC – FLD 法检测。

二、实训原理

原料牛乳样品经过离心、脱脂、过滤,滤液由内含黄曲霉毒素 M_1 特异性单克隆抗体的免疫亲和柱层析净化,黄曲霉毒素 M_1 以抗原形式交联在层析介质中的抗体上。该抗体对黄曲霉毒素 M_1 具有专一性,当牛乳样品通过亲和柱时,抗体选择性地与全部抗原黄曲霉毒素 M_1 键合。用甲醇 – 水溶液(1:9)将免疫亲和柱上杂质洗去,用甲醇 – 水溶液(8:2)通过免疫亲和柱洗脱,经溴溶液衍生洗脱液置于荧光光度计中,测定黄曲霉毒素 M_1 含量。

三、实训目的

掌握使用免疫层析净化荧光分光度法分析原料牛乳中黄曲霉毒素 M_1 含量的实验技能。

四、实训材料与试剂

实验材料:液相色谱级甲醇(CH_3OH),二水硫酸奎宁[$(C_{20}H_{24}N_2O_2)_2 \cdot H_2SO_4 \cdot 2H_2O$],氯化钠(NaCl)。

甲醇 – 水溶液(1:9):准确量取 10 mL 甲醇加入 90 mL 水后混合均匀。

甲醇－水溶液(8:2):准确量取 80 mL 甲醇加入 20 mL 水后混合均匀。

0.01%溴溶液储备液:准确称取适量溴溶于水中,配制成 0.01%的储备液。

0.002%溴溶液工作液:准确量取 10 mL 0.01%的溴溶液储备液,加入 40 mL 水后混合均匀。

0.05 mol/L 硫酸溶液:准确量取 1.4 mL 浓硫酸,缓缓加入适量水中,冷却后定容至 500 mL 后混合均匀。

荧光光度计校准溶液:准确称取 0.34 g 二水硫酸奎宁,用 0.05 mol/L 硫酸溶液溶解后定容至 100 mL 后混合均匀,该溶液荧光光度计读数与 2.0 μg/L 黄曲霉毒素 M_1 标准溶液浓度相对应。

五、仪器使用

荧光光度计,转速大于 7000 r/min 的冷冻离心机,玻璃纤维滤纸(孔径 =1.5 μm,直径 =11 cm),黄曲霉毒素 M_1 免疫亲和柱,空气压力泵,玻璃试管(直径 =12 mm,长度 =75 mm,无荧光特性),10 mL 玻璃注射器。

六、实训步骤

试样提取:准确量取 50 mL 原料牛乳样品,加入 1 g 氯化钠,在 4℃下以不低于 7000 r/min 离心 20 min,缓慢移出用于分析的乳底脱脂层,尽量不要碰触上部脂肪层,将脱脂乳用玻璃纤维滤纸过滤后备用。或者准确称取 5 g 乳粉试样,精确称量至 0.001 g,用 50℃的水将其缓慢溶解,加水定容至 50 mL 后混合均匀,再加入 1 g 氯化钠。

净化:将免疫亲和柱连接在 10 mL 玻璃注射器下。准确移取 10 mL 上述滤液进入玻璃注射器中,将空气压力泵与注射器连接,调节压力使溶液以 5 mL/min 流速缓慢通过免疫亲和柱,待有 2 mL 空气通过柱体时为止。以 10 mL 甲醇－水溶液(1:9)清洗柱子两次,弃除所有流出液,直至有 2 mL 空气通过柱体。准确加入 1 mL 甲醇－水洗脱液(8:2)洗脱,流速为 2 mL/min,收集所有甲醇－水洗脱液置于玻璃试管中备用。

测定:在激发波长 360 nm、发射波长 430 nm 条件下校准荧光光度计,以 0.05 mol/L 的硫酸溶液为空白品,调节荧光光度计的读数值为 0.0 μg/L,以荧光光度计校准溶液调节荧光光度计的读数值 2 μg/L。样液测定时取上述洗脱液,加入 0.002%溴溶液 1.0 mL,1 min 后快速用荧光光度计测定样液中黄曲霉毒素 M_1 含量。空白实验以水代替样液,依照上述步骤完成空白实验。

七、注意事项

溴溶液储备液注意避光保存,溴溶液工作液要现用现配。

八、检测报告

以荧光光度计中读取的样液中黄曲霉毒素 M_1 的浓度,单位为微克每升(μg/L);

荧光光度计中读取的空白试验中黄曲霉毒素 M_1 的浓度,单位为微克每升($\mu g/L$);最终净化甲醇 – 水洗脱液(8∶2)体积,单位为毫升(mL);通过亲和柱的试样体积,单位为毫升(mL);设计方程求解原料牛乳和乳制品中黄曲霉毒素 M_1 的含量,单位为微克每升($\mu g/L$)。

第四法　双流向酶联免疫法

一、基本知识

酶联免疫法具有处理简单、样品用量少等特点,特别适合大规模的检测;该方法检测灵敏度高、易定量、操作简单、携带方便,可以用于现场检测。在进行牛奶中黄曲霉毒素风险监测时,酶联免疫法常作为对大规模样品实施检验的方法,而对于检出呈阳性或超标的样品,会根据需要采用仪器法处理。

二、实训原理

利用酶联免疫竞争作用,原料牛乳样品中残留的黄曲霉毒素 M_1 与定量特异性酶标抗体发生反应,剩余的游离酶标抗体与酶标板内的包被抗原结合,流动洗涤后加入酶显色底物显色,再与标准点比较定性。

三、实训目的

掌握使用双流向酶联免疫法分析原料牛乳中黄曲霉毒素 M_1 含量的实验技能。

四、实训材料与试剂

实验材料:黄曲霉毒素 M_1 双流向酶联免疫试剂盒,黄曲霉毒素 M_1 系列标准溶液,含特异性酶标抗体得酶联免疫试剂颗粒,抗黄曲霉毒素 M_1 抗体,酶结合物,酶显色底物以及带有密封盖、内置酶联免疫试剂颗粒的样品试管。

五、仪器使用

酶联免疫检测加热器(45℃±3℃),双流向酶联免疫检测读数仪。

六、实训步骤

加热器预热到45℃±3℃,并保持20 min。原料牛乳样品或复原乳粉样品振摇混匀,移出450 μL置于样品试管内,用力振摇,把管内的酶联免疫试剂颗粒完全溶解。将样品试管和酶联免疫检测试剂盒同时置于已预热的加热器内保温,保温时间为6 min。与样品中的黄曲霉毒素 M_1 和酶联免疫试剂颗粒中的酶标记黄曲霉毒素 M_1 抗体充分结合。

把样品试管内的所有内容物移入试剂盒的样品池中,样品流经"结果显示窗口"后向激活环流动。当激活环的绿色开始褪变为白色时,快速用力按动激活环按键。试剂盒继续置于加热器中保温 5 min,以完成显色反应。把试剂盒从加热器中取出后水平放置,立即进行检测结果分析,结果鉴别要在 40 s 内完成。

七、注意事项

黄曲霉毒素 M_1 双流向酶联免疫试剂盒要求在 4℃冰箱中保存。出现阳性样品时,需用定量检测方法进一步确认。发现抗黄曲霉毒素 M_1 抗体如有破损要立即销毁。

八、检测报告

目测判读结果:试样点颜色深于质控点颜色,或两者颜色相当,检测结果为阴性。试样点颜色浅于质控点颜色,检测结果为阳性。

双流向酶联免疫检测读数仪判读结果:读数小于 1.05,显示结果为负,检测结果为阴性。读数大于 1.05,显示为正,检测结果为阳性。

九、参考文献

1. 食品安全国家标准 乳和乳制品中黄曲霉毒素 M_1 的测定(GB 5413.37 – 2010)。

2. 张国梁, HPLC 法检测干酪中黄曲霉毒素 M_1 及生物胺[D],哈尔滨:东北农业大学,2013。

3. 张道宏,黄曲霉毒素杂交瘤细胞株的选育及免疫层析检测技术研究[D],北京:中国农业科学院,2011。

第八节　原料牛乳中抗生素残留检验实训

第一法　嗜热链球菌抑制法

一、基本知识

抗生素,由微生物或高等动植物在生活过程中所产生的具有抗病原体或其他活性的一类代谢物,以及用化学方法合成或半合成的化合物。其分类有以下几种:1. β-内酰胺类:青霉素和头孢菌素类的分子结构中含有 β-内酰胺环。近年来又有较大发现,如硫霉素类、单内酰环类、β-内酰酶抑制剂、甲氧西林类等。2. 氨基糖甙类:包括链霉素、庆大霉素、卡那霉素、妥布霉素、丁胺卡那霉素、新霉素、核糖霉素、小诺霉素、阿斯霉素等。3. 四环素类:如四环素、土霉素、金霉素及多西环素等。4. 氯霉素类:如氯霉素、甲砜霉素等。5. 大环内酯类:临床常用的有红霉素、吉他霉素、依托红霉素、乙酰螺旋霉素、麦迪霉素、交沙霉素等。6. 作用于 G + 细菌的其他抗生素,如林可霉素、克林霉素、万古霉素、杆菌肽等。7. 作用于 G 菌的其他抗生素,如多粘菌素、磷霉素、卷霉素、环丝氨酸、利福平等。8. 抗真菌抗生素,如灰黄霉素。9. 抗肿瘤抗生素,如丝裂霉素、放线菌素 D、博莱霉素、阿霉素等。10. 具有免疫抑制作用的抗生素,如环孢霉素。

二、实训原理

原料牛乳样品经过 80℃ 杀菌后,加入嗜热链球菌菌液。36℃ 培养 2 h 后,嗜热链球菌开始增殖,此时加入代谢底物 2,3,5 - 氯化三苯四氮唑(TTC),如果原料牛乳中不含有抗生素或抗生素浓度低于检测限,嗜热链球菌继续增殖,将 TTC 还原成为红色物质。如果原料牛乳样品中含有高于检测限的抗生素,嗜热链球菌增殖受到抑制,指示剂 TTC 保持原色,未被还原。

三、实训目的

掌握使用嗜热链球菌抑制法检验原料牛乳中抗生素残留的实验技能。

四、实训材料与试剂

实验材料:嗜热链球菌种,1 mL(具 0. 01 mL 刻度)、10.0 mL(具 0.1 mL 刻度)无菌吸管,微量移液器及吸头,无菌试管(16 mm × 160 mm)。

无抗生素的灭菌脱脂乳:脱脂乳经 115℃ 灭菌 20 min,或采用无抗生素的脱脂乳粉,以 10 倍蒸馏水复原,轻微加热至完全溶解后 115℃ 灭菌 20 min。

4% 2,3,5 - 氯化三苯四氮唑(TTC)水溶液:准确称取 2,3,5 - 氯化三苯四氮唑 1 g,充分溶解于 5 mL 灭菌蒸馏水,装入褐色瓶中在 4℃ 冰箱中保存。若 TTC 水溶液变为淡褐色或半透明的白色,溶液不可再使用。TTC 水溶液临用时经灭菌蒸馏水 5 倍稀释,形成 4% 浓度。

青霉素 G 参照溶液:准确称取青霉素 G 钾盐标准品 30 g,溶于无菌磷酸盐缓冲液中,使青霉素 G 钾盐浓度为 100 ~ 1000 IU/ mL,再将该溶液用无抗生素的灭菌脱脂乳稀释至 0.006 IU/mL,分装在无菌小试管内,密封在 - 18℃ 下保存,有效期不超过 5 个月。

五、仪器使用

冷冻冷藏冰箱(4℃、- 18℃)、恒温培养箱(36℃ ±1℃),带盖恒温水浴锅(36℃ ± 1℃,80℃ ±1℃),感量为 0.1 g 和 0.001 g 的电子分析天平,温度计(0℃ ~100℃),旋涡混匀器,微生物实验室常规灭菌和培养设备。

六、实训步骤

活化菌种：取一环嗜热链球菌菌种，移种在 9 mL 灭菌脱脂乳内，置于 36℃ ±1℃ 恒温培养箱中培养 15 h。

测试菌液：将经过活化的嗜热链球菌菌种接种灭菌脱脂乳，36℃ ±1℃ 条件下培养 15 h ±1 h，加入相同体积的灭菌脱脂乳，混匀稀释成为测试菌液。

培养：取原料牛乳样品 9 mL，置于 16 mm×160 mm 试管中，每份样品另外做一份平行样品。所有样品做阴性和阳性对照管各一份，阳性对照管加入 9 mL 青霉素 G 参照溶液，阴性对照管加入 9 mL 灭菌脱脂乳。所有试管放入 80℃ ±1℃ 水浴下加热 6 min，再冷却至 37℃ 以下，加入嗜热链球菌测试菌液 1 mL，轻轻旋转试管。36℃ ±1℃ 水浴培养 2 h，加入 4% TTC 水溶液 0.3 mL，振动试管或在旋涡混匀器上混合 15 s 使其混匀。在 36℃ ±1℃ 水浴中避光培养 30 min，观察样液颜色变化。如果样液颜色没有变化，在 36℃ ±1℃ 水浴中继续避光培养 30 min 做最终观察。

判断方法：在白色背景前观察，试管中样液呈牛乳原色时，表明乳中有抗生素存在，检测结果为阳性结果。如果试管中样液呈红色，检测结果为阴性结果。若最终观察现象仍不确定，按要求重新检测。

七、注意事项

嗜热链球菌菌种要求放在 4℃ 冰箱内保存备用，每 15 d 接种一次。实验观察时要快速，避免光照时间干扰观察结果。

八、检测报告

最终观察时，如果样液变为红色，检测结果为抗生素残留阴性；样液依然呈牛乳原色，检测结果为抗生素残留阳性。

第二法　嗜热脂肪芽孢杆菌抑制法

一、基本知识

微生物检测法是根据抗生素对特异微生物的生理机能、繁殖代谢的抑制作用来定性或定量样品中抗微生物药物残留量的，由于嗜热脂肪芽孢杆菌对抑制物质的敏感性较高，生长较为快速，可利用嗜热脂肪芽孢杆菌对乳品中药物残留物进行检测。

二、实训原理

葡萄糖蛋白胨培养基中预先混有嗜热脂肪芽孢杆菌芽孢，再加入并含有溴甲酚紫的 pH 指示剂。加入原料牛乳样品并培养后，如果该样品中不含有抗生素或抗生素浓度低于检测限,嗜热脂肪芽孢杆菌芽孢将在培养基中生长并代谢糖产酸,pH 指示剂由紫色变为黄色。若牛乳样品中含有高于检测限的抗生素,则嗜热脂肪芽孢杆菌芽孢不会生长,pH 指示剂的颜色保持紫色不变。

三、实训目的

掌握使用嗜热脂肪芽孢杆菌抑制法检验原料乳中抗生素残留的实验技能。

四、实训材料与试剂

实验材料:菌种选用嗜热脂肪芽孢杆菌卡利德变种,无菌吸管或 100 μL、200 μL 微量移液器及吸头,无菌试管(16 mm × 160 mm、15 mm × 100 mm),温度计(0℃ ~ 100℃)。

灭菌脱脂乳:无抗生素的脱脂乳经 115℃灭菌 20 min,也可使用无抗生素的脱脂牛乳粉,以蒸馏水 10 倍稀释,加热至完全溶解,经 115℃灭菌 20 min。

青霉素 G 参照溶液:30 mg 青霉素 G 钾盐,无菌磷酸盐缓冲液适量,无抗生素的脱脂乳适量:精密称取青霉素 G 钾盐标准品,溶于无菌磷酸盐缓冲液中至浓度为 100 ~ 1000 IU/ mL,再将该溶液用灭菌的无抗生素脱脂乳稀释至 0.006 IU/mL,分装于无菌小试管中,密封并在 −18℃下保存。

无菌磷酸盐缓冲液:将 1.42 g 磷酸二氢钠、0.68 g 磷酸二氢钾、500 mL 蒸馏水混合,调节溶液 pH 至 7.2,121℃高压灭菌 20 min。

溴甲酚紫葡萄糖蛋白胨培养基:成分为 5 g 蛋白胨,2.5 g 葡萄糖,20% 溴甲酚紫乙醇溶液 0.3 mL,2 g 琼脂,500 mL 蒸馏水。向蒸馏水中加入蛋白胨、葡萄糖、琼脂,加热搅拌至完全溶解,调节 pH 为 7.2,再加入 4% 溴甲酚紫乙醇溶液 0.3mL,混匀后在 115℃高压灭菌 30 min。

五、仪器使用

微生物实验室常规灭菌及培养设备,冷冻冷藏冰箱(4℃、−18℃),恒温培养箱(36℃ ±1℃,56℃ ±1℃),恒温水浴锅(65℃ ±1℃,80℃ ±1℃),转速大于 6000 r/min 的冷冻离心机。

六、实训步骤

芽孢悬液:把嗜热脂肪芽孢杆菌种画线移种在营养琼脂表面上,将培养平板在 56℃培养 1 d 后挑出乳白色半透明圆形的特征菌落,在新的营养琼脂上再次划线培养,将培养平板在 56℃培养 1 d 后转入 36℃培养 3 d。显微镜观察芽孢产率达到 95% 以上时,制备芽孢悬液。每块平板用 3 mL 无菌磷酸盐缓冲液洗脱培养基表面菌苔,若使用克氏瓶,每瓶使用无菌磷酸盐缓冲液 15 mL。洗脱液在 4℃下 6000 r/min 下离心

10 min,取出沉降物加入0.03 mol/L无菌磷酸盐缓冲液(pH=7.2),制成10^9 CFU/mL的芽孢悬液,放在80℃±1℃恒温水浴中10 min后,密封管口以防止水分蒸发,放入4℃冰箱中保存备用。

测试培养基:将适量芽孢悬液加入溴甲酚紫葡萄糖蛋白胨培养基中,混合均匀后最终芽孢浓度为$8×10^5 \sim 2×10^6$ CFU/mL。混合芽孢悬液的溴甲酚紫葡萄糖蛋白胨培养基进行小试管分装,每管200 μL,密封管口以防止水分蒸发。

培养操作:吸取原料牛乳样品100 μL加入含有芽孢的测试培养基中,缓慢旋转试管以混匀。每份检样做两份,全部样品再做阴性和阳性对照管各一份,阳性对照管加入100 μL青霉素G参照溶液,阴性对照管加入100 μL无抗生素的脱脂乳。在65℃±1℃水浴培养2 h后,观察培养基颜色变化。若培养基颜色没有变化,要在水浴中继续培养30 min做最终观察。

判断方法:在白色背景前,从侧面和底部观察小试管内培养基颜色。保持培养基原有的紫色,检测结果为阳性;培养基变成黄色或黄绿色,检测结果为阴性;培养基颜色处于两者之间,为不确定结果。对于不确定结果要再培养30 min做最终观察。若培养基颜色处于黄色与紫色之间,表明抗生素浓度接近方法的最低检出限,按要求重新检测一次。

七、注意事项

配制好的溴甲酚紫葡萄糖蛋白胨培养基培养基要求在4℃冰箱保存,保存期限为5个月。

八、检测报告

最终观察培养基保持原有的紫色,检测结果为原料牛乳抗生素残留阳性;培养基变为黄色或黄绿色时,检测结果为原料牛乳抗生素残留阴性。

九、参考文献

1. 食品卫生微生物学检验 鲜乳中抗生素残留检验(GB/T 4789.27-2008)。

2. 俞漪,胡雪莲,巢强国,等. 液体乳中抗生素残留量快速检测方法探究[J],食品研究与开发,2010,8:133-136。

3. 马丽苹,纠敏,秦翠丽,等,微生物抑制法检测牛乳中青霉素类药物残留的研究[J],现代食品科技,2013,29(1):193-196。

第九节　原料牛乳中群勃龙残留量测定实训

一、基本知识

α - 群勃龙、β - 群勃龙、19 - 乙烯去甲睾酮、epi - 19 - 乙烯去甲睾酮属于性激素类,在牛肌肉、肝、肾、牛乳中均有残留。

二、实训原理

原料牛乳在 pH 为 5.0 条件下加 β - 葡萄糖苷酸酶水解,样品由乙腈 - 乙酸乙酯溶液提取,经过凝胶色谱净化,使用高效液相色谱 - 串联质谱测定,采用外标法定量分析群勃龙残留量。

三、实训目的

掌握使用液相色谱 - 串联质谱法、外标法定量分析原料牛乳中 α - 群勃龙、β - 群勃龙、19 - 乙烯去甲睾酮和 epi - 19 - 乙烯去甲睾酮残留量的实验技能。

四、实训材料与试剂

实验材料:液相色谱级乙腈,乙酸乙酯,环己烷,液相色谱级甲醇,液相色谱级乙酸,分析纯无水硫酸钠(经650℃灼烧4h,放在干燥器内备用),乙酸钠(分析纯),β - 葡萄糖苷酸酶/芳基硫酸酯酶(100000 unit/mL),α - 群勃龙、β - 群勃龙、19 - 乙烯去甲睾酮和 epi - 19 - 乙烯去甲睾酮标准品,0.45 μm 滤膜。

0.02 mol/L 乙酸钠缓冲液:准确称取无水乙酸钠 0.41 g 溶于 250 mL 水中,用乙酸调节 pH 值为 5.0 后混合均匀。

甲醇溶液(7∶3):准确将 30 mL 水与 70 mL 甲醇混合均匀。

乙酸乙酯 - 环己烷溶液(1∶1):准确将 50 mL 乙酸乙酯与 50 mL 环己烷混合均匀。

100 μg/mL 标准储备液:精确称取一定量标准品,用乙腈配制为 100 μg/mL 的标准储备液。

1 μg/mL 混合标准中间工作液:移取标准储备液 1 mL 加入 100 mL 容量瓶内,使用乙腈定容至刻度线,配制为浓度为 1 μg/mL 混合标准工作液。

五、仪器使用

配有电喷雾离子源(ESI)的高效液相色谱 - 串联质谱仪,凝胶色谱仪,感量为

0.0001 g和0.01 g的电子分析天平,转速大于4000 r/min的冷冻离心机,恒温水浴摇床,涡旋混合器,旋转蒸发仪。

六、实训步骤

试样制备与保存:取均匀原料牛乳250 g装入洁净容器作为样品,密封后置于4℃冰箱中保存,并做好标记。或者称取均匀乳粉250 g装入洁净容器作为样品,密封后做好标记。

提取:准确称取原料牛乳样品5 g,精确称量至0.001 g,移入50 mL具塞离心管内;或者准确称取乳粉样品0.5 g,精确称量至0.001 g,加入50℃水5 mL混匀后移入50 mL具塞离心管内。向称取好样品的离心管中加入0.02 mol/L乙酸钠缓冲液5 mL和β-葡萄糖苷酸酶/芳基硫酸酯酶20 μL,摇匀离心管后盖好上盖,放在37℃恒温水浴摇床上振荡水解48 h。待水解液冷却至室温后,加入5 mL乙腈,振荡以沉淀蛋白,再加入20 mL乙酸乙酯,涡旋振荡提取3 min后,样液在4℃下4000 r/min离心10 min,上清液经由5 g无水硫酸钠过滤至鸡心瓶中,再用20 mL乙酸乙酯重复提取一次,合并上清液加入同一鸡心瓶中。

凝胶色谱条件:S-X₃净化柱(填料量=22g,柱长=200 mm,内径=25 mm),流动相为乙酸乙酯-环己烷溶液(1:1),流速设定为5 mL/min,定量环体积设定为5 mL,净化程序为0~10 min弃去洗脱液,10~15.5 min收集洗脱液,15.5~15.5 min弃去洗脱液。

凝胶色谱净化:将提取液在45℃下蒸至近干,用乙酸乙酯-环己烷溶液(1:1)定容至10 mL的容量瓶内,依据上述凝胶色谱条件进行净化。凝胶色谱净化后将收集的洗脱液在60℃水浴下用氮气吹干至2 mL,再用2 mL甲醇溶液旋涡振荡溶解,通过0.45 μm滤膜后用高效液相色谱-串联质谱分析。

制备空白基质溶液:准确称取原料牛乳阴性样品5 g,乳粉阴性样品0.5 g,精确称量到0.001 g,按上述提取和净化步骤操作。

液相色谱测定条件:C₁₈色谱柱(粒径=5 μm,柱长=150 mm,内径=4.6 mm),色谱柱温度设定为35℃,进样量设定为30 μL。

质谱测定条件:离子化模式采用电喷雾正离子模式(ESI+),质谱扫描方式使用多反应监测(MRM),鞘气压力设定为104 kPa,辅助气压力设定为138 kPa,正离子模式电喷雾电压(IS)设定为4000 V,毛细管温度设定为330℃,源内诱导解离电压设定为10 V,Q1设定为0.4,Q3设定为0.7,碰撞气为高纯氢气,碰撞气压力设定为0.2 Pa,其他质谱参数见表5-5。

表5-5　被测物的参考保留时间、采集窗口、监测离子对和裂解能量

化合物名称	保留时间/(min)	检测离子对(m/z)	裂解能量/(eV)
β-群勃龙	8.91	271.2/253.1a	21
		27I.2/199.1	21
α-群勃龙	9.5	271.2/253.1a	21
		271.2/99.1	21
19-乙烯去甲睾酮	10.3	275.2/239.1a	15
		275.2/257.1	25
epi-19-乙烯去甲睾酮	11.6	275.2/239.1a	15
		275.2/257.1	25

液相色谱-串联质谱定性测定:每种检测物质选择1个母离子,2个子离子,在相同实验条件下,样品中检测物质的保留时间,与混合基质标准校准溶液中对应的保留时间偏差在±2%之内,且原料牛乳样品谱图中各检测物质定性离子的相对丰度与浓度接近的混合基质标准校准溶液谱图中对应定性离子的相对丰度进行比较,偏差不超过规定范围,则可判定为牛乳样品中存在群勃龙等物质。

液相色谱-串联质谱定量测定:在质谱仪最佳工作条件下,将混合基质标准校准溶液进样,以混合基质校准溶液浓度为横坐标、峰面积为纵坐标制作标准工作曲线,用标准工作曲线对原料牛乳样品进行定量,分析样品溶液中待测物的响应值均要求在质谱仪测定的线性范围内。对同一样品进行平行实验测定,平行实验按照上述步骤完成。

七、注意事项

群勃龙等标准品纯度应大于98%。使用不同质谱仪的运行参数可能存在差异,检测前要将质谱仪优化到最佳参数。本实训的重复性和再现性的值以95%的可信度来计算。

八、检测报告

从标准工作曲线上得到的被测组分溶液浓度,单位为纳克每毫升(ng/mL);样品溶液定容体积,单位为毫升(mL);样品溶液所代表试样的质量,单位为克(g)来设计方程,求解样品中群勃龙等残留量,单位为微克每千克(μg/kg),结果应扣除空白值。

九、参考文献

1. 牛奶和奶粉中α-群勃龙、β-群勃龙、19-乙烯去甲肇酮和epi-19-乙烯去甲睾酮残留量的测定 液相色谱-串联质谱法(GB/T 22976-2008)。

2. 张爱芝,王全林,超高效液相色谱-串联质谱多组分检测牛奶中外源性激素残

留[J],食品科学,2010,31(6):208-212。

3. 蒋春燕,张晓菊,应月青,乳及乳制品中性激素残留的安全现状及检测方法[J],中国乳业,2011,5:71-73。

第十节　原料牛乳中地塞米松残留量测定实训

一、基本知识

地塞米松,又名德沙美松、氟美松、氟甲强地松龙,是糖皮质类激素,其衍生物有氢化可的松、泼尼松等,其药理作用主要是抗炎、抗毒、抗过敏、抗风湿,临床使用较广泛。地塞米松分子式为 $C_{22}H_{29}FO_5$,分子量为392.5,化学名为(11β,16α)-9-Fluoro-11,17,21-trihydroxy-16-methylpregna-1,4-diene-3,20-dione。

二、实训原理

原料牛乳样品用乙腈提取样液,地塞米松经 C_{18} 固相萃取柱净化,使用液相色谱-串联质谱仪测定,采用外标法定量分析地塞米松残留量。

三、实训目的

掌握使用液相色谱-串联质谱法定量分析原料牛乳中地塞米松残留量的实验技能。

四、实训材料与试剂

实验材料:液相色谱级甲醇、液相色谱级乙腈、甲酸(优级纯)、地塞米松标准物、0.22 μm 滤膜、10 mL 样品管、150 mL 梨形瓶。

0.1% 甲酸溶液:准确移取 0.5 mL 甲酸置于装有 400 mL 水的 500 mL 容量瓶中,用水定容至刻度并混合均匀。

地塞米松标准储备溶液:准确称取 50 mg 地塞米松标准物质,用甲醇溶解并定容至 50 mL 后混合均匀,配制成浓度为 1 mg/mL 的标准储备液。

地塞米松标准工作溶液:准确吸取一定量的地塞米松标准储备溶液,用甲醇配成 1 μg/mL 和 0.1 μg/mL 两种浓度的地塞米松标准工作溶液。

地塞米松基质标准工作溶液:准确吸取适量的地塞米松标准工作溶液,用空白样品提取液稀释成需要浓度的地塞米松基质标准工作溶液。

C_{18} 固相萃取柱(填料量=500 mg,柱体积=3 mL):依次使用 3 mL 乙腈、3 mL 水预处理,保持萃取柱体湿润。

五、仪器使用

配有大气压化学电离源（APCI）的液相色谱－串联质谱仪，感量为0.001 g和0.01 g的电子分析天平，涡旋混匀器，固相萃取装置，50 mL具塞塑料离心管，真空度达到80 kPa的真空泵，转速大于4000 r/min的冷冻离心机，旋转蒸发器，氮气吹干仪。

六、实训步骤

样品制备与保存：取均匀原料牛乳250 g装入洁净容器作为样品，密封置于4℃冰箱内保存，标明标记。取均匀乳粉样品250 g装入洁净容器作为样品，密封后标明标记。

提取：准确称取10 g原料牛乳样品，精确称量至0.001 g，移入50 mL具塞塑料离心管内，加入20 mL乙腈，涡旋混匀2 min，在4℃下4000 r/min离心5 min，移取上清液至旋转蒸发瓶内。使用旋转蒸发器在45℃水浴上减压蒸发，将提取液浓缩至体积小于3 mL。或者准确称取1 g乳粉样品，精确称量至0.001 g，移入50 mL具塞塑料离心管内，加入50℃水10 mL涡旋1 min混匀，在4℃下以不低于4000 r/min离心5 min，移取上清液至旋转蒸发瓶内。使用旋转蒸发器在45℃水浴上减压蒸发，将提取液浓缩至体积小于3 mL。净化：将提取液移入经预处理的C_{18}固相萃取柱内，用6 mL水洗涤梨形瓶和萃取柱，弃去全部流出液。在35 kPa的负压下，减压抽干2 min，用6 mL乙腈以2 mL/min的流速洗脱，收集洗脱液移入10 mL样品管中，样液在45℃水浴中用氮气吹干，用1 mL流动相溶解残渣，经0.22 μm滤膜过滤后用液相色谱－串联质谱仪测定。

液相色谱测定条件：色谱柱为C_{18}（粒径=5μm，柱长=50 mm，内径=12.1 mm），流动相为乙腈－0.1%甲酸溶液（1:1），流速设定为200 μL/min，柱温设定为35℃，进样量设定为20 μL。

质谱测定条件：离子源采用大气压化学电离源（APCI），扫描方式使用正离子扫描，检测方式为多反应监测。定性离子对为$m/z393.2/m/z373.2$，$m/z393.2/m/z355.2$，定量离子对为$m/z393.2/m/z373.2$。喷雾压力设定为1.34×10^5 Pa，干燥气体流量设定为5 L/min，干燥气体温度设定为250℃，大气压化学电离源蒸发温度设定为250℃，电晕电流设定为4000 nA，毛细管电压设定为1500 V。

液相色谱－串联质谱定性测定：样品谱图中地塞米松定性离子的相对丰度与浓度接近的混合基质标准校准溶液谱图中对应定性离子的相对丰度进行比较，偏差不超过规定的范围，则可判定为样品中存在对应的地塞米松。

液相色谱－串联质谱定量测定：在参考色谱条件下，选用由低到高6个不同浓度的地塞米松基质标准工作溶液依次进样，以基质标准工作溶液浓度为横坐标，以峰面积为纵坐标，绘制标准工作曲线。用标准工作曲线对样品进行定量分析，原料牛乳样品溶液中地塞米松的响应值要求在质谱仪测定的线性范围内。在最佳色谱条件和质谱条件下,地塞米松的参考保留时间约为 3.6 min。平行试验按以上步骤,对同一样品进行平行实验测定。除不称取样品外,均按照上述步骤完成空白实验。

七、注意事项

地塞米松标准物质纯度要求大于 99%,地塞米松标准储备溶液、地塞米松标准工作溶液要求在 4℃ 冰箱中保存。地塞米松基质标准工作溶液要求在使用前现配制。本实训的重复性和再现性的值以 95% 的可信度来计算。

八、检测报告

从标准工作曲线上得到的地塞米松溶液浓度,单位为纳克每毫升(ng/mL);样品溶液定容体积,单位为毫升(mL);样品溶液所代表试样的质量,单位为克(g)来设计方程,求解原料牛乳样品中地塞米松的残留量,单位为微克每千克(μg/kg),结果应扣除空白值。

九、参考文献

1. 牛奶和奶粉中地塞米松残留量的测定 液相色谱 – 串联质谱法(GB/T 22978 – 2008)。

2. 陈冬梅,动物性食品中兽药残留定量和确证分析关键技术研究[D],武汉:华中农业大学,2010。

3. 马育松,葛娜,郭春海,等,液相色谱 – 质谱/质谱法测定牛奶和奶粉中地塞米松残留量[J],检验检疫学刊,2011,6:21 – 24。

第十一节　原料牛乳中 β – 兴奋剂残留量测定实训

一、基本知识

β – 兴奋剂,又称 β – 激动剂,是一类结构和生理功能类似肾上腺素和去甲肾上腺素的苯乙醇胺类衍生物,能与动物体内大多数组织细胞膜上的 β – 肾上腺素能受体结合。β – 兴奋剂种类较多,主要有莱克多巴胺、克伦特罗、塞曼特罗、沙丁胺醇、吡啶甲醇类等。

二、实训原理

原料牛乳样品经稀酸水解、高氯酸沉淀蛋白后,残留的 β – 兴奋剂用乙酸乙酯与异丙醇混合溶剂萃取,经过混合型阳离子交换反相吸附固相萃取柱净化,使用液相色谱－串联质谱测定,采用内标法定量分析 β－兴奋剂残留量。

三、实训目的

掌握使用液相色谱－串联质谱内标法定量分析原料牛乳中 12 种 β－兴奋剂残留量的实验技能。

四、实训材料与试剂

实验材料:液相色谱级甲醇、异丙醇、乙酸乙酯、液相色谱级乙腈、甲酸、高氯酸、盐酸、氢氧化钠、液相色谱级乙酸铵、氨水、氯化钠和 0.2 μm 滤膜。

10 mol/L 氢氧化钠溶液:准确称取 20 g 氢氧化钠至 50 mL 水中混合均匀。

0.1 mol/L 高氯酸溶液:准确移取 0.2 mL 高氯酸至 50 mL 水中混合均匀。

0.1 mol/L 盐酸溶液:准确移取 3.4 mL 盐酸至 400 mL 水中混合均匀。

5 mmol/L 乙酸铵溶液:准确称取 0.578 g 乙酸铵至 1200 mL 水中,加入 3 mL 甲酸,定容至 1500 mL 混合均匀。

甲醇－0.1% 甲酸溶液:准确移取 0.1 mL 甲酸至 50 mL 水中,再加入 10 mL 甲醇,以水定容至 100 mL 混合均匀。

标准物质:莱克多巴胺、沙丁胺醇、塞曼特罗、克仑潘特、克仑特罗、嗅布特罗、妥特罗、马布特罗、特布他林、利托君、异克舒令和羟甲基氨克仑特罗。

内标标准物质:盐酸克仑特罗－D9、盐酸莱克多巴胺－D5、沙丁胺醇－D3。

100 μg/mL 标准储备液:准确称取适量的嗅布特罗、塞曼特罗、克仑特罗、克仑潘特、羟甲基氨克仑特罗、异克舒令、马布特罗、莱克多巴胺、利托君、沙丁胺醇、特布他林和妥特罗,精确至 0.001 g,用适量的甲醇分别配制成 100 μg/mL 的标准储备液。

1 μg/mL 混合标准储备液:准确量取 0.5 mL 的标准储备液移入 50 mL 容量瓶中,用甲醇稀释至刻度后混合均匀。

100 μg/mL 内标储备液:将盐酸克仑特罗－D9、盐酸莱克多巴胺－D5、沙丁胺醇－D3 对照品,精确称量至 0.001 g,用甲醇配制成 100 μg/mL 的标准储备液。

10 ng/mL 内标工作液:准确量取一定量的同位素内标储备液移入同一容量瓶中,用甲醇稀释定容为 10 ng/mL 的同位素内标工作液。

基质标准工作溶液:用空白基质溶液把混合标准储备液与内标工作液稀释至合适浓度。

混合型阳离子交换反相吸附固相萃取柱(填料量＝60 mg,柱体积＝3 mL):使用前依次用 3 mL 甲醇和 3 mL 水活化填料,并保持萃取柱体湿润。

五、仪器使用

配电喷雾电离(ESI)源的高效液相色谱－串联质谱仪,感量为 0.001 g 和 0.01 g

的电子分析天平,组织捣碎机,转速大于 15000 r/min 的高速冷冻离心机(4℃制冷),转速大于 5000 r/min 的低速离心机,旋涡振荡器,电热恒温振荡水槽,pH 计,旋转蒸发仪,固相萃取装置,氮吹仪。

六、实训步骤

试样制备和保存:取不少于 500 g 有代表性的原料牛乳或乳粉,样品充分混匀后分为两份,置于样品瓶中密封,并做好标记。

提取:准确称取 10 g 原料牛乳样品移入 50 mL 具塞塑料离心管内,称样量精确至 0.001 g,加入 10 ng/mL 内标物 50 μL,再加入 0.1 mol/L 盐酸溶液 20 mL,涡旋混匀 2 min,在 37℃ 下避光水浴振荡 16 h,取出后冷却至室温,涡旋混匀 2 min,在 4℃ 下不低于 15000 r/min 离心 10min,取出 10 mL 上清液移入另一 50mL 离心管中。加入 0.1 mol/L 高氯酸溶液 5 mL,用 10 mol/L 氢氧化钠溶液调节 pH 值为 9.7,加入 2 g 氯化钠,再加入 25 mL 异丙醇 – 乙酸乙酯溶液(3∶2),漩涡震动提取 2 min,以不低于 5000 r/min 离心 5 min,取出上清液至另一 50 mL 离心管内。向离心管下层水相中加 15 mL 乙酸乙酯 – 异丙醇溶液(7∶3),涡旋提取 2 min,以不低于 5000 r/min 离心 5 min,合并有机相在 40℃ 下旋转蒸发至近干,加入 0.1 mol/L 盐酸溶液 5 mL,溶液涡旋振荡 2 min 待净化。

或者准确称取 12.5 g 乳粉置于烧杯内,加入适量 50℃ 水将其溶解,待复原乳液冷却至室温后,加水至总质量为 100 g,充分混匀后准确称取 10 g 样液移入 50 mL 具塞塑料离心管中,精确到 0.001 g,按上述原料牛乳提取步骤进行处理。

净化:将提取液以 1 mL/min 的流速全部过混合型阳离子交换反相吸附固相萃取柱,依次用 3 mL 水、3 mL 甲酸水溶液(体积分数为 2%)和 2 mL 甲醇淋洗,抽干后用 5 mL 氨水甲醇溶液(体积分数为 5%)洗脱,洗脱液在 40℃ 下用氮气吹至近干,再用 0.5 mL 甲醇 –0.1% 甲酸溶液(1∶9)溶解,涡旋振荡 2 min,透过 0.2 μm 滤膜待液相色谱 – 串联质谱仪测定。称取阴性样品 10 g,精确至 0.001 g,按以上样品提取和纯化步骤操作制备空白基质溶液。

液相色谱测定条件:C_{18} 色谱柱(粒径 = 1.7 μm,柱长 = 55 mm,内径 = 2.1 mm)。流速设定为 0.25 mL/min,柱温设定为 30℃,进样量设定为 10 μL。流动相 A 为 5 mmol/L 乙酸铵溶液,B 为甲酸 – 乙腈溶液(体积分数为 0.1%),梯度洗脱。

质谱测定条件:离子源采用电喷雾源(ESI +),设定正离子模式,扫描方式使用多反应监测(MRM),毛细管电压设定为 1.5 kV,源温度设定为 120℃,去溶剂温度设定为 450℃,锥孔氮气流速设定为 45 L/h,去溶剂氮气流速设定为 700 L/h,碰撞氩气压力设定为 2.20×10^{-6} Pa,驻留时间设定为 0.2 s。

液相色谱 – 串联质谱定性测定:每种 β – 兴奋剂选择 1 个母离子和 2 个子离子,在相同实验条件下,原料牛乳样品中 β – 兴奋剂的保留时间与混合基质标准校准溶液中对应物质的保留时间偏差在 ±2% 之内,且样品谱图中各组分定性离子的相对丰度与浓度接近的混合基质标准校准溶液谱图中对应定性离子的相对丰度进行比较,偏差不超过规定范围,则可判定为样品中存在对应的 β-兴奋剂。

液相色谱-串联质谱定量测定:内标法定量是以混合标准工作溶液分别进样,采用检测化合物和内标化合物的浓度比为横坐标,以检测化合物和内标化合物的峰面积比为纵坐标制作标准工作曲线,用标准工作曲线对样品进行定量分析,标准工作液和待测液中 12 种 β-兴奋剂的响应值均应在仪器线性响应范围内。12 种 β-兴奋剂类药物的保留时间、定性离子对等见表 5-6。

采用克仑特罗-D9 定量的 β-兴奋剂有:克仑潘特、克仑特罗、嗅布特罗、妥特罗、马布特罗、异克舒令。采用沙丁胺醇-D3 定量的 β-兴奋剂有:沙丁胺醇、塞曼特罗、特布他林。采用莱克多巴胺-D5 定量的 β-兴奋剂有:莱克多巴胺、利托君、羟甲基氨克仑特罗。

表 5-6 12 种 β-兴奋剂保留时间,定性、定量离子对及锥孔电压、碰撞能量

化合物名称	保留时间(min)	定性离子对(m/z)	定量离子对(m/z)	锥孔电压(V)	碰撞能量(eV)
莱克多巴胺	2.00	302/164 302/284	302/164	25	15 12
沙丁胺醇	0.75	240/148 240/166	240/148	20	18 13
塞曼特罗	0.84	220/160 220/202	220/160	18	20 16
克仑潘特	2.25	291/203 291/273	291/203	20	15 10
克仑特罗	2,15	277/203 277/259	277/203	26	17 13
溴布特罗	2.20	367/293 367/349	367/293	18	18 13
妥布特罗	2.13	228/119 228/154	228/154	21	25 16
马布特罗	2.25	311/237 311/293	311/237	20	18 11
特布他林	0.78	226/125 226/152	226/152	20	22 16
利托君	1.25	288/121 288/270	288/270	20	20 12

续表

化合物名称	保留时间（min）	定性离子对（m/z）	定量离子对（m/z）	锥孔电压（V）	碰撞能量（eV）
异克舒令	2.22	302/150	302/150	20	22
		302/284			14
羟甲基氨克仑特罗	1.95	293/203	293/203	18	15
		293/275			12
克仑特罗 – D9	2.13	286/204	286/204	26	15
沙丁胺醇 – D3	0.75	243/151	243/151	20	18
莱克多巴胺 – D5	2.00	308/168	308/168	25	15

七、注意事项

本实训标准物质、内标标准物质的纯度要求大于98%；原料牛乳置于4℃冰相中避光保存，乳粉应在室温下置于干燥器中保存；100 μg/mL 标准储备液、1 μg/mL 混合标准储备液、100 μg/mL 内标储备液、10 ng/mL 内标工作液要求在 –18℃冰箱中保存；基质标准工作溶液要求使用前现配制。本实训结果重复性和再现性值以95%的可信度来计算。

八、检测报告

从标准工作曲线得到的β–兴奋剂溶液浓度，单位为纳克每毫升（ng/mL）；样品溶液定容体积，单位为毫升（mL）；样品溶液最终所代表试样的质量，单位为克（g）来设计方程，求解样品中β–兴奋剂类药物残留量，单位为微克每千克（μg/kg），结果应扣除空白值。

九、参考文献

1. 牛奶和奶粉中12种β–兴奋剂残留量的测定 液相色谱–串联质谱法（GB/T 22965–2008）。

2. 屈春花,样品前处理技术结合高效液相色谱在食品安全检验中的应用研究[D],重庆:西南大学,2011。

3. 王娟,牛奶中蛋白质和17种β–兴奋剂的分析方法研究 [D],北京:北京化工大学,2010。

第六章
液态乳制品检验综合实训

第一节　液态乳制品中孕酮残留量测定实训

一、基本知识

醋酸美仑孕酮(Melengestrol acetate，MGA)、醋酸氯地孕酮(Chlormadinone acetate，CMA)、醋酸甲地孕酮(Megestrol acetate，MA)属于乙酰孕激素(AGs)，是人工合成的甾体药物，能促进畜禽生长，提高饲料转化率，有利于蛋白质沉积。但此类激素在动物食品中的残留会危害消费者的健康，甚至具有潜在的致畸性与致癌性。

二、实训原理

从液态乳制品中提取脂肪后，使用乙腈处理样品，经皂化后，样液通过氰丙基型固相萃取柱净化，使用 C_{18} 色谱柱分离得到孕酮，再由液相色谱－串联质谱检测，最后采用外标法定量分析孕酮含量。

三、实训目的

掌握使用液相色谱－串联质谱法外标定量分析液态乳制品中醋酸美仑孕酮、醋酸氯地孕酮和醋酸甲地孕酮残留量的实验技能。

四、实训材料与试剂

实验材料：液相色谱级乙腈，液相色谱级甲醇，液相色谱级乙酸乙酯，液相色谱级正己烷，氯化镁($MgCl_2 \cdot 6H_2O$)，氢氧化钠，甲酸，25%氨水，95%乙醇，石油醚，无水硫酸钠。标准物质的纯度应大于97%：醋酸美仑孕酮、醋酸氯地孕酮和醋酸甲地孕酮。

氰丙基固相萃取柱(填充量 = 500 mg，柱体积 = 3 mL)，使用时依次用 5 mL 乙酸乙酯和 6 mL 正己烷淋洗,注意保持柱体湿润。0.22 μm 滤膜。

乙酸乙酯 - 正己烷溶液(1:19):准确量取 5 mL 乙酸乙酯与 95 mL 正己烷混合均匀。

乙酸乙酯 - 正己烷溶液(1:4):准确量取 20 mL 乙酸乙酯与 80 mL 正己烷混合均匀。

1.0 mol/L 氯化镁溶液:准确称取氯化镁 10.2 g,用水溶解并定容至 50 mL 后混合均匀。

1.0 mol/L 氢氧化钠溶液:准确称取氢氧化钠 0.4 g,用水溶解并定容至 100 mL 后混合均匀。

乙腈 - 水溶液(7:3):准确量取 70 mL 乙腈与 30 mL 水混合后摇匀。

1000 μg/mL 标准储备溶液:准确称取醋酸美仑孕酮、醋酸氯地孕酮和醋酸甲地孕酮标准物质各 0.025 g 移入 25 mL 容量瓶中,用甲醇溶解并定容至刻度线后混合均匀。标准储备溶液要求在 4℃ 冰箱中保存。

100 μg/mL 混合标准溶液 I:分别准确吸取 10 mL 醋酸美仑孕酮、醋酸氯地孕酮和醋酸甲地孕酮标准储备液移入 100 mL 容量瓶中,用甲醇定容至刻度线后混合均匀。混合标准溶液要求在 4℃ 冰箱中保存。

1.0 μg/mL 混合标准溶液 II:准确吸取 1 mL 混合标准溶液 I 移入 100 mL 容量瓶内,用甲醇定容至刻度线后混合均匀。混合标准溶液要求在 4℃ 冰箱中保存。

基质混合标准工作溶液:根据需要取一定量混合标准溶液 II,用空白样品提取液配成适合浓度的基质混合标准工作溶液。

五、仪器使用

配有电喷雾离子源(ESI)的液相色谱 - 串联质谱仪,感量为 0.001 g 和 0.01 g 的电子分析天平,氮气浓缩仪,配有真空泵的固相萃取装置,最大转速为 6000 r/min 的冷冻离心机,液体混匀器,恒温水浴,微波炉,移液器(10 ~ 100 μL,100 ~ 1000 μL)。

六、实训步骤

样品制备与保存:准确称取乳制品 500 g,精确至 0.01 g,搅拌混匀后装入洁净容器作为样品,密封后做好标记。准确称取液态乳样品 10 g,精确到 0.001 g,移入 50 mL 具塞塑料离心管中。或者准确称取乳粉样品 1 g,移入 50 mL 具塞塑料离心管中,然后加入 9 倍质量 50℃ 水溶解后混匀。

样品提取:向样品中加入 1 mL 氨水后混匀,再加入 95% 乙醇 10 mL,混匀后加入 10 mL 乙酸乙酯,涡漩振荡 1 min,再加入 10 mL 石油醚,涡漩振荡 1 min,以 3000 r/min 离心 5 min,吸取上层提取液,通过装有 15 g 无水硫酸钠的玻璃柱过滤至 50 mL 具塞塑料离心管中。利用 8 mL 乙酸乙酯和 8 mL 石油醚重复提取残液一次,再以

5000 r/min离心5 min,提取液通过相同的无水硫酸钠玻璃柱,用5 mL乙酸乙酯淋洗无水硫酸钠柱后,合并提取液在50℃水浴条件下用氮气浓缩仪吹至近干。

继续加入5 mL乙腈,在50℃水浴中保存4 min,促进脂肪融化,涡旋振荡2 min,在-4℃下以5000 r/min离心5 min,吸取上清液至15 mL具塞塑料离心管中,再向沉淀物中加入5 mL乙腈重复提取一次,合并两次上清液。向合并后的乙腈提取液中加入2 mL正己烷,涡旋振荡2 min,在-4℃条件下以5000 r/min离心5 min,除去正己烷层,再用2 mL正己烷重复洗涤乙腈相,再次除去正己烷层。乙腈提取液在50℃下用氮气浓缩仪吹至2 mL。

皂化:向上述乙腈提取液中依次加入正己烷4 mL、1.0 mol/L氢氧化钠溶液1 mL和1.0 mol/L氯化镁溶液0.5 mL,在液体混匀器上快速混匀1 min,置于50℃水浴中保持15 min,在-4℃温度下以4000 r/min离心5 min,吸取上清液至15 mL离心管中。将4 mL正己烷加入沉淀物中混合均匀,在60℃水浴条件下保持15 min,-4℃下以5000 r/min离心5 min,合并全部上清液。在50℃水浴下用氮气浓缩仪吹至近干,用1 mL正己烷溶解残渣,等待净化。

净化:将上部样液加入氰丙基固相萃取柱内,用2 mL正己烷分两次润洗样液试管,洗液也加入固相萃取柱中。待样液流出后,依次用5 mL正己烷和6 mL乙酸乙酯-正己烷溶液(1:19)淋洗固相萃取柱,淋洗液流出后,固相萃取柱真空抽干5 min,最后用3.5 mL乙酸乙酯-正己烷溶液(1:4)洗脱,洗脱液收集在另一支15 mL试管内,在50℃水浴下用氮气浓缩仪吹至近干。残余物用1 mL乙腈-水溶液(7:3)涡旋溶解2 min,透过0.22 μm滤膜,待液相色谱-串联质谱测定。

液相色谱条件:C_{18}色谱柱(填料粒径=3.5 μm,柱长=150 mm,内径=2.1 mm),柱温设定为30℃,流速设定为0.3 μL/min,进样量设定为10 μL,采用0.1%甲酸水溶液、乙腈含0.1%甲酸溶液梯度洗脱。

质谱条件:使用正离子电喷雾离子源,扫描方式设定为多反应检测MRM,电喷雾电压设定为4000 V,离子源温度设定为350℃。锥孔电压设定为30 V,脱溶剂气温度设定为350℃,锥孔反吹气流速设定为100 L/h,脱溶剂气流速设定为450 L/h。定性离子对、定量离子对、去簇电压和碰撞能量见表6-1。

表6-1 定性离子对、定量离子对、去簇电压和碰撞能量

化合物名称	定性离子对(m/z)	定量离子对(m/z)	去簇电压(V)	碰撞能量(V)
醋酸美仑孕酮	397/337	397/337	120	5
	397/279		120	32
醋酸氯地孕酮	405/345	405/345	80	6
	405/309		80	15
醋酸甲地孕酮	385/325	385/325	130	6
	385/267	—	130	18

液相色谱－串联质谱定性测定：每种孕酮选择 1 个母离子和 2 个子离子，样品谱图中各定性离子的相对丰度与浓度接近的混合基质标准溶液谱图中对应的定性离子的相对丰度进行比较，如果偏差不超过规定范围，则可判断样品中存在对应的孕酮。

液相色谱－串联质谱定量测定：在质谱仪最佳工作条件下，将基质混合标准工作溶液依次进样，以混合基质标准工作溶液浓度为横坐标，以峰面积为纵坐标，绘制标准工作曲线，利用此标准工作曲线对样品进行定量分析，样品溶液中孕酮的响应值均要求在质谱仪测定的线性范围内。在相同实验条件下，样品中孕酮的保留时间与混合基质标准工作溶液中对应物质的保留时间偏差要在 ±2% 之内，平行试验按上述步骤进行。对同一样品进行平行实验测定，空白实验中除不称取样品外，其余操作均按以上步骤进行。

七、注意事项

标准工作溶液要在现用前现配，已制备好的样品如不立即测定，要将样品放在 4℃ 冰箱中保存。质谱雾化器、气帘气、辅助器用气均为高纯氮气，使用前调节各部分气流流量，以使质谱仪的灵敏度达到检测要求。本实训重复性和再现性的值以 95% 的可信度来计算。

八、检测报告

从工作曲线上得到的孕酮溶解浓度，单位为纳克每毫升（ng/mL）；样品溶液定容体积，单位为毫升（mL）；试样溶液所代表的样品质量，单位为克（g）来设计方程，求解醋酸美仑孕酮、醋酸氯地孕酮和醋酸甲地孕酮的残留量，单位为微克每千克（μg/kg），其结果应扣除空白值。

九、参考文献

1. 牛奶和奶粉中醋酸美仑孕酮、醋酸氯地孕酮和醋酸甲地孕酮残留量的测定 液相色谱－串联质谱法（GB/T 22973－2008）。

2. 彭池方，沈崇钰，安可婧，等，高效液相色谱－串联质谱联用测定脂肪中乙酰孕激素残留[J]，分析化学，2008，36(8)：1117－1120。

3. 方秋华，黄显会，郭春娜，等，高效液相色谱－串联质谱法检测羊奶中乙酰孕激素多残留研究[J]，分析测试学报，2012，31(10)：1314－1318。

第二节　液态乳制品中 β－雌二醇残留量测定实训

一、基本知识

β－雌二醇（β－Estradiol），又名为雌素二醇、雌性二醇、求偶二醇、二羟基雌激素酮、雌甾二醇,分子式为$C_{18}H_{24}O_2$,分子量为272.38,它是白色或乳白色叶片状或针状结晶(乙醇溶液),无臭,在空气中稳定,易溶于乙醇,溶于丙酮、氯仿、二氧六环和碱溶液,微溶于植物油,几乎不溶于水。

二、实训原理

使用乙腈作为蛋白沉淀剂和提取剂处理液态乳制品,提取得到的雌二醇经固相萃取柱净化,再由酰化衍生化后,利用气相色谱－负化学电离质谱选择离子监测模式测定,采用内标法定量分析雌二醇含量。

三、实训目的

掌握使用气相色谱－负化学电离质谱内标法定量分析液态乳制品中β－雌二醇残留量的实验技能。

四、实训材料与试剂

实验材料:色谱级甲醇,色谱级乙腈,色谱级乙酸乙酯,色谱级正己烷,色谱级吡啶,色谱级异辛烷,正丙醇,碳酸氢钠($NaHCO_3$),三水乙酸钠,氯化钠;衍生化试剂为五氟苯甲酰氯,应在避光、防潮环境冷冻储藏;β－葡糖苷酸酶/芳基硫酸酯酶:每毫升含β－葡糖苷酸酶100000单位,每毫升含硫酸酯酶1000单位;标准物质β－雌二醇的纯度应大于99%;内标标准物质:β－雌二醇－2,4,16,16－4代(β－雌二醇D4)的纯度应大于99%。

乙酸钠缓冲液(pH=5.2):准确称取10.8 g三水乙酸钠用水溶解,加入6.3 g冰乙酸用水定容至250 mL后混合均匀。

乙酸乙酯干制:在密封试管中加入250 mg无水硫酸钠和10 mL乙酸乙酯,振荡混合30 min后,以3000 r/min离心10min。

乙酸乙酯－吡啶溶液(9:1):将5 mL吡啶与45 mL干燥的乙酸乙酯混合均匀,溶液在室温下保存。

0.5 mol/L碳酸氢钾溶液:准确称取2.5 g碳酸氢钾移入50 mL容量瓶内,用水定容至刻度线后混合均匀。

C_{18}固相萃取柱:填充量为60 mg,柱体积为3 mL,使用前依次用甲醇6 mL、0.1%乙酸溶液3 mL和纯水3 mL活化,弃掉洗涤液,注意保持萃取柱体湿润。

β－雌二醇标准溶液:准确称量5 mg标准物质置于100 mL容量瓶内,用甲醇定容至刻度线,浓度100 μg/mL储备液应置于－18℃条件下保存。再以甲醇稀释成合适浓度的标准溶液,保存在4℃的冰箱中。

内标标准溶液:准确称量5 mg内标标准物质β－雌二醇D4,分别移入100 mL容量瓶内,用甲醇定容至刻度线后混合均匀,浓度100 μg/mL的内标储备液要求保存于

－18℃条件下,再以甲醇稀释成合适浓度的内标标准溶液,溶液应保存在4℃冰箱中。

标准工作溶液:将上述β-雌二醇标准溶液和β-雌二醇D4内标标准溶液混合,按照衍生化步骤处理化后备用。

五、仪器使用

配有负化学源的气相色谱-质谱仪,50 mL 具塞塑料离心管,移液器(20 μL～200 μL,200 μL～1000 μL,1000 μL～5000 μL),感量为0.001 g和0.01 g的电子分析天平,最大转速为10000 r/min的冷冻离心机,氮气浓缩仪,水平振荡器,旋转蒸发仪,涡旋振荡器。

六、实训步骤

液态乳制品样品制备:取有代表性液态乳制品500 g,搅拌均匀后装入洁净容器中,密封后做好标识。

乳粉样品制备:取有代表性乳粉500 g,搅拌均匀后装入洁净容器中,密封后做好标识。准确称取10 g乳粉,精确至0.001 g,移入250 mL烧杯内,少量多次加入60℃水50 mL使其溶解,冷却至室温后,移入100 mL容量瓶内,用少量水分次淋洗烧杯,淋洗液合并移入容量瓶中,再用水定容到刻度线,混合均匀后制备成乳粉复原乳样液。

提取:准确称量2 g液态乳制品或乳粉复原乳样液移入50 mL具塞塑料离心管内,加入5 mL乙酸钠缓冲溶液、1 g氯化钠,涡旋振荡2 min后,加入10 mL乙腈,涡旋振荡2 min,再置于水平振荡器上剧烈混合2 min,超声波提取10 min,在4℃下6000 r/min离心10 min,用吸管将上清液移入另一入50 mL具塞塑料离心管。残渣中加入10 mL乙腈,按上述方法再提取一次,合并全部上清液。

上清液中加入10 mL正己烷,涡旋振荡2 min,在4℃下6000 r/min离心5 min,将上层溶液转移至旋转蒸发瓶中,加入0.5 mL正丙醇,在40℃水浴条件下旋转蒸发至近干,剩余体积约为1 mL。加入1 mL乙腈,涡旋振荡2 min,移入10 mL具塞塑料离心管中,再用1 mL乙腈清洗蒸发瓶一次,溶液移入上述离心管后,用纯水定容至10 mL。

净化:将提取液移入连接有C_{18}固相萃取柱的贮液器内,溶液以1 mL/min的流速通过萃取柱,待溶液完全流出后,用3 mL纯水洗柱,将所有淋出液弃去,真空抽干。再用9 mL乙腈洗脱,收集洗脱液移入10 mL玻璃试管中,在45℃水浴条件下使用氮气浓缩仪吹至近干,剩余体积约为1 mL。

衍生化:在上述10 mL玻璃试管中依次加入85 μL乙酸乙酯,0.5 mL乙酸乙酯-吡啶溶液(9:1),20μL五氟苯甲酰氯,盖紧塞子,涡旋振荡2 min,置于60℃水浴反应30 min后,在45℃水浴条件下使用氮气浓缩仪吹至近干。加入0.5 mol/L碳酸氢钾溶液0.5 mL,涡旋振荡2 min,待溶液澄清后,准确加入0.8 mL异辛烷,混合提取后静置,取上清液进行测定。

气相色谱－质谱测定条件:HP－5MS 石英毛细管色谱柱(填料粒径 = 0.25 μm,柱长 = 30 m,内径 = 0.25 mm),载气氦气的纯度应大于 99.99%。初始流速设定为 1 mL/min,保持 5 min,然后以 1 mL/min 的速度升至 3 mL/min。柱温再 120℃时保持 2 min,再以 15℃/min 升温至 250℃,最后以 5℃/min 升温至 300℃,保持 8 min。

进样量设定为 1 μL,进样方式采用无分流进样,进样口温度设定为 300℃,接口温度设定为 280℃,负化学源设定为 150 eV,离子源温度设定为 150℃,四极杆温度设定为 106℃,反应气甲烷的纯度应大于 99.99%,反应气流量设定为 2 mL/min。选择离子监测:监测离子、丰度比、允许相对偏差见表 6－2。

表 6－2　监测离子、丰度比、允许相对偏差

监测离子(m/z)	丰度比(%)	允许相对偏差(%)
660	100	—
661	40	±20
448	80	±20
450	44	±20

定性测定的依据为被测样品中 β－雌二醇的色谱峰保留时间与标准工作溶液相一致,所选择的离子均出现,液态乳制品样品的监测离子的相对丰度与标准工作溶液的相对丰度两者之差不大于表 1 中所列允许相对偏差。

定量测定:配制系列标准工作溶液应依次进样,质谱仪测定的 β－雌二醇以 m/z 660 为定量离子,内标 β－雌二醇 D4 以 m/z 664 为定量离子,以峰面积比对浓度绘制标准工作曲线,用标准工作曲线内标法对乳制品样品进行定量分析,样品溶液中 β－雌二醇的响应值均应在质谱仪测定的线性范围内。在最佳色谱条件下,β－雌二醇衍生物参考保留时间约为 26 min。

七、注意事项

将乳制品样品在 4℃冰箱中保存,空白实验除不称取样品外,均按上述步骤进行。本实训重复性和再现性的值以 95% 的可信度来计算。

八、检测报告

以基质标准工作溶液中 β－雌二醇的浓度,单位为纳克每毫升(ng/mL);样液中 β－雌二醇的色谱峰面积;基质标准工作溶液中 β－雌二醇的色谱峰面积;样液中内标物的浓度,单位为纳克每毫升(ng/mL);基质标准工作溶液中内标物的浓度,单位为纳克每毫升(ng/mL);基质标准工作溶液中内标物的色谱峰面积;样液中内标物的色谱峰面积;样液最终定容体积,单位为毫升(mL);样液所代表样品的质量,单位为克(g)来设计方程,求解液态乳制品中 β－雌二醇的含量,单位为微克每千克(μg/kg),

结果应扣除空白值。

九、参考文献

1. 牛奶和奶粉中 β – 雌二醇残留量的测定 气相色谱 – 负化学电离质谱法（GB/T 22967 – 2008）。

2. 曹艳红,奶山羊乳腺脂肪酸合酶基因表达的 RNA 干扰研究[D],杨凌:西北农林科技大学,2008。

3. 裴钰鑫,水中典型内分泌干扰素的分析方法及风险评价研究[D],南京:南京理工大学,2013。

第三节　液态乳制品中玉米赤霉素和雌酚残留量测定实训

一、基本知识

玉米赤霉醇(zeranol),又名"右环十四酮酚",商品名为"畜大壮",是玉米赤霉菌在生长过程中产生的次生代谢产物玉米赤霉烯酮的还原产物,属于雷索酸内酯类非甾体类同化激素。玉米赤霉醇是一种效果理想的皮埋增重剂,系非固醇、非激素类化合物。关于玉米赤霉醇的作用机理,一般认为它能直接或间接作用于脑下垂体和胰脏,提高体内生长激素和胰岛素水平,促进机体蛋白质的合成,提高饲料利用率,从而产生促增重作用。

玉米赤霉酮(Zearalenone),又称 F – 2 毒素,它首先从有赤霉病的玉米中分离得到。玉米赤霉酮所产生毒菌主要是镰刀菌属的菌株,如禾谷镰刀菌和三线镰刀菌。玉米赤霉酮是一种酚的二羟基苯酸的内酯结构,分子式为 $C_{18}H_{22}O_5$,它不溶于水、二硫化碳和四氧化碳,溶于碱性水溶液、乙醚、苯、氯仿、二氯甲烷、乙酸乙酯和酸类,微溶于石油醚。

己烯雌酚(Stilbestrol),又名丙酸己烯雌酚、丙酸己烯雌酚、乙二烯雌酚,是人工合成的非甾体雌激素物质,能产生与天然雌二醇相同的所有药理与治疗作用,主要用于雌激素低下症及激素平衡失调引起的功能性出血、闭经,还可用于死胎引产前,以提高子宫肌层对催产素的敏感性。其分子式为 $C_{18}H_{20}O_2$,分子量为 268.36,为无色结晶性粉末,几乎不溶于水,溶于有机溶剂。

己烷雌酚(Hexoestrolum),又名二酚己烷、人造雌酚、育赐奴,分子式为 $C_{18}H_{20}O_2$,分子量为 268.36,纯品为白色结晶性粉末,溶于乙醇、植物油及氢氧化碱稀溶液,微溶于氯仿,几乎不溶于水。同己烯雌酚,但效力较弱,仅为其作用的 1/5(5 mg 相当于己烯雌酚 1 mg)。

双烯雌酚（Dienestrol），是一种人工合成的非甾类雌激素，其化学名为3，4-双对羟基苯基-2，4-己二烯，属二苯乙烯类激素。

己烷雌酚、己烯雌酚和双烯雌酚是结构相近的人工合成雌激素，均含有酚羟基，为弱酸性化合物，主要用于提高奶牛产奶量。

二、实训原理

用乙腈作为液态乳制品的蛋白沉淀剂和提取剂，得到的玉米赤霉素和雌酚经阴离子固相萃取柱净化，使用高效液相色谱-串联质谱仪测定，用内标法定量分析玉米赤霉素和雌酚的残留量。

三、实训目的

掌握使用高效液相色谱-串联质谱测定外标法定量分析液态乳制品中玉米赤霉素和雌酚残留量的实验技能。

四、实训材料与试剂

实验材料：液相色谱纯甲醇，液相色谱纯乙腈，氨水，甲酸，氢氧化钠，氨水-水淋洗液（1:19），甲酸-甲醇洗脱液（1:19），0.22 μm 滤膜。

5 mol/L 氢氧化钠溶液：准确称取 50 g 氢氧化钠，用去离子水定容至 250 mL 后混合均匀。

激素及代谢物标准物质：纯度大于 97% 的玉米赤霉醇（包含 α-玉米赤霉醇和 β-玉米赤霉醇各 50%）；纯度大于 97% 的玉米赤霉酮；纯度大于 99% 的己烯雌酚；纯度大于 98% 的己烷雌酚；纯度大于 98% 的双烯雌酚。

激素及代谢物标准溶液：准确称取适量的玉米赤霉醇、玉米赤霉酮、己烯雌酚、双烯雌酚和己烷雌酚标准物质，用甲醇配制成 1 mg/mL 标准储备溶液，再根据需要用甲醇配制成不同浓度的混合标准溶液作为标准工作溶液，该溶液应保存于 4℃ 冰箱中，可使用 3 个月。

内标标准物质：纯度大于 99% 的 α-玉米赤霉烯醇-4 氘代，纯度大于 98% 己烯雌酚-8 氘代。

内标标准溶液：准确称取一定量玉米赤霉烯醇-4 氘代和己烯雌酚-8 氘代标准物质，加入甲醇分别配制成 1 mg/mL 内标标准储备溶液，再用甲醇稀释成一定浓度的混合内标工作溶液，该溶液应保存于 4℃ 冰箱中，可使用 3 个月。

基质提取液：除不加入标准工作溶液和内标工作溶液外，按样品量取和提取净化步骤处理空白样品后得到的溶液。

基质标准工作溶液：将标准工作溶液和内标工作溶液混合后利用氮吹仪吹干，再用基质提取液溶解，涡旋震荡 1 min 后即为基质标准工作溶液。

五、仪器使用

配有电喷雾的电离源液相色谱－串联质谱联用仪,自动固相萃取仪或固相萃取装置,阴离子固相萃取柱(填料量=60 mg,柱体积=3 mL),氮气吹干仪,涡旋振荡器,转速大于6000 r/min 的低温离心机。

六、实训步骤

样品制备:准确称取50 g混合均匀后的液态乳制品,以4000 r/min 离心5 min,取下层乳液。准确称取12.5 g乳粉置于烧杯内,加适量50℃水将其缓慢溶解,再移入100 mL 容量瓶内,待冷却至室温后,用水定容混匀,取50 mL 样液以4000 r/min 离心5 min,取下层乳液。

样品量取:向50 mL 离心管中分别加入不同体积的混合标准工作溶液,使各被测组分玉米赤霉醇、玉米赤霉酮、己烷雌酚、己烯雌酚和双烯雌酚的系列浓度为2.5 ng/mL、5.0 ng/mL、10 ng/mL、25 ng/mL、50 ng/mL,再分别加入适量的内标标准工作溶液,使内标物浓度均为10 ng/mL,利用氮吹仪在40℃水浴中将其吹至近干。取5个阴性样品,每个样品为5 g,精确至0.001 g,置于上述离心管中涡旋混合2 min后,加10 mL乙腈,再次涡旋混合3 min,以4000 r/min 离心10 min,取上清液移入离心管内,再向样品中加入5 mL乙腈,再次完成上述操作,合并所有提取液,50℃水浴条件下用氮吹仪浓缩至体积小于0.5 mL。加水10 mL 后混匀,再用5 mol/LNaOH 溶液调节pH 为11.0,4℃下以6000 r/min 离心5 min 后备用。

提取净化:固相萃取净化依次使用2 mL 甲醇、2 mL 水将柱子活化,流速均为2 mL/min。将样品上清液注入固相萃取柱,流速为1 mL/min,依次用1 mL 氨水－水淋洗液、0.5 mL 甲醇以2 mL/min 的速度淋洗,通入20 mL 空气以3 mL/min 的速度吹过阴离子固相萃取柱。用4 mL 甲酸－甲醇洗脱液洗脱,流速为1 mL/min,再加入20 mL 空气以4 mL/min 的速度吹过固相萃取柱,收集洗脱液。将洗脱液试管置于氮吹仪上在40℃水浴中吹干,加入1 mL 流动相,涡旋振荡1 min 溶解。溶液透过0.22 μm 滤膜后,使用高效液相色谱－串联质谱仪测定。

制备实测样品溶液:准确称取待测样品5 g,精确至0.001 g,移入50 mL 具塞塑料离心管内,加入适量内标标准工作溶液,使其最终定容浓度均为10 ng/mL,按照上述样品量取和提取净化步骤操作。

制备空白基质溶液:准确取阴性样品5 g,精确至0.001 g,移入50 mL 具塞塑料离心管内,按照上述样品量取和提取净化步骤操作。

液相色谱测定条件:SB－C_8色谱柱(填料粒径=3.5 μm,柱长=150 mm,内径=4.6 mm),柱温设定为25℃,流动相为乙腈－水溶液(7:3),流速设定为0.5 mL/min,进样量设定为50 μL。

质谱测定条件:离子化方式为电喷雾电离,扫描方式采用负离子扫描,检测方式采用多反应监测(MRM),离子源温度设定为350℃,雾化气压力设定为0. 093 MPa,气帘气压力设定为0.08 MPa,辅助气1压力设定为0.276 MPa,辅助气2压力设定为0.241 MPa,喷雾器电流设定为 -5 μA,电喷雾电压设定为 -4500 V,定性离子对、定量离子对、碰撞能量和去簇电压见表6 -3。

表6 -3　五种激素及代谢物的定性离子对、定量离子对、碰撞能量和去簇电压

化合物名称	定性离子对(m/z)	定量离子对(m/z)	碰撞时间(ms)	去簇电压(v)
玉米赤霉醇	320.6/277.2	321.0/277.2	-42	-110
	321.1/161.0		-40	-100
玉米赤霉酮	318.7/160.8	318.7/160.8	-40	-110
	318.7/107.0		-45	-110
玉米赤霉烯醇 -4 氘代	322.9/159.9	322.9//15.9	-50	-90
	322.9/130.1		-43	-90
己烯雌酚	266.9/251.0	266.7/251.0	-35	-90
	266.9/237.1		-40	-90
双烯雌酚	264.7/249.1	264.7/249.1	-36	-80
	264.7/235.0		-36	-80
己烷雌酚	269.0/118.9	269.0/134.0	-23	-70
	269.0/134.0		-52	-70
己烯雌酚 -8 氘代	275.0/258.9	275.0/258.9	-37	-90
	275.0/245.0		-42	-90

高效液相色谱 - 串联质谱定性测定:每种玉米赤霉素和雌酚选择1个母离子和2个子离子,在相同实验条件下,样品中玉米赤霉素和雌酚与内标物的保留时间之比,既相对保留时间与混合基质标准校准溶液中对应的相对保留时间偏差在 ±2% 之内,并且样品谱图中玉米赤霉素和雌酚定性离子的相对丰度与浓度接近的混合基质标准校准溶液谱图中对应定性离子的相对丰度进行比较,偏差不超过规定范围,则可判定为液态乳样品中存在对应的玉米赤霉素和雌酚。

高效液相色谱 - 串联质谱定量测定:配制系列混合基质标准工作溶液后依次进样,制作标准工作曲线。检查质谱仪性能,确定线性范围。利用色谱数据工作站或选取与样品含量接近含有内标的标准工作液进行定量分析。样品溶液中玉米赤霉醇、玉米赤霉酮、己烯雌酚、己烷雌酚、双烯雌酚的响应值应在工作曲线范围内。按以上步骤,对同一样品进行平行实验测定。空白实验除不称取试样外,均按以上步骤同时完成测定。

七、注意事项

本实训检测结果重复性和再现性的值以95%的可信度来计算。玉米赤霉醇和己

烯雌酚要将2种异构体面积或峰高值相加后以总量计算。

八、检测报告

以基质标准工作溶液中玉米赤霉素和雌酚的浓度,单位为纳克每毫升(ng/mL);样液中被测物的色谱峰面积;基质标准工作溶液中被测物的色谱峰面积;样液中内标物的浓度,单位为纳克每毫升(ng/mL);基质标准工作溶液中内标物的浓度,单位为纳克每毫升(ng/mL);基质标准工作溶液中内标物的色谱峰面积;样液中内标物的色谱峰面积;样液最终定容体积,单位为毫升(mL);试样溶液所代表样品的质量,单位为克(g)来设计方程,求解液态乳制品中玉米赤霉醇、玉米赤霉酮、己烯雌酚、己烷雌酚、双烯雌酚含量,单位为微克每千克(μg/kg),结果应扣除空白值。

九、参考文献

1. 牛奶和奶粉中玉米赤霉醇、玉米赤霉酮、己烯雌酚、己烷雌酚、双烯雌酚残留量的测定 液相色谱 – 串联质谱法(GB/T 22992 – 2008)。

2. 赖世云,陶保华,傅士姗,等,液相色谱 – 质谱联用测定乳及乳制品中29种性激素[J],分析化学,2012,40(1):135 – 139。

3. 曹晓琴,动物源食品和饲料中三类真菌毒素定量/确证方法研究[D],武汉:华中农业大学,2010。

第四节　液态乳制品中苯甲酸和山梨酸测定实训

一、基本知识

苯甲酸(Benzoic Acid),又名安息香酸(carboxybenzene),分子式为$C_7H_6O_2$,分子量为122.12,纯品为鳞片状或针状结晶,具有苯或甲醛的臭味。熔点122.13℃,沸点249℃,相对密度1.2659(15/4℃)。在100℃时迅速升华,它的蒸气有很强的刺激性,吸入后易引起咳嗽。微溶于水,在水中溶解度:0.21 g(17.5℃)、0.35 g(25℃)、2.2 g(75℃)、2.7 g(80℃)、5.9 g(100℃)。易溶于乙醇、乙醚等有机溶剂。苯甲酸是弱酸,比脂肪酸强。

山梨酸(sorbicacid),又名2,4 – 己二烯酸,分子式为$C_6H_8O_2$,分子量为112.13。纯品为白色针状或粉末状晶体,密度1.204(19℃),熔点132～135℃,沸点228℃(分解),微溶于水,能溶于多种有机溶剂。

二、实训原理

沉淀去除液态乳制品中的脂肪和蛋白质,样品经甲醇稀释过滤后,使用反相液相色谱法分析测定苯甲酸和山梨酸的含量。

三、实训目的

掌握使用液相色谱法分析测定液态乳制品中苯甲酸和山梨酸含量的实验技能。

四、实训材料与试剂

实验材料:液相色谱级甲醇(CH_3OH),甲醇–水溶液(1:1),0.22 μm 滤膜,纯度大于 99% 的苯甲酸和山梨酸标准品。

92 g/L 亚铁氰化钾溶液:准确称取亚铁氰化钾$[K_4Fe(CN)_6 \cdot 3H_2O]$ 5.3 g,加入适量水溶解,移入 50 mL 容量瓶中,加水定容到刻度线后混合均匀。

183 g/L 乙酸锌溶液:准确称取乙酸锌$[Zn(CH_3COO)_2 \cdot 2H_2O]$ 10.9 g,加入 1.6 mL乙酸,加入适量水溶解,移入 50 mL 容量瓶中,加水定容至刻度线后混合均匀。

磷酸盐缓冲液:分别准确称取 1.25 g 磷酸二氢钾(KH_2PO_4)和 1.25 g 磷酸氢二钾($K_2HPO_4 \cdot 3H_2O$)移入 500 mL 容量瓶中,加水定容至刻度后混合均匀,制成 pH 为 6.7 的磷酸盐缓冲液,使用 0.22 μm 滤膜过滤后备用。

0.1 mol/L 氢氧化钠溶液:准确称量 1 g 氢氧化钠(NaOH),加入适量水溶解,移入 250 mL 容量瓶中,加水定容至刻度线后混合均匀

0.5 mol/L 硫酸溶液:准确移取 7.5 mL 的浓硫酸(H_2SO_4)至 125 mL 水中,边搅拌边缓慢加入浓硫酸,冷却至室温后移入 250 mL 容量瓶中,加水定容至刻度线后混合均匀。

0.5 mg/mL 苯甲酸和山梨酸标准储备液:准确称取苯甲酸、山梨酸标准品各 12.5 mg,精确至 0.0001 g,用水溶解后分别移入 100 mL 容量瓶中,用甲醇溶解并稀释至刻度线,摇匀后制成标准储备液,置于 4℃ 冰箱中冷藏,保存有效期为 2 个月。

0.01 mg/mL 苯甲酸和山梨酸的混合标准工作液:分别准确吸取苯甲酸和山梨酸的标准储备液各 5 mL,移入 250 mL 容量瓶中,用甲醇–水溶液(1:1)定容至刻度后混合均匀,制成混合标准工作液,置于 4℃ 冰箱中冷藏,保存有效期为 3 d。

五、仪器使用

配有紫外检测器高效液相色谱仪,感量为 0.0001 g 和 0.01 g 的分析天平,转速为 6000 r/min 的离心机,涡旋振荡器。

六、实训步骤

液态乳制品样品制备:贮藏在 4℃ 冰箱中的液态乳制品,要在实训前预先取出,将液态乳制品升温至室温,称量 10 g 样品,精确至 0.001 g,移入 50 mL 具塞塑料离心管中。

乳粉样品制备:称量 1 g 乳粉样品,精确至 0.001 g,加 50℃水 10 mL 用玻璃棒搅拌至完全溶解,再移入 50 mL 具塞塑料离心管中。

萃取和净化:向盛有样品的具塞塑料离心管中加入 12.5 mL 氢氧化钠溶液,混合后置于超声波水浴或 60℃水浴中处理 20 min。冷却至室温后,用硫酸溶液将调节样液 pH 为 8,使用 pH 计或试纸测定 pH 值,再加入 2 mL 亚铁氰化钾溶液和 2 mL 乙酸锌溶液。振荡混匀 2 min 后以 6000 r/min 离心 5 min,将水相转移入 50 mL 容量瓶内,向离心管中残渣加水 20 mL,涡旋混匀 2 min 后超声波提取 5 min。再以 6000 r/min 离心 5 min,将水相转移至 50 mL 样品容量瓶内,加水定容至刻度线后混合均匀。取一定量的上清液透过 0.22 μm 滤膜,等待使用液相色谱仪测定。色谱参考条件:C_{18}色谱柱(粒径 = 5 μm,柱长 = 250 mm,内径 = 4.6 mm),流动相为甲醇 - 磷酸盐缓冲溶液(1:9),流速设定为 1.0 mL/min,检测波长设定为 230 nm,柱温为室温,进样量设定为 10 μL。

液相色谱测定:准确吸取各多于两份的 10 μL 样液和苯甲酸与山梨酸的混合标准工作液,以色谱峰面积定量分析。在最佳色谱条件下,出峰顺序先为苯甲酸,后为山梨酸。

七、注意事项

本实训在重复性条件下获得的两次独立测定结果的绝对差值不得超过算术平均值的 8%。

八、检测报告

以液态乳制品样品中苯甲酸、山梨酸含量;样液中苯甲酸、山梨酸的峰面积;标准溶液中苯甲酸、山梨酸的峰面积;标准溶液的浓度,单位为微克每毫升(μg/mL);样品最终定容体积,单位为毫升(mL);取样质量,单位为克(g)来设计方程,求解液态乳制品样品中苯甲酸、山梨酸的含量,单位为毫克每千克(mg/kg)。以重复性条件下获得两次独立测定结果的算术平均值表示,结果保留三位有效数字。

九、参考文献

1. 食品安全国家标准 乳和乳制品中苯甲酸和山梨酸的测定(GB 21703 - 2010)。

2. 汪书红,四种食品防腐剂检测方法的研究[D],重庆:西南大学,2009。

3. 田玉平,舒晓莲,顾玲玲,等. 高效液相色谱法测定含乳饮料中苯甲酸、山梨酸钾、水杨酸[J],化学世界,2012,1:24 - 26。

第五节　液态乳制品中多种农药及相关化学品残留量测定实训

第一法　气相色谱–质谱联用法

一、基本知识

农药残留(Pesticide residues)，是农药使用后一个时期内没有被分解而残留于生物体、收获物、土壤、水体、大气中的微量农药原体、有毒代谢物、降解物和杂质的总称。

二、实训原理

液态乳制品样品用乙腈振荡提取，提取液浓缩后由 C_{18} 固相萃取柱净化，利用乙腈洗脱农药及相关化学品，使用气相色谱–质谱仪测定，内标法定量分析农药及相关化学品残留量。

三、实训目的

掌握使用气相色谱–质谱法内标法定量分析液态乳制品中多种农药及相关化学品残留量的实验技能。

四、实训材料与试剂

实验材料：色谱级乙腈色谱纯，色谱级正己烷，甲苯(优级纯)，色谱级丙酮，色谱级环己烷，色谱级乙酸乙酯，氯化钠(分析纯)，硫酸镁($MgSO_4 \cdot 7H_2O$，分析纯)，农药及相关化学品标准物质的纯度大于95%，C_{18} 固相萃取柱(填料量 = 2000 mg，柱体积 = 12 mL)。

农药及相关化学品标准储备溶液：准确称取适量的农药及相关化学品各标准物，精确至0.1 mg，分别置于10 mL容量瓶中，根据标准物溶解性及测定需要选甲苯、甲苯丙酮混合液或环己烷等溶剂溶解并定容至刻度线后混合均匀。

六组混合标准溶液：按照农药或相关化学品的性质和保留时间，将多种农药和相关化学品分成A、B、C、D、E、F六个组，并根据每种农药或相关化学品在所用质谱仪上的响应灵敏度，确定其在混合标准溶液中的浓度。根据每种农药或相关化学品的分组号、混合标准溶液浓度与其标准储备液的浓度，移出适量的单种农药或相关化学品标准储备溶液，移入100 mL容量瓶中，用甲苯定容至刻度线后混匀。

内标溶液：准确称取 3.5 mg 环氧七氯置于 100 mL 容量瓶内,加入甲苯定容至刻度线后混匀。

六组基质混合标准工作溶液:将 40 μL 内标溶液与一定体积的 A、B、C、D、E、F 组混合标准溶液分别加入 1.0 mL 的样品空白基质提取液中,混匀后配成基质混合标准工作溶液 A、B、C、D、E 和 F。

五、仪器使用

配有电子轰击源(EI)的气相色谱 – 质谱仪,感量为 0.01 g 和 0.001 g 的电子分析天平,50 mL 具塞塑料离心管,振荡器,转速大于 12000 r/min 的均质器,100 mL 鸡心瓶,1 mL、10 mL 的移液器,转速大于 5000 r/min 的离心机,旋转蒸发器,10 个 2 mL 样品瓶(带聚有四氯乙烯旋盖)。

六、实训步骤

提取:准确量取 15 mL 液态乳制品移入 50 mL 离心管内,加入 20 mL 乙腈、4 g 硫酸镁和 1 g 氯化钠。在振荡器上强烈振荡 10 min,在 5000 r/min 条件下离心 10 min,收集上清液移入 100 mL 鸡心瓶内,残渣用 20 mL 乙腈再提取一次,离心后合并两次提取液,置于 40℃水浴上旋转蒸发至体积约 1 mL,等待净化。准确称取 2 g 奶粉,精确至 0.001 g,移入 50 mL 离心管内,加入 20 mL 乙腈和 4 g 硫酸镁,使用均质器以 12000 r/min 均质提取 2 min,再以 5000 r/min 条件下离心 5 min。上清液收集在 100 mL 鸡心瓶内,残渣用 20 mL 乙腈再提取一次,离心后合并两次提取液,将提取液置于 40℃水浴上旋转蒸发至体积约 1 mL,等待净化。

净化:用 10 mL 乙腈活化 C_{18} 固相萃取柱后,把浓缩提取液移入固相萃取柱中。分两次共用 10 mL 乙腈洗涤样品瓶,洗涤液移入固相萃取柱中。流出液收集在 100 mL 鸡心瓶内,用 10 mL 乙腈洗脱固相萃取柱,合并流出液。在 40℃水浴上旋转蒸发至体积约为 0.5 mL。加入 5 mL 正己烷,在 45℃下使用旋转蒸发器进行溶剂交换,上述操作再重复进行一次,浓缩至最终样液体积约为 1 mL,加入 40 μL 内标溶液,混匀后待气相色谱 – 质谱仪测定。同时取不含农药和相关化学品的液态乳制品或乳粉样品,按上述提取和净化步骤制备样品空白提取液,用于配制基质混合标准工作溶液。

气相色谱 – 质谱测定条件:色谱柱:DB – 1701 石英毛细管柱(14% 氰丙基 – 苯基 – 甲基聚硅氧烷,粒径 = 0.25 μm,柱长 = 30 m,内径 = 0.25 mm)。载气氮气的纯度大于 99.99%,流速设定为 1.0 mL/min,进样口温度设定为 270℃,进样量设定为 1.5 μL,电子轰击源设定为 70 eV,离子源温度设定为 230℃,GC – MS 接口温度设定为 280℃。色谱柱温度设定为 50℃保持 2 min,然后以 25℃/min 程序升温至 130℃,再以 4℃/min 升温至 180℃,再以 6℃/min 升温至 300℃,保持 10 min。进样方式采用脉冲不流进样,1.5 min 后打开阀。溶剂迟延为:A 组为 8.3 min,B 组为 7.8 min,C 组为

7.3 min,D 组为 5.5 min,E 组为 6.1 min,F 组为 5.5 min。每种农药或相关化学品分别选择一个定量离子和 2 个定性离子,每组所有需要检测的离子按照出峰顺序,分时段依次检测每种农药或相关化学品的保留时间、定量离子、定性离子和定量离子与定性离子的丰度比值,记录好每组检测离子的开始时间和驻留时间。

定性测定:进行样品测定时,如果检出样品的色谱峰的保留时间与标准样品相一致,除去背景后的样品质谱图中,所选择的离子均应出现,并且选择的离子丰度与标准物质的离子丰度比相一致(相对丰度 > 50% ,允许 ±10% 偏差;相对丰度 > 20% ~ 50% ,允许 ±15% 偏差;相对丰度 > 10% ~20% ,允许 ±20% 偏差;相对丰度 ≤10% ,允许 ±50% 偏差),则可判断液态乳样品中存在此种农药或相关化学品。如果不能确证,应重新进样,以有足够灵敏度扫描方式或采用增加其他确证离子的方式,或选用其他灵敏度更高的质谱仪来明确含量。

定量测定:本实训采用内标法单离子定量测定分析,内标物为环氧七氯。为减少基质的影响,定量用标准使采用空白样品液配制的混合标准工作溶液。标准溶液浓度要求与农药或相关化学品的浓度相近。按以上操作对同一样品进行平行实验测定,空白实验除不称取样品外,均按上述步骤实施。

七、注意事项

乳粉样品要求常温密封保存,液态乳制品样品要求置于 4℃ 冰箱中保存。标准储备溶液 4℃ 下避光保存,可使用 6 个月。混合标准溶液 4℃ 下避光保存,可使用 1 个月。基质混合标准工溶液要求使用前用现配制。本实训重复性和再现性的值是以 95% 的可信度来计算。

八、检测报告

以基质标准工作溶液中农药或相关化学品的浓度,单位为微克每毫升(μg/mL);样液中农药或相关化学品的色谱峰面积;基质标准工作溶液中农药或相关化学品的色谱峰面积;样液中内标物的浓度,单位为微克每毫升(μg/mL);基质标准工作溶液中内标物的浓度,单位为微克每毫升(μg/mL);基质标准工作溶液中内标物的色谱峰面积;样液中内标物的色谱峰面积;样液最终定容体积,单位为毫升(mL);试样溶液所代表样品的体积或质量,单位为毫升或克(液态乳制品以 mL 计,乳粉以 g 计),利用气相色谱 – 质谱测定色谱工作站内标法设计方程,求解乳制品样品中农药和化学制品残留含量,单位为毫克每升或毫克每千克(液态乳制品中残留量以 mg/L 计,乳粉中残留量以 mg/kg 计),结果应扣除空白值。

九、参考文献

1.牛奶和奶粉中 511 种农药及相关化学品残留量的测定 气相色谱 – 质谱法

（GB/T 23210 – 2008）。

2. 李荷丽,畜产品中 OPPs 检测方法的优化和 OPPs 污染水平比较[D],重庆:西南大学,2012。

3. 冷静,邓斌,李琦华,商品奶与原料奶中农药与亚硝酸钠残留分析[J],中国乳品工业,2011,39(1):50 – 52。

<h1 align="center">第二法　高效液相色谱 – 串联质谱法</h1>

一、实训原理

液态乳制品用乙腈匀浆提取,经过 C_{18} 固相萃取柱净化,使用乙腈洗脱农药和相关化学品,通过高效液相色谱 – 串联质谱仪测定,外标法定量分析农药和相关化学品残留量。

二、实训目的

掌握使用高效液相色谱 – 串联质谱法外标法定量分析液态乳制品中多种农药和相关化学品残留量的实验技能。

三、实训材料与试剂

实验材料:液相色谱级乙腈,液相色谱级丙酮,液相色谱级异辛烷,液相色谱级甲苯,液相色谱级正己烷,液相色谱级甲醇,甲酸(优级纯),乙酸铵(优级纯),0.1% 甲酸溶液,5 mmol/L 乙酸铵溶液,乙腈 – 水溶液(3:2),氯化钠(分析纯),硫酸镁($MgSO_4$ · $7H_2O$,分析纯),农药和相关化学品标准物质的纯度应大于 95%,尼龙微孔过滤膜(13 mm × 0.2 μm),C_{18} 固相萃取柱(填料量 = 2000 mg,柱体积 = 12 mL)。

农药和相关化学品标准储备溶液:分别准确称取适量各种农药或相关化学品标准物,精确至 0.001 g,分别移入 10 mL 容量瓶内,根据标准物的溶解度和测定需要选择甲醇、甲苯、丙酮、乙腈或异辛烷等溶剂溶解并定容至刻度线后混合均匀。

七组混合标准溶液:按照农药或相关化学品的保留时间,将多种农药和相关化学品分为 A、B、C、D、F、F 和 G 七个组,并根据每种农药或相关化学品在所用质谱仪上的响应灵敏度,确定其在混合标准溶液中的浓度。

根据每种农药或相关化学品的分组号、混合标准溶液浓度与其标准储备液的浓度,移出适量的单种农药和相关化学品标准储备溶液置于 100 mL 容量瓶内,再用甲醇定容至刻度线后混合均匀。

七组基质混合标准工作溶液:用样品空白溶液配制成不同浓度的基质混合标准工作溶液 A、B、C、D、F、F 和 G,制成农药和相关化学品的基质混合标准工作溶液,用于制作标准工作曲线。

四、仪器使用

配有电喷雾离子源的液相色谱－串联质谱仪,感量为 0.001 g 和 0.01 g 的电子分析天平,50 mL 具塞塑料离心管,转速大于 12000 r/min 的均质器,转速大于 5000 r/min 的离心机,100 mL 鸡心瓶,1 mL、10 mL 移液器,旋转蒸发器,氮气吹干仪,2 mL 带聚四氟乙烯旋盖的样品瓶。

五、实训步骤

液态乳制品样品提取:准确量取 15 mL 液态乳制品移入 50 mL 离心管中,加入 20 mL乙腈、4 g 硫酸镁和 1 g 氯化钠。在振荡器上强烈振荡 10 min,再以 5000 r/min 离心 10 min,收集上清液移入 100 mL 鸡心瓶内,残液用 20 mL 乙腈再提取一次,离心后合并两次提取液。提取液在 40℃水浴条件旋转蒸发至 1 mL 体积约为 1 mL,等待净化。

乳粉样品提取:准确称取 2 g 乳粉,精确至 0.001 g,移入 50 mL 离心管内,加入 20 mL乙腈和 4 g 硫酸镁,使用均质器以 12000 r/min 均质提取 2 min,再以 5000 r/min 条件下离心 5 min,上清液收集于 100 mL 鸡心瓶内,残渣用 20 mL 乙腈再提取一次,离心后合并两次提取液,提取液在 40℃水浴条件下旋转蒸发至体积约为 1 mL,等待净化。

净化:用 10 mL 乙腈活化 C_{18} 固相萃取柱,把浓缩提取液移入固相萃取柱内。用 5 mL 乙腈洗涤样品瓶,把洗涤液移入固相萃取柱中,重复此操作两次。全部流出液收集在 100 mL 鸡心瓶内,用 10 mL 乙腈洗脱固相萃取柱,合并流出液。在 40℃水浴条件下旋转蒸发至体积约 0.5 mL。在 40℃下水浴条件下用氮气吹干,用 1 mL 乙腈－水溶液(3:2)溶解残渣,由 0.22 μm 微孔滤膜过滤,等待使用液相色谱－串联质谱仪分析。

同时取不含农药或相关化学品的液态乳制品或乳粉样品,按上述操作制备样品空白提取液,用于配制基质混合标准工作溶液。

A组至F组高效液相色谱－串联质谱测定条件: C_{18} 色谱柱(填料粒径 = 3.5 μm,柱长 = 100 mm,内径 = 2.1 mm),柱温设定为 40℃,进样量设定为 10 μL,电离源模式采用电喷雾离子化,电离源极性使用正模式,雾化气为氮气,雾化气压力设定为 0.28 MPa,离子喷雾电压设定为 4000 V,干燥气温度设定为 350℃,干燥气流速设定为 10 L/min,流动相 A 为 0.1% 甲酸水溶液,流动相 B 为乙腈。

G组液相色谱－串联质谱测定条件: C_{18} 色谱柱(填料粒径 = 3.5 μm,柱长 = 100 mm,内径 = 2.1 mm),柱温设定为 40℃,进样量设定为 10 μL,电离源模式采用电喷雾离子化,电离源极性使用负模式,雾化气为氮气,雾化气压力设定为 0.28 MPa,离子喷雾电压设定为 4000 V,干燥气温度设定为 350℃,干燥气流速设定为 10 L/min,流动相为 5 mmol/L 乙酸铵溶液。

定性测定:在相同实验条件下进行样品测定时,如果被检样品的色谱峰保留时间与标准样品相一致,在除去背景后的样品质谱图中,所选择的离子均有出现,并且所选择的离子丰度比与标准样品的离子丰度比相一致(相对丰度 >50%,允许 ±20% 偏差;相对丰度 >20% ~50%,允许 ±25% 偏差;相对丰度 >10% ~20%,允许 ±30% 偏差;相对丰度 ≤10%,允许 ±50% 偏差),则可判断液态乳样品中存在此种农药或相关化学品。

定量测定:高效液相色谱 – 串联质谱法以外标 – 校准曲线法定量测定分析农药和相关化学品残留量。为减少基质对定量测定的影响,定量用标准溶液要求使用基质混合标准工作溶液绘制标准曲线,还应保证所测样品中农药和相关化学品的响应值均在质谱仪的线性范围内。

六、注意事项

标准储备溶液应在 –18℃ 避光保存,保存期为 6 个月;混合标准溶液应在 4℃ 避光保存,保存期为 1 个月;基质混合标准工作溶液要求使用前用现配制。乳粉样品要求常温密封保存,液态乳样品应置于 4℃ 冰箱中保存。按以上步骤对同一样品进行平行实验,空白实验除不称取样品外,均按上述操作进行。本实训检测结果获得重复性和再现性的值是以 95% 的可信度来计算。

七、实验设计

以从标准曲线上得到的农药或相关化学品溶液浓度,单位为微克每毫升(μg/mL);样液定容体积,单位为毫升(mL);试样溶液所代表样品的体积或质量,单位为毫升或克(液态乳制品以 mg/L 计,乳粉以 mg/kg 计),利用高效液相色谱 – 串联质谱测定采用外标法定量来设计方程,求解以乳制品样品中农药和相关化学品溶液浓度残留量,单位为毫克每升或毫克每千克(液态乳制品中残留量以 mg/L 计,乳粉中残留量以 mg/kg 计),结果应扣除空白值。

八、参考文献

1. 牛奶和奶粉中 493 种农药及相关化学品残留量的测定 液相色谱 – 串联质谱法(GB/T 23211 – 2008)。

2. 段伟伟,有机磷农药的残留检测及在山羊乳中的迁移 [D],哈尔滨:东北农业大学,2009。

3. 巩军,齐懿鸣,李琴,对乳制品中农药残留率的分析[J],中国新技术新产品,2012,10:146。

第七章

乳粉检验综合实训

第一节　乳粉中啶酰菌胺残留量测定实训

一、基本知识

啶酰菌胺(Boscalid),化学式为 $C_{18}H_{12}CI_2N_2O$,化学名称为 2 - 氯 - N - (4' - 氯联苯 - 2 - 基)烟酰胺(IUPAC),是一种新型烟酰胺类杀菌剂,主要用于防治白粉病、灰霉病、各种腐烂病、褐腐病和根腐病等。它是白色结晶状固体,无嗅,熔点为 142.8℃ ~ 143.8℃,蒸气压(20℃)为 7×10^{-7} Pa。溶解度(20℃):水 4.64 mg/L、丙酮 17 g/L、甲醇 50g/L、二氯甲烷 173g/L、正庚烷 < 10 mg/L。甲醇/水分配系数:logPow = 2.96(21℃),在约 300℃时分解。

二、实训原理

乳粉样品中的啶酰菌胺用乙腈提取,提取液经盐析、离心、浓缩和溶剂交换后,啶酰菌胺经凝胶渗透色谱净化,使用气相色谱 - 质谱仪测定,最后由外标法定量分析啶酰菌胺残留量。

三、实训目的

掌握使用气相色谱 - 串联质谱法外标定量分析乳粉中的啶酰菌胺的实验技能。

四、实训材料与试剂

实验材料:色谱级乙腈,色谱级乙酸乙酯,色谱级环己烷,氯化钠,啶酰菌胺标准品的纯度应大于98%;无水硫酸钠,在650℃下灼烧4 h,置于干燥器内冷却至室温,贮存于密封瓶中备用;0.22 μm 滤膜。

乙酸乙酯 - 环己烷溶液(1∶1):将乙酸乙酯与环己烷按照等体积进行混匀。

啶酰菌胺标准储备溶液:准确称取适量的啶酰菌胺标准品,用乙酸乙酯 - 环己烷溶液(1:1)配制成0.1 mg/mL的标准储备溶液,溶液应在4℃冰箱中避光保存。

啶酰菌胺标准工作溶液:准确吸取适量啶酰菌胺标准储备溶液,用乙酸乙酯-环己烷溶液(1:1)逐级稀释成合适浓度的标准工作溶液,溶液应在4℃冰箱中避光保存。

啶酰菌胺基质标准工作溶液:准确吸取适量的啶酰菌胺标准工作溶液,用阴性样品提取液配置成浓度范围在0.01~0.50 μg/mL的系列基质标准工作溶液,此溶液要求使用前现配制。

五、仪器使用

配有电子轰击源(EI)的气相色谱-质谱仪,配有凝胶渗透色谱柱的凝胶渗透色谱仪,感量为0.001 g和0.01 g的电子分析天平,均质器,旋转蒸发器,超声波清洗器,转速大于10000 r/min的高速离心机,200 mL鸡心瓶,250 mL分液漏斗。

六、实训步骤

乳粉样品制备:准确称取乳粉500 g,搅拌均匀后装入洁净容器内密封并做好标识。准确称取上述乳粉样品5 g,精确至0.001 g,置于250 mL烧杯内,少量多次加入煮沸并冷却至50℃水50 mL溶解,样液冷却至室温后移入100 mL容量瓶中,用少量水分次淋洗烧杯,淋洗液合并置于容量瓶中,用水定容至刻度线后混合均匀,配置成复原乳样液。

液态乳制品样品制备:准确称取液态乳制品500 g,搅拌均匀后移入洁净容器内密封并做好标识。

提取:准确称取10 g复原乳样液或者液态乳样品,精确至0.001 g,移入100 mL具塞塑料离心管内,加入50 mL乙腈,用均质器以15000 r/min提取2 min,再以3000 r/min离心5 min,上清液移入250 mL分液漏斗内,向残渣中加入30 mL乙腈,以15000 r/min均质提取2 min,再以4000 r/min离心10 min,合并所有上清液置于上述分液漏斗内,加入3 g氯化钠,强烈振荡3 min,静置分层后除去分离水层,乙腈溶液层通过装有10 g无水硫酸钠的漏斗过滤至鸡心瓶内,再用少量乙腈淋洗无水硫酸钠和漏斗,收集所有滤液,在40℃水浴条件下旋转蒸发除去溶剂至近干,向残留物加入3 mL乙酸乙酯-环己烷溶液(1:1)溶解后,超声波提取1 min,提取液移入10 mL容量瓶中,重复残留物处理操作三次,合并所有提取液,用乙酸乙酯-环己烷溶液(1:1)定容至刻度线后混合均匀。

凝胶渗透色谱净化条件:S-X3凝胶渗透色谱柱(柱长=300 mm,内径=10 mm),检测波长设定为254 nm,流动相为乙酸乙酯-环己烷溶液(1:1),流速设定为5.0 mL/min,进样量设定为5.0 mL,开始收集时间设定为8.5 min,结束收集时间设定为20 min。

凝胶渗透色谱净化:将提取液以4000 r/min离心10 min,上清液透过0.22 μm有机相滤膜,取 5 mL 提取液移入凝胶渗透色谱仪的色谱柱中,以乙酸乙酯－环己烷溶液(1:1)洗脱,收集 8.5～20 min 的流出液,在 40℃水浴条件下浓缩至近干,用乙酸乙酯－环己烷溶液(1:1)定容至 1 mL,等待气相色谱－质谱仪测定。

阴性样品提取液的制备:取不含啶酰菌胺的阴性乳粉样品或者液态乳制品,按照上述三项操作制备阴性样品提取液,用以配制啶酰菌胺基质标准工作溶液。

气相色谱－质谱仪条件:色谱柱为 HP－5MS 石英毛细管柱(粒径 = 0.25 μm,柱长 = 30 m,内径 = 0.25 mm)。色谱柱温度程序:80℃保持 2min,然后以 25℃/min 升温至 150℃,以 15℃/min 升温至 200℃,再以 10℃/min 升温至 280℃,此温度下保持 10 min。载气为纯度大于 99.99% 的氦气,载气流速设定为 1.0 mL/min,进样口温度设定为 270℃,进样量设定为 1.0 μL。进样方式采用不分流进样,45 s 后打开分流阀和隔垫吹扫阀。电子轰击源设定为 70 eV,离子源温度设定为 230℃,GC－MS 接口温度设定为 280℃,驻留时间设定为 100 ms。啶酰菌胺的监测定量离子为定量离子为 m/z140(相对丰度为 100),定性离子为 m/z112(相对丰度为 33)、m/z167(相对丰度为 13)和 m/z342(相对丰度为 27),以此对啶酰菌胺进行确证,根据定量离子 m/z140 对其进行外标法定量分析。

气相色谱－质谱定性测定:在相同的实验条件下进行样液测定时,如果样液中啶酰菌胺的色谱保留时间与比值色谱峰保留时间相差在 ±2% 之内,并且在扣除背景后的样品质谱图中,所选择的离子均出现,且样品谱图中定性离子的相对丰度与浓度接近的基质标准校准溶液谱图中对应定性离子的相对丰度进行比较,偏差不超过规定范围,则可判定为乳粉样品中存在啶酰菌胺。

气相色谱－质谱仪定量测定:在质谱仪最佳工作条件下,对啶酰菌胺基质标准工作溶液进行色谱分析,以峰面积为纵坐标,基质标准工作溶液浓度为横坐标绘制标准工作曲线,以标准工作曲线对样液进行定量分析,基质标准工作溶液和样液中啶酰菌胺的响应值均应在质谱仪测定的线性范围内。在上述色谱和质谱条件下,啶酰菌胺的参考保留时间约为 17.2 min。

七、注意事项

乳制品样品应置于 4℃冰箱中保存,对同一样品进行平行实验测定,平行实验按上述步骤实施。空白实验除不称取样品外,均按以上操作进行。本实训检测结果重复性和再现性的值以 95% 的可信度来计算。

八、检测报告

从标准工作曲线上得到的啶酰菌胺溶液浓度,单位为微克每毫升(μg/mL);样液定容体积,单位为毫升(mL);样液所代表样品的质量,单位为克(g);牛乳换算系数 F=1,乳粉换算系数 F=10 来设计方程,求解乳制品样品中啶酰菌胺残留量,单位为毫克每千克(mg/kg)。

九、参考文献

1. 牛奶和奶粉中啶酰菌胺残留量的测定 气相色谱－质谱法(GB/T 22979－2008)。

2. 张一宾,芳酰胺类杀菌剂的沿变——从萎锈灵、灭锈胺、氟酰胺到吡噻菌胺、啶酰菌胺[J],世界农药,2007,29(1):1－7。

3. 何秀玲,张一宾,甲氧基丙烯酸酯类和酰胺类杀菌剂品种市场和抗性发展情况[J],世界农药,2013,35(3):14－19。

第二节 乳粉中脲酶的定性检验实训

一、基本知识

脲酶(urease,EC 3.5.1.5),一种含镍的寡聚酶,Mr 约为 483000,最适 pH 值 7.4,具有绝对专一性,特异性地催化尿素水解释放出氨和二氧化碳。它是能将尿素(脲)分解为氨和二氧化碳或碳酸铵的酶。

二、实训原理

脲酶在适当酸碱度和温度条件下,可催化尿素转化成碳酸铵。碳酸铵在碱性条件下会形成氢氧化铵,其与钠氏试剂中的碘化钾汞复盐作用形成棕色的碘化双汞铵。如果乳粉样品中无脲酶活性或者活性消失,上述反应则不会进行。

三、实训目的

掌握使用沉淀法分析乳粉中脲酶的实验技能。

四、实训材料与试剂

10 g/L 尿素溶液:准确称取尿素 0.5 g,溶解在 50 mL 蒸馏水后混合均匀,尿素溶液要求保存在棕色试剂瓶内,置于 4℃冰箱中冷藏,溶液有效期为 1 个月。

100 g/L 钨酸钠溶液:准确称取钨酸钠 5 g,溶解在 50 mL 蒸馏水后混合均匀。

20 g/L 酒石酸钾钠溶液:准确称取酒石酸钾钠 10 g,溶解在 500 mL 蒸馏水后混合均匀。

5% 硫酸溶液:准确吸取硫酸 2.5 mL,溶解在 50 mL 蒸馏水后混合均匀。

磷酸氢二钠溶液:准确称取无水磷酸氢二钠 0.47 g,溶于 50 mL 蒸馏水后混合均匀。

磷酸二氢钾溶液:准确称取磷酸二氢钾 0.45 g,溶于 50 mL 蒸馏水后混合均匀。

磷酸盐中性缓冲液:准确量取上述磷酸氢二钠溶液 30.5 mL,磷酸二氢钾溶液 19.5 mL,将两种溶液混合均匀。

钠氏试剂:准确称取红色碘化汞(HgI_2)5.5 g,碘化钾 4.1 g,溶于 25 mL 蒸馏水中,溶解后移入 100 mL 容量瓶内。再称取氢氧化钠 14.4 g 溶于 50 mL 水中,充分溶解并冷却后,再缓慢地移入上述 100 mL 容量瓶中,加水稀释至刻度,摇匀后置于棕色试剂瓶内静置,上清液待用。钠氏试剂应在 4℃ 冰箱中冷藏,试剂有效期为 1 个月。

五、实训步骤

取 10 mL 比色管 A、B 两支,各加入 0.1 g 样品,加入 1 mL 蒸馏水后振摇 1 min。然后分别加入 1 mL 磷酸盐中性缓冲溶液。向样品管 A 管加入 1 mL 尿素溶液。再向空白对照管 B 管加入 1 mL 蒸馏水,两管摇匀后在 40℃ 水浴中保温 20 min。从水浴中取出两管后,分别加入 4 mL 蒸馏水摇匀,加 1 mL 钨酸钠溶液再次摇匀,再加 1 mL 硫酸溶液摇匀,过滤后收集滤液备用。取上述滤液 2 mL,分别移入两支 25 mL 具塞的比色管中。分别加入 15 mL 水,1 mL 酒石酸钾钠溶液和 2 mL 钠氏试剂,最后以蒸馏水定容至 25 mL,摇匀后观察结果。

六、实验报告

显示情况为砖红色混浊或澄清液,则脲酶定性为强阳性,符号表示为" + + + +";显示情况为橘红色澄清液,则脲酶定性为次强阳性,符号表示为" + + +";显示情况为深金黄色或黄色澄清液,则脲酶定性为阳性,符号表示为" + +";显示情况为淡黄色或微黄色澄清液,则脲酶定性为弱阳性,符号表示为" +";显示情况为样品管与空白对照管同色或更淡,则脲酶定性为阴性,符号表示为" -"。

七、参考文献

1. 婴幼儿配方食品和乳粉 脲酶的定性检验(GB/T 5413-31-1997)。
2. 赵圣国,牛瘤胃脲酶基因多样性分析与酶活性调控[D],北京:中国农业科学院,2012。
3. 朱秀高,乳真蛋白和尿素与铵态氮检测方法研究[D],扬州:扬州大学,2010。

第三节　乳粉中胆碱测定实训

一、基本知识

胆碱(Choline),分子式 $C_5H_{15}NO_2$,分子量为 121.18,它是季胺碱,无色结晶,吸湿性很强,易溶于水和乙醇,不溶于氯仿、乙醚等非极性溶剂。胆碱是一种强有机碱,是卵磷脂的组成成分,也存在于神经鞘磷脂之中,又是乙酰胆碱的前体。胆碱耐热,在加工和烹调过程中的损失很少,干燥环境下,即使长时间储存食物中胆碱含量也几乎没有变化。

二、实训原理

乳粉样品中的胆碱经酸水解后成为游离态胆碱,再经胆碱氧化酶氧化后与显色剂反应生成有颜色物质,该颜色的深浅在一定浓度范围内与样液中胆碱的含量呈正比,利用比色法测定乳粉中胆碱的含量。

三、实训目的

掌握使用比色法分析乳粉中胆碱含量的实验技能。

四、实训材料与试剂

500 g/L 氢氧化钠溶液:准确称取 50 g 氢氧化钠,溶于水并稀释至 100 mL 后混合均匀。

3 mol/L 盐酸溶液:准确量取 12.5 mL 浓盐酸加水稀释至 100 mL 后混合均匀。

1 mol/L 盐酸溶液:准确量取 21.3 mL 浓盐酸加水稀释至 250 mL 后混合均匀。

0.05 mol/L Tris 缓冲液(pH = 8.0):准确称取 0.61 g 三羟甲基氨基甲烷和 0.5 g 苯酚溶入 50 mL 蒸馏水中,用 1 mol/L 盐酸溶液调节 pH 为 8.0,再用蒸馏水定容至 100 mL 后混合均匀。此溶液在 4℃ 冰箱内保存期为 1 个月。

酶反应显色剂:准确称取 55 个活力单位的胆碱氧化酶、130 个活力单位的过氧化酶、45 个活力单位的磷脂酶 D,再准确称取 7.5 mg 4 - 氨基安替比林,移入 50 mL 容量瓶中,用 0.05 mol/L Tris 缓冲液稀释至刻度线后混合均匀。酶反应显色剂溶液要求在使用前现配制。

2.5 mg/mL 胆碱氢氧化物标准储备溶液:准确称取 105℃ 烘至恒重的胆碱酒石酸氢盐 261.5 mg,加入蒸馏水溶解后置于 50 mL 容量瓶中,用蒸馏水稀释至刻度线后混合均匀。胆碱氢氧化物标准储备溶液要求在 4℃ 冰箱内冷藏,溶液保存期限为 5 d。

250 μg/mL 胆碱氢氧化物标准工作溶液:准确吸取 5 mL 胆碱氢氧化物标准储备溶液移入 50 mL 容量瓶内,用蒸馏水稀释至刻度线后混合均匀。胆碱氢氧化物标准工作溶液要求使用前现配制。

五、仪器使用

感量为 0.001 g 和 0.01 g 的电子分析天平,精度为 0.01 的 pH 计,温度可控制在 37℃ 和 70℃ 的恒温水浴锅,分光光度计。

六、实训步骤

样品处理:利用混合方法将乳粉样品均匀化,以 0.001 g 的精确度准确称量乳制品样品。称取 5 g 混合均匀的乳粉置于 100 mL 的锥形瓶中,加入 1 mol/L 盐酸 30 mL 后搅拌。或者准确称取 20 g 混合均匀的液态乳制品置于 100 mL 锥形瓶中,加入 3 mol/L 盐酸 10 mL 后搅拌均匀。

水解:将装有样液的锥型瓶加塞后混合均匀,放在 70℃ 水浴中加热水解 4 h,每隔 30 min 振摇一次。冷却后用氢氧化钠溶液调 pH 为 3.5,再次冷却后移入 50 mL 容量瓶内,用蒸馏水稀释至刻度线。

过滤:水解液过滤得到的滤液应为澄清,滤液若不澄清,可通过 0.45 μm 的滤膜再次过滤。如果因样品本身性质问题,难以获得澄清滤液或过滤困难时,可将样液 pH 值由 3.5 调整至 4.3。滤液应放置于 4℃ 冰箱中,保存期为 3 d。

制作标准曲线:分别吸取 2 mL、4 mL、6 mL、8 mL 胆碱氢氧化物标准工作溶液置于 4 支 10 mL 容量瓶中,用蒸馏水稀释至刻度线。

准备 6 支试管,一支试管用作试剂空白 A,另五支试管由 1 至 5 编号,分别用于标准溶液及其四个稀释度,按表 7-1 加入试剂。

表 7-1 制作标准曲线时的试剂添加量

试剂	管 A	管 1	管 2	管 2	管 4	管 5
稀释度 1(50μg/mL)	–	0.100	–	–	–	–
稀释度 2 (100μg/mL)	–	–	0.100	–	–	–
稀释度 3 (150μg/mL)	–	–	–	0.100	–	–
稀释度 4 (200μg/mL)	–	–	–	–	0.100	–
标准溶液 (250μg/mL)	–	–	–	–	–	0.100
蒸馏水	0.100	–	–	–	–	–
显色剂	3.00	3.00	3.00	3.00	3.00	3.00

用密封保护膜盖住试管,振荡混合均匀。把试管置于 37℃ 水浴中保温反应 10 min,然后按酶反应以后的步骤操作。

酶反应:每个样品准备 3 支试管(A、B、C),按照表 7-2 加入试剂。

表 7-2 测定样品时的试剂添加量

试剂	试管 A 试剂空白	试管 B 滤液空白	试管 C 试样
待分析滤液(mL)	–	0.100	0.100
蒸馏水(mL)	0.100	3.00	–
显色剂(mL)	3.00	–	3.00

用密封保护膜盖住试管,振荡均匀后,将试管放入 37℃ 水浴中保温反应 15 min。

比色测定:将样液和标准系列溶液由水浴中取出,冷却至室温。在波长 505 nm

处,用蒸馏水作空白,测定吸光值。以胆碱标准溶液浓度为横坐标,以标准溶液吸光值减去试剂空白吸光值为纵坐标,制作标准曲线。

七、注意事项

本实训检验结果以重复性条件下获得两次独立测定结果的算术平均值表示,测得的两次独立结果差值不应超过两次结果平均值的8%。

八、检测报告

净透光率计算:不是临时配制的试剂通常会出现轻微的颜色变化,并且水解作用后的滤液也不是无色的,为除去上述干扰因素,应从全吸光值中减去各自(试管 A 和试管 B)的空白吸光值。

样液的净吸光值 = 试管 C 的总吸光值 − 试管 A 的试剂吸光值 − 试管 B 的滤液吸光值。试管 A 的试剂吸光值与试管 B 的滤液吸光值之和不应大于总吸光值的 20%。对于标准曲线,试管 B 的滤液吸光值为零

由标准曲线上查取样液的净吸光值位置,记录相应的浓度,以每 100 g 样品中胆碱氢氧化物的毫克数表示胆碱含量。以标准曲线上查得的氢氧化物浓度,单位为微克每毫升($\mu g/mL$);水解液被稀释的体积,单位为毫升(mL);样品的质量,单位为克(g)来设计方程,求解乳粉样品中胆碱氢氧化物的含量,单位为毫克每百克(mg/100 g)。

九、参考文献

1. 婴幼儿配方食品和乳粉 胆碱的测定(GB/T 5413.20 − 1997)。

2. 赵红霞,郝万清,雷氏盐比色法检测婴幼儿配方乳粉中胆碱含量[J],乳品科学与技术,2012,35(2):41 − 43。

第四节　乳粉中牛磺酸测定实训

第一法　OPA 柱后衍生法

一、基本知识

牛磺酸(Taurine),又称 β − 氨基乙磺酸,IUPAC 命名为 2 − 氨基乙磺酸,分子式为 $C_2H_7NO_3S$,分子量为 125.15。纯品为无色或白色斜状晶体,无臭,牛磺酸化学性质稳定,溶于水,不溶于乙醇、乙醚等有机溶剂,密度为 1.734 g/cm^3(−173.15K),熔点为 305.11℃,是一种含硫的非蛋白氨基酸,在体内以游离状态存在,不参与体内蛋白的生物合成。

二、实训原理

乳粉样品用水溶解,使用偏磷酸溶液沉淀蛋白质,经超声波振荡提取、离心、微孔滤膜过滤后,通过钠离子色谱柱分离,牛磺酸与邻苯二甲醛(OPA)衍生反应,使用荧光检测器进行检测,外标法定量分析牛磺酸含量。

三、实训目的

掌握使用高效液相色谱 OPA 柱后衍生法测定外标法定量分析乳粉中牛磺酸含量的实验技能。

四、实训材料与试剂

实验材料:偏磷酸(HPO_3),柠檬酸三钠($Na_3C_6H_5O_7 \cdot 2H_2O$),苯酚($C_6H_6O$),硝酸($HNO_3$),液相色谱级甲醇($CH_3OH$),硼酸($H_3BO_3$),氢氧化钾(KOH),邻苯二甲醛(OPA,$C_8H_6O_2$),2 - 巯基乙醇($C_2H_6OS$),聚氧乙烯月桂酸醚(Brij - 35),牛磺酸标准品的纯度应大于99%,柱后荧光衍生溶剂为邻苯二甲醛溶液。

10 g/L 偏磷酸溶液:准确称取 5 g 偏磷酸,用水溶解并定容至 500 mL 后混合均匀。

柠檬酸三钠缓冲液:准确称取9.8 g 柠檬酸三钠,加475 mL 水溶解,再加入 1 mL 苯酚,用硝酸调 pH 值为 3.15,使用 0.45 μm 微孔滤膜过滤。

0.5 mol/L 硼酸钾溶液:准确称取15.5 g 硼酸,13.1 g 氢氧化钾,用水溶解并定容至 500 mL 后混合均匀。

邻苯二甲醛柱后荧光衍生溶液:准确称取 0.3 g 邻苯二甲醛,用 5 mL 甲醇溶解后,加入 0.25 mL 2 - 巯基乙醇和 0.17 g Brij - 35,用 0.5 mol/L 硼酸钾溶液定容至 500 mL,使用 0.45 μm 微孔滤膜过滤。

1 mg/mL 牛磺酸标准储备溶液:准确称取 0.05 g 牛磺酸标准品,用水溶解并定容至 100 mL 后混合均匀。

牛磺酸标准工作液:将牛磺酸标准储备液用水稀释制备成一系列标准溶液,标准系列浓度为 0 μg/mL、5 μg/mL、10 μg/mL、1 5 μg/mL 和 20 μg/mL。

五、仪器使用

配有荧光检测器的高效液相色谱仪,柱后反应器,荧光衍生溶剂输液泵,超声波振荡器,精度为 0.01 的 pH 计,转速大于 5000 r/min 的离心机,0.45 μm 微孔滤膜,感量为 0.001 g 和 0.01 g 的电子分析天平。

六、实训步骤

样品处理:准确称取 2 g 乳粉样品,或 15 g 液态乳样品,精确至 0.001 g,乳粉应加入 50℃ 水 30mL,摇匀使样品充分溶解,置于超声波振荡器中处理 15 min,再加入偏磷酸溶液 40 mL 溶解,充分摇匀溶解后移入 100 mL 容量瓶中。样液继续放入超声波振荡器中超声提取 15 min,取出冷却至室温后,用水定容至刻度线。样液在 5000 r/min 条件下离心 10 min,取上清液透过 0.45 μm 微孔膜过滤,接取中间滤液准备进样。

液相色谱测定条件:色谱柱为钠离子氨基酸分析专用柱(柱长 = 250 mm,内径 = 4.6 mm),流动相为柠檬酸三钠缓冲液,流动相流速设定为 0.4 mL/min,荧光衍生溶剂流速设定为 0.3 mL/min,柱温设定为 55℃,进样量设定为 20 μL,检测激发波长设定为 338 nm,发射波长设定为 425 nm。

制作标准曲线:将牛磺酸标准系列工作液依次经上述色谱条件分离并经衍生后测定,记录相应的色谱峰面积,以标准工作液浓度为横坐标,以色谱峰面积为纵坐标,绘制标准曲线。将样液注入高效液相色谱仪中,按照上述色谱条件上机测定,测定得到色谱峰面积,根据标准曲线查取得到样液中牛磺酸的浓度。

七、注意事项

邻苯二甲醛柱后荧光衍生溶液在使用前现配制,牛磺酸标准储备溶液在 4℃ 下可保存 5 d,牛磺酸标准工作液在使用前现配制。本实训检测结果在重复性条件下获得的两次独立测定结果的绝对差值不得超过算术平均值的 8%。

八、检测报告

以样液的进样浓度,单位为微克/毫升(μg/mL);样液的定容容积,单位为毫升(mL);样品的质量,单位为克(g)来设计方程,求解乳粉样品中牛磺酸的含量,单位为毫克每百克(mg/100 g)。以重复性条件下获得的两次独立测定结果的算术平均值表示,检测结果保留三位有效数字。

第二法　丹磺酰氯柱前衍生法

一、基本知识

牛磺酸在碱性条件下与丹磺酰氯衍生化反应,通过测定衍生物含量来测定牛磺酸含量。该方法具有前处理简单、操作简便、数据准确等特点,重现性良好。衍生物在水箱中可稳定一星期以上,是比较理想、易于推广的测定方法。

二、实训原理

乳粉样品用水溶解后,利用亚铁氰化钾和乙酸锌沉淀蛋白质。取上清液经丹磺酰氯衍生反应,衍生物由 C_{18} 反相色谱柱分离,使用紫外检测器在波长为 254 nm 检测,或使用荧光检测器在激发波长为 330 nm,发射波长为 530 nm 下检测,利用外标法定量分析牛磺酸。

三、实训目的

掌握使用高效液相色谱丹磺酰氯柱前衍生法测定外标法定量分析乳粉中牛磺酸含量的实验技能。

四、实训材料与试剂

实验材料:液相色谱级乙腈(CH_3CN),乙酸(CH_3COOH),盐酸,无水碳酸钠(Na_2CO_3),亚铁氰化钾[$K_4Fe(CN)_6$],乙酸锌[$Zn(CH_3CO_2)_2$],乙酸钠[$Na(CH_3CO_2)$],盐酸甲胺(甲胺盐酸盐,$CH_3NH_2 \cdot HCl$),液相色谱级丹磺酰氯(5 - 二甲氨基萘 - 1 - 磺酰氯),牛磺酸标准品的纯度应大于99%,0.45 μm 微孔滤膜。

1 mol/L 盐酸:准确吸取 4.5 mL 盐酸,加入水稀释并定容到 50 mL 后混合均匀。

沉淀剂 A:准确称取 7.5 g 亚铁氰化钾,加入水溶解并定容至 50 mL 后混合均匀。

沉淀剂 B:准确称取 15 g 乙酸锌,加入水溶解并定容至 50 mL 后混合均匀。

80 mmol/L 碳酸钠缓冲液(pH = 9.5):准确称取 0.424 g 无水碳酸钠,加入 40 mL 水溶解混匀,用 1 mol/L 盐酸调节 pH 值为 9.5,再用水定容至 50 mL 后混合均匀。

1.5 mg/mL 丹磺酰氯溶液:准确称取 0.075 g 丹磺酰氯,加入乙腈溶解并定容至 50 mL 后混合均匀。

20 mg/mL 盐酸甲胺溶液:准确称取 1 g 盐酸甲胺,加入水溶解并定容至 50 mL 后混合均匀。

10 mmol/L 乙酸钠缓冲液(pH = 4.2):准确称取 0.41 g 乙酸钠,加入 400 mL 水溶解,用乙酸调节 pH 为 4.2,加入水定容至 500 mL 后混合均匀,再由 0.45 μm 微孔滤膜过滤。

1 mg/mL 牛磺酸标准储备溶液:准确称取 0.05 g 牛磺酸标准品,精确至 0.001 g,加入水溶解并定容至 50 mL 后混合均匀。

紫外检测用牛磺酸标准工作液:将牛磺酸标准储备液加水稀释制备成系列标准溶液,标准系列浓度为 0 μg/mL、5 μg/mL、10 μg/mL、15 μg/mL、20 μg/mL。

荧光检测用牛磺酸标准工作液:将牛磺酸标准储备液加水稀释制备成系列标准溶液,标准系列浓度为 0 μg/mL、0.5 μg/mL、0.10 μg/mL、0.15 μg/mL、0.20 μg/mL。

五、仪器使用

配有紫外检测器的高效液相色谱仪,二极管阵列检测器、荧光检测器三种检测器其中之一。精度为 0.01 的 pH 计,涡旋混合器,超声波振荡器,转速大于 5000 r/min 的离心机,感量为 0.001 g 和 0.01 g 的电子分析天平。

六、实训步骤

样液制备:准确称取乳粉 3 g 或液态乳 15 g,精确至 0.001 g。样品中牛磺酸含量在 1 μg 以上时,可使用紫外检测器分析;若样品中含牛磺酸含量在 50 μg 以上时,可使用荧光检测器分析。将样品移入锥形瓶中,加入 50℃ 水 40 mL,充分混匀使样品溶解,放在超声波振荡器上超声提取 10 min,冷却到室温。加入 1 mL 沉淀剂 A,涡旋混合 1 min,再加入 1 mL 沉淀剂 B,涡旋混合 1 min,用水定容至刻度线后充分混匀,样液在 5000 r/min 下离心 10 min,取上清液备用,上清液在 4℃ 避光保存放置 24 h 内稳定。

样液衍生化:准确吸取 1 mL 上清液移入 10 mL 具塞玻璃试管内,加入 1 mL 碳酸钠缓冲液和 1 mL 丹磺酰氯溶液后充分混匀,室温避光衍生反应 1 h 后需要摇晃 1 次,再反应 1 h 后加入 0.1 mL 盐酸甲胺溶液涡旋混合,以终止反应,避光静置至完全沉淀。取上清液由 0.45 μm 微孔滤膜过滤,取滤液备用。另取 1 mL 标准工作液,与样液同步进行衍生化,所有衍生物在 4℃ 下可避光保存 36 h。

高效色谱测定条件:色谱柱为 C_{18} 反相色谱柱(粒径 = 5 μm,柱长 = 250 mm,内径 = 4.6 mm),流动相为 10 mmol/L 乙酸钠缓冲液 – 乙腈(7∶3),流速设定为 1.0 mL/min,柱温为室温,进样量设定为 20 μL。紫外检测器或二极管阵列检测器检测波长设定为 254 nm;荧光检测器激发波长设定为 330 nm,发射波长设定为 530 nm。

制作标准曲线:将紫外检测用牛磺酸标准系列工作液或荧光检测用牛磺酸标准系列工作液的衍生物注入高效液相色谱仪中,依次按照上述推荐色谱条件上机测定,测定相应的色谱峰面积。以标准工作液浓度为横坐标,以峰面积为纵坐标绘制标准曲线。

样液测定:将样液衍生物按上述推荐色谱条件上机测定得到峰面积,根据标准曲线查得样液中牛磺酸的浓度。

七、注意事项

丹磺酰氯对光和湿敏感不稳定,丹磺酰氯溶液应在使用前现配制,亚铁氰化钾沉淀剂、乙酸锌沉淀剂和碳酸钠缓冲液溶液在室温下 3 个月内稳定。盐酸甲胺溶液在 4℃ 下可保存 3 个月,牛磺酸标准储备溶液在 4℃ 下可保存 5 d。紫外检测用牛磺酸标准工作液、荧光检测用牛磺酸标准工作液要求在使用前现配制。本实训检测结果在重复性条件下获得两次独立测定结果的绝对差值不得超过算术平均值的 8%。

八、检测报告

以样液的进样浓度,单位为微克/毫升(μg/mL);样品的定容体积,单位为毫升(mL);样品的质量,单位为克(g)来设计方程,求解乳粉样中牛磺酸的含量,单位为毫克每百克(mg/100g)。以重复性条件下获得的两次独立测定结果的算术平均值表示,结果保留三位有效数字。

九、参考文献

1. 食品安全国家标准 婴幼儿食品和乳品中牛磺酸的测定(GB 5413.26 – 2010)。

2. 史海良,高效液相色谱法快速测定含乳饮料中的牛磺酸[J],农业机械,2012,2:125 – 127。

3. 陆淳,生庆海,田富春等,食品中牛磺酸的测定[J],中国乳品工业,2001,29(5):144 – 146。

第五节 乳粉中烟酸和烟酰胺测定实训

第一法 高效液相色谱法

一、基本知识

烟酸(Nicotinic acid),又名吡啶 – 3 – 甲酸,尼可酸,烟酸碱,尼克酸,尼亚生,尼古丁酸,维生素 PP,分子式为 $C_6H_5NO_2$,分子量 123.11。它是人体必需的 13 种维生素之一,在人体内转化为烟酰胺,是一种水溶性维生素,属于维生素 B 族。纯品为无色针状结晶,熔点 236℃,密度 1.473,易溶于沸水和沸醇,不溶于丙二醇、氯仿和碱溶液,不溶于醚及脂类溶剂,耐热,能升华,无气味,微有酸味。在 17℃ 时水中溶解度为 1 ~ 5 g/100 mL。

烟酰胺(Nicotinamide),又名烟碱酰胺,维生素 B_3,尼克酰胺,3 – 吡啶甲酰胺,分子式为 $C_6H_6N_2O$,分子量为 122.13。它是白色结晶或结晶性粉末,无臭或几乎无臭,味苦,在水或乙醇中易溶,在甘油中溶解,在乙醚中几乎不溶,在碳酸钠试液或氢氧化钠试液中易溶。烟酰胺是辅酶 I 和辅酶 II 的组成部分,参与体内脂质代谢,组织呼吸的氧化过程和糖类无氧分解的过程。

二、实训原理

乳粉样品经热水提取,酸性沉淀蛋白质后,在弱酸环境下超声波振荡提取烟酸和烟酰胺,经 C_{18} 色谱柱分离,在紫外检测器 261 nm 波长处检测,依据色谱峰的保留时间定性分析,采用外标法定量分析烟酸和烟酰胺的含量。

三、实训目的

掌握使用高效液相色谱测定外标法定量分析乳粉中烟酸和烟酰胺含量的实验

技能。

四、实训材料与试剂

实验材料:淀粉酶活力应 1.5 U/mg,盐酸,氢氧化钠,液相色谱级甲醇(CH_4O),液相色谱级甲醇异丙醇(C_3H_8O),庚烷磺酸钠($C_7H_{15}NaO_3S$),体积分数为 60% 的高氯酸($HClO_4$)。

2.4 mol/L 盐酸:准确移取 20 mL 盐酸置于 100 mL 容量瓶中,用水定容至刻度线后混合均匀。

2.4 mol/L 氢氧化钠溶液:准确称取 9.6 g 氢氧化钠置于 100 mL 容量瓶中,用水定容至刻度线后混合均匀。

1 mg/mL 烟酸及烟酰胺标准储备液:准确称取烟酸和烟酰胺标准品各 0.05 g,精确到 0.001 g,分别移入 100 mL 容量瓶内,用水溶解定容至刻度线后混合均匀。

100 μg/mL 烟酸和烟酰胺混合标准中间液:准确吸取烟酸和烟酰胺标准储备液 10 mL 至 100 mL 定量瓶内,用水定容至刻度线后混合均匀。

烟酸和烟酰胺标准混合工作液:分别准确吸取烟酸及烟酰胺混合标准中间液 1.0 mL、2.0 mL、5.0 mL、10.0 mL,移入 100 mL 容量瓶中用水定容至刻度线后混合均匀。该标准系列浓度分别为 1.0 μg/mL、2.0 μg/mL、5.0 μg/mL、10.0 μg/mL。

五、仪器使用

配有紫外检测器的高效液相色谱仪,精度为 0.01 的 pH 计,超声波振荡器,感量为 0.001 g 的电子分析天平,培养箱(30℃~80℃),0.45 μm 微孔滤膜。

六、实训步骤

样品处理:准确称取混合均匀含淀粉的乳粉 2 g,精确至 0.001 g,加入 50℃ 水 25 mL;或者准确称取混合均匀液态乳 20 g,精确至 0.001 g,移入 150 mL 锥形瓶内,再加入 0.5 g 淀粉酶,摇匀后向锥形瓶中充入氮气,盖上瓶塞,置于 55℃ 水浴振荡箱内酶解 30 min,取出冷却至室温,再将此锥形瓶放入超声波振荡器中振荡 10 min,以充分溶解,静置 10 min 后,再冷却至室温。

准确称取混合均匀不含淀粉的乳粉 2 g,精确至 0.001 g,加入 50℃ 水 25 mL,或者准确称取混合均匀液态乳 20 g,精确至 0.001 g,移入 150 mL 锥形瓶内,振摇后静置 10 min,充分溶解后将此锥形瓶放入超声波振荡器中振荡 10 min,再冷却至室温。

样品提取:待样液温度降至室温后,用 2.4 mol/L 盐酸调节样液 pH 为 1.7,静置 3 min 后,再用 2.4 mol/L 氢氧化钠溶液调节样液的 pH 为 4.5。放在 50℃ 水浴超声波振荡器中超声提取 15 min,冷却至室温,再将样液移入 50 mL 容量瓶内,用水反复冲洗锥形瓶,洗液合并移入 50 mL 容量瓶内,用水定容至刻度线后混合均匀,经滤纸过滤,滤液再由 0.45 μm 微孔滤膜过滤,用样品瓶收集得到样品待测液。

液相色谱测定条件:流动相为 35 mL 甲醇,10 mL 异丙醇,0.5 g 庚烷磺酸钠,用 455 mL 水溶解并混匀后,用高氯酸调节 pH 为 2.1,透过 0.45 μm 微孔滤膜过滤。C_{18} 柱色谱(粒径 = 5 μm,柱长 = 150 mm,内径 = 4.6 mm),流速设定为 1.0 mL/min,紫外检测器检测波长设定为 261 nm,柱温设定为 25℃,进样量设定为 10 μL。

测定标准曲线:将烟酸及烟酰胺混合标准系列测定液依次按照上述色谱条件进行测定,记录各组分的色谱峰面积,以峰面积为纵坐标,以标准测定液浓度为横坐标,制作标准曲线。

样液测定:将样品待测液按照上述色谱条件进行测定,记录各组分色谱峰面积,根据标准曲线计算出样品待测液中烟酸和烟酰胺各组分的浓度。

七、注意事项

烟酸及烟酰胺混合标准中间液、烟酸及烟酰胺混合标准系列测定液要求在使用前现配制。本实训检测结果在重复性条件下获得的两次独立测定结果的绝对差值不得超过算术平均值的 8 %。

八、检测报告

以样品的质量,单位为克(g);样品待测液中烟酸或烟酰胺的浓度,单位为微克每毫升(μg/mL);样品溶液的体积,单位为毫升(mL)来设计方程,求解乳粉样品中烟酸或烟酰胺的含量,单位为微克每百克(μg/100 g)。

样品中维生素烟酸的总含量(单位为微克每百克,μg/100 g)等于样品中烟酸的含量(单位为微克每百克,μg/100 g)与样品中烟酰胺的含量(单位为微克每百克,μg/100 g)的之和。

本实训以重复性条件下获得的两次独立测定结果的算术平均值表示,结果保留两位有效数字。

九、参考文献

1. 食品安全国家标准 婴幼儿食品和乳品中烟酸和烟酰胺的测定(GB 5413.15 – 2010)。

2. 王春天,戴洋洋,闫磊,等,乳饮料中烟酸和烟酰胺的液相色谱检测方法[J],食品研究与开发,2011,32(4):148 – 151。

3. 闫龙宝,王浩,刘小力,等,HPLC 法测定含乳饮料中烟酸和烟酰胺 [J],中国食品添加剂,2008,3:151 – 153。

第二法　微生物法

一、基本知识

某种微生物会对特定维生素具有极强的特异性,是其正常生长所必需的因子,并且在一定条件下,其生长与繁殖速度与溶液中该维生素的含量成一定的对应关系,微生物法就是根据这一原理对该维生素进行定量。

二、实训原理

烟酸和烟酰胺是植物乳杆菌(ATCC 8014)生长所必需的营养素,在一定培养条件下,利用植物乳杆菌的特异性,以含有烟酸和烟酰胺的样品中生长形成的光密度测定其含量。

三、实训目的

掌握使用植物乳杆菌测定乳粉中烟酸和烟酰胺含量的实验技能。

四、实训材料与试剂

实验材料:菌株为植物乳杆菌(ATCC 8014)

1 mol/L 硫酸溶液(A):准确吸取质量分数为 96% 的浓硫酸 28 mL 缓慢加入到 300 mL 水中,边加入边搅拌,冷却后定容至 500 mL 混合均匀。

0.1 mol/L 硫酸溶液(B):准确吸取 1 mol/L 的硫酸溶液 A 100 mL,移入 1000 mL 容量瓶用水定容至刻度线后混合均匀。

1 mol/L 氢氧化钠溶液(A):准确称取 20 g 氢氧化钠于 500 mL 烧杯中,用 200 mL 水溶解,冷却至室温后,移入 500 mL 容量瓶内,用水定容至刻度线后混合均匀。

0.1 mol/L 氢氧化钠溶液(B):准确吸取 1 mol/L 氢氧化钠溶液 A100 mL,移入 1000 mL 容量瓶用水定容至刻度线后混合均匀。

0.1 mol/L 氢氧化钠标准滴定溶液:准确称取 4 g 氢氧化钠,精确至 0.001 g,用水稀释至 1000 mL 后混合均匀,使用邻苯二甲酸氢钾标定。

氢氧化钠标准溶液的标定:准确称取 0.18 g 邻苯二甲酸氢钾,精确至 0.001 g,在 110 ℃ 烘干至恒重,用 50 mL 除去二氧化碳的水溶在锥形瓶中,加入两滴 5 g/L 酚酞指示剂,使用配好的氢氧化钠溶液滴定至粉红色,同时做空白实验,计算氢氧化钠的浓度,单位为摩尔每升(mol/L)。

酚酞溶液:准确称取 0.5 g 酚酞溶于 75 mL 体积分数为 95% 的乙醇中,再加入 20 mL 水,加入氢氧化钠标准滴定溶液,直至加入一滴立即变成粉红色,再加入水定容至 100 mL 后混合均匀。

0.1 mol/L 盐酸:准确吸取 4.2 mL 盐酸置于 500 mL 烧杯中,加入 375 mL 水后混合均匀,用水稀释至 1000 mL。

体积分数为 25% 的乙醇溶液:准确量取 125 mL 无水乙醇,加入 750 mL 水后混合均匀。

乳酸杆菌琼脂培养基成分为:3 g 光解胨,2 g 葡萄糖,20 mL 番茄汁,0.4 g 磷酸二氢钾,0.2 g 聚山梨糖单油酸酯,2 g 琼脂,200 mL 蒸馏水。先将琼脂以外的其余培养基成分溶解在蒸馏水中,25℃下调节培养基 pH 为 6.8,再加入琼脂加热煮沸使其融化。混合均匀后分装至试管,每管加入 10 mL,以 121℃高压灭菌 15min 后备用。

乳酸杆菌肉汤培养基成分为:3 g 光解胨,2 g 葡萄糖,20 mL 番茄汁,0.4 g 磷酸二氢钾,0.2 g 聚山梨糖单油酸酯,200 mL 蒸馏水。将上述培养基成分溶解在蒸馏水中,25℃下调节培养基 pH 为 6.8,再加入琼脂加热煮沸使其融化。混合均匀后分装至试管,每管加入 10 mL,以 121℃高压灭菌 15min 后备用。

烟酸测定用培养基成分为:2.4 g 维生素测定用酸水解酪蛋白氨基酸,8 g 葡萄糖,4 g 乙酸钠,80 mg L - 胱氨酸,40 mg DL - 色氨酸,4 mg 盐酸腺嘌呤,4 mg 盐酸鸟嘌呤,4 mg 尿嘧啶,40 μg 盐酸硫胺素,40 μg 泛酸钙,80 μg 盐酸吡哆醇,80 μg 核黄素,20 μg p - 氨基苯甲酸,0.16 μg 生物素,0.2 g 磷酸氢二钾,0.2 g 磷酸二氢钾,80 mg 硫酸镁,4 mg 氯化钠,4 mg 硫酸亚铁,4 mg 硫酸锰,加蒸馏水至 200 mL,25℃下调整培养基 pH 为 6.7。

0.1 mg/mL 烟酸标准储备液:在五氧化二磷干燥器中取出已干燥的烟酸标准品,准确称取 5 mg,精确至 0.001 g,用乙醇溶液溶解并定容至 500 mL 后混合均匀,置于 4℃冰箱内冷藏。

1 μg/mL 烟酸标准中间溶液:准确吸取烟酸标准储备液 1 mL 移入 100 mL 棕色容量瓶内,用乙醇溶液稀释并定容至刻度线后混合均匀,置于 4℃冰箱内冷藏。

100 ng/mL 烟酸标准工作液:准确吸取烟酸标准中间液 5 mL,置于 50 mL 容量瓶内,用水稀释定容至刻度线后混合均匀,置于 4℃冰箱内冷藏。

0.9% 生理盐水:准确称取 2.25 g 氯化钠,用水溶解并定容至 250 mL 后混合均匀,再分装在具塞试管内,每管装入 10 mL,121℃灭菌 15 min 后备用。

溴麝香草酚蓝指示剂:准确称取 0.02 g 溴麝香草酚蓝于研钵中,加入 0.32 mL 氢氧化钠标准滴定溶液研磨,加少量水至完全溶解,移入 50 mL 容量瓶中用水定容至刻度线后混合均匀。

五、仪器使用

分光光度计,精度为 0.01 的 pH 计,涡旋振荡器,感量为 0.001 g 的电子分析天平,生化培养箱(36℃ ±1℃),转速大于 3000 r/min 的离心机,分刻度值为 0.1 mL 的滴定管。

六、实训步骤

制备测试菌液:将植物乳杆菌(ATCC 8014)转接至乳酸杆菌琼脂培养基试管中,36℃下培养 24 h。将培养好的乳酸杆菌琼脂培养基试管中微生物作为储备菌种。

从储备菌种培养基上分别移接到三个乳酸杆菌琼脂培养基试管中,置于 36℃ 培养箱中培养 24 h,作为月接种管保存在 4℃冰箱内。从月接种的培养管中再接种一支乳酸杆菌琼脂培养基试管,36℃下培养 24 h,作为每日接种管用于当日测定。

从每日接种管中接种一管乳酸杆菌肉汤培养基,36℃下培养 24 h 以活化菌种。在无菌条件下 3000 r/min 离心培养液 10 min,除去上清液。用 0.9% 生理盐水 10 mL 振荡洗涤菌体,3000 r/min 离心 10 min,除去上清液,再加入 0.9% 生理盐水 10 mL 振荡清洗。重复离心操作,除去上清液,再加入 0.9% 生理盐水 10 mL 混匀。吸取适量该菌悬液移入 0.9% 生理盐水 10 mL 中,混匀后制得测试菌液。

以 0.9% 生理盐水做对照,使用分光光度计在 550 nm 波长下,读取测试菌液的透光率,透光率值要求在 70% 左右。

样品制备:准确称取 2 g 乳粉,或者 5 g 液态乳制品,精确至 0.001 g,移入 250 mL 锥形瓶中,加入 20 mL 硫酸溶液 B 溶解样品,放入高压灭菌器中 121 ℃水解 30 min,取出冷却至室温。用氢氧化钠溶液 A 和氢氧化钠溶液 B 调节 pH 为 6.3,再用 0.1 mol/L 盐酸溶液调节 pH 为 4.5,加水定容至 100 mL,再经无灰滤纸过滤。吸取 25 mL 滤液移入 100 mL 烧杯中,用氢氧化钠标准滴定溶液调节 pH 为 6.8,移入 250 mL 容量瓶中定容至刻度线后混合均匀。

制作标准系列管:按表 7-3 顺序分别加入蒸馏水、烟酸标准工作溶液和烟酸测定用培养基至试管中,表 7-3 中每个标准点编号试管需制备 3 管。试管 S2 至 S7 中,相当于标准系列管中烟酸含量为 0 ng、100 ng、200 ng、300 ng、400 ng、500 ng。

表 7-3 标准系列管的制作

试管号	S1	S2	S3	S4	S5	S6	S7
蒸馏水(mL)	5	5	4	3	2	1	0
标准溶液(mL)	0	0	1	2	3	4	5
培养基(mL)	5	5	5	5	5	5	5

制作样品系列管:按表 7-4 顺序分别加入蒸馏水、样品和培养基至试管中,表 2 中每个标准编号试管需制备 3 管。

表 7-4 试样管的制作

试管号	Y1	Y2	Y3	Y4
蒸馏水(mL)	4	3	2	1
样品(mL)	1	2	3	4
培养基(mL)	5	5	5	5

灭菌:将全部标准系列管和样品系列管,塞好棉签,121℃下灭菌 5 min,迅速冷却至室温后备用。

接种:在无菌操作条件下,向上述每管中各加入一滴约 50 μL 的测试菌液,加盖后充分振荡混匀所有试管,标准曲线未接种的空白管 S1 除外。

酸度法培养:在 36℃下培养 72 h,未接种管若出现混浊,则本次检测无效。通过对每个试管进行目测检查,未接种试管内培养液应为澄清,标准系列管和样品系列管中培养液的浊度应有梯度。

光密度法培养:在 36℃培养 20 h。未接种管若混浊,则测定无效。通过对每个试管的目测检查,未接种试管内培养液应为澄清,标准曲线管和试样管中培养液的浊度应有梯度。

酸度法测定:用 10 mL 水将未接种空白管 S1 和接种空白管 S2 的培养物移入锥形瓶中,以溴麝香草酚蓝作为指示剂,或使用 pH 计以 6.8 作为滴定终点,使用氢氧化钠标准滴定溶液滴定标准系列管中未接种空白管 S1 和接种空白管 S2,记录好消耗的氢氧化钠标准滴定溶液体积。

用 10 mL 水将标准系列管和样品系列管中的培养物移入锥形瓶中,以溴麝香草酚蓝作指示剂,或使用 pH 计以 6.8 为滴定终点,采用氢氧化钠标准滴定溶液滴定标准系列管和样品系列管的培养物,记录好消耗的氢氧化钠标准滴定溶液体积。通常标准系列管 S7 消耗的氢氧化钠标准滴定溶液体积数约为 10 mL。

光密度法:以表 1 中试管号 S2 接种空白管作对照,取出最高浓度标准曲线管 S7,振荡 5 s,在波长 550 nm 条件下读取光密度值,继续重新培养 2 h,以同等条件重新测定该管的光密度值,如果两次光密度的绝对差结果小于 2 %,可取出全部检验管测定标准菌液和样品菌液的光密度值。

制作标准曲线:以标准系列管烟酸含量作横坐标,以消耗氢氧化钠标准滴定溶液的滴定体积数或光密度值为纵坐标制作标准曲线。

含量计算:按照每个样品管测定消耗的氢氧化钠标准滴定溶液的体积数或光密度值,从标准曲线中查得对应的烟酸含量。每一编号的三个样品管要求计算管中每毫升测定液烟酸的含量,并与其平均值相比较。相对偏差小于 12% 的试管为有效样品管,无效样品管应舍去,有效样品管总数应大于所有样品管总数的 2/3。重新计算每一编号的有效样品管中每毫升测定液烟酸含量的平均值,以此平均值计算全部号样品管的总平均值。样品管中烟酸含量低于 100 ng 或高于 500 ng 的值应舍去。

七、注意事项

保存氢氧化钠标准滴定溶液的容器要密封,防止二氧化碳渗透进入。烟酸标准储备液保存期为 3 个月,烟酸标准中间溶液保存期为 1 个月,生理盐水保存期为 5 d,烟酸标准工作液要求在临用前现配制。灭菌时要保证加热与冷却过程中条件均匀,灭菌锅中灭菌管数过多或距离太近都可产生不良影响。如果接种空白滴定反应消耗的氢氧化钠标准滴定溶液体积数高于未接种空白水平时，则此次测定结果无效。本实训在重复性条件下获得的两次独立测定结果的绝对差值不得超过算术平均值的12 %。

八、检测报告

以样品管中烟酸含量计算所得的总平均值，单位为纳克(ng)；稀释倍数；样品的质量或体积，单位为克(g)来设计方程，求解样品中烟酸含量，单位为微克每百克(μg/100 g)。以重复性条件下获得的两次独立测定结果的算术平均值表示，结果保留两位有效数字。

九、参考文献

1. 食品安全国家标准 婴幼儿食品和乳品中烟酸和烟酰胺的测定(GB 5413.15 - 2010)。

2. 董爽，马秋刚，贾如，等，微生物法测定饲料中烟酸含量[J]，中国畜牧杂志，2012,48(15):66 - 69。

3. 殷晓红，杨金宝，刘波，等，微生物法测定食品中的烟酸和烟酰胺[J]，中国乳品工业,2003,31(2):32 - 35。

第六节　乳粉中肌醇测定实训

一、基本知识

肌醇(Inositol)，又名肌糖，环己六醇，纤维醇(肌糖)，分子式为$C_6H_{12}O_6$，分子量为180.16。环己六醇在自然界存在有多个顺、反异构体，天然存在的异构体为顺 - 1,2,3,5 - 反 - 4,6 - 环己六醇。在80℃以上从水或乙酸中得到的肌醇为白色晶体，熔点253℃，密度1.752 克/cm^3(15℃)，味甜，溶于水和乙酸，无旋光性。

二、实训原理

利用葡萄汁酵母菌对肌醇的特异性和灵敏性，定量测定出乳粉样品中肌醇的含量。在含有除肌醇以外所有营养成分的培养基中，葡萄汁酵母菌的生长与肌醇含量呈线性关系，依据透光率与标准工作曲线进行比较，可计算出样品中肌醇的含量。

三、实训目的

掌握利用葡萄汁酵母菌检验乳粉中肌醇的实验技能。

四、实训材料与试剂

实验材料:葡萄汁酵母菌菌株(ATCC 9080),纯度大于99%的肌醇标准品(分子式 $C_6H_{12}O_6$),氯化钠(NaCl),氢氧化钠(NaOH),五氧化二磷(P_2O_5)干燥剂,直径为5 mm的玻璃珠,10 mL无菌吸管(0.1 mL刻度),200 mL锥形瓶,试管(18 mm × 180 mm),直径为90 mm的漏斗,直径为90 mm的定量滤纸,100 mL、250 mL、500 mL容量瓶,容量为5 mL的单刻度移液管。

麦芽浸粉琼脂培养基成分为:2.55 g麦芽糖,0.55 g糊精,0.47 g丙三醇,0.16 g蛋白胨,3 g琼脂,2000 mL蒸馏水,先用蒸馏水溶解将除琼脂以外的其他成分,在25℃下调节培养基pH为4.7,再加入琼脂,加热煮沸,使琼脂溶化。混合均匀后分装至试管中,每管加入10 mL培养基,121℃高压灭菌15 min后,摆成斜面备用。

肌醇测定培养基成分为:20 g葡萄糖,2 g柠檬酸钾,0.4 g柠檬酸,0.22 g磷酸二氢钾,0.17 g氯化钾,0.05 g硫酸镁,0.05 g氯化钙,10 mg硫酸锰,20 mg DL-色氨酸,20 mg L-胱氨酸,0.1 g L-异亮氨酸,0.1 g L-亮氨酸,0.1 g L-赖氨酸,40 mg L-蛋氨酸,40 mg DL-丙氨酸,0.12 g L-谷氨酸,0.1 g L-精氨酸,100 μg盐酸硫胺素,3 μg生物素,1 mg泛酸钙,0.2 mg盐酸吡哆醇,200 mL蒸馏水,将上述成分溶解于水中,25℃下调整培养基pH为5.2后备用。

9 g/L氯化钠溶液:准确称取4.5 g氯化钠溶解在500 mL水中,分装至具塞试管,每管加入10 mL氯化钠溶液,121℃灭菌15 min后备用。

1 mol/L盐酸溶液:准确量取8.2 mL盐酸溶于水中,冷却后定容至100 mL后混合均匀。

0.44 mol/L盐酸溶液:准确量取18.3 mL盐酸溶于水中,冷却后定容至500 mL后混合均匀。

600 g/L氢氧化钠溶液:准确称取60 g氢氧化钠溶解于水中,冷却后定容至100 mL后混合均匀。

1 mol/L氢氧化钠溶液:准确称取4 g氢氧化钠溶解于水中,冷却后定容至100 mL后混合均匀。

0.2 mg/mL肌醇标准储备液:肌醇标准品放入装有五氧化二磷的干燥器中干燥30 h以上,准确称取10 mg肌醇标准品,精确到0.001 g,用水充分溶解,移入50 mL棕色容量瓶中,加水定容至刻度线后混合均匀,贮存在4℃冰箱内。

10 μg/mL肌醇标准中间液:准确吸取2.5 mL肌醇标准贮备液,移入50 mL棕色容量瓶中,加水定容至刻度线后混合均匀,贮存在4℃冰箱内。

1 μg/mL、2 μg/mL肌醇标准工作液:吸取5 mL肌醇标准中间液两次,移入100 mL和50 mL棕色容量瓶中,加水定容至刻度线后混合均匀。

五、仪器使用

微生物实验室常规灭菌与培养设备,感量为 0.001 g 的电子分析天平,精度为 0.01的 pH 计,分光光度计,涡旋混合器,转速大于 2000 r/min 的离心机,恒温培养箱 (29℃ ±1℃),4℃冰箱,微量移液器及吸头,0 ~ 10 mL 瓶口分液器。振荡培养箱 (30℃ ±1℃,振荡速度约为 150 次/min)。

六、实训步骤

菌种复苏:将葡萄汁酵母菌株活化后接种到麦芽浸粉琼脂斜面培养基上,29℃下培养 20 h 后,再转接 2 代以增强活力,制成储备菌种,贮于 4℃冰箱内,保存期为 10 d。临用前接种至新的麦芽浸粉琼脂斜面培养基上。

制备接种菌悬液:在使用前一天将储备菌种转接至新配制的麦芽浸粉琼脂斜面培养基上,在 29℃ ±1℃下培养 20 h。用接种环刮取菌苔至一支装有 9 g/L 氯化钠灭菌溶液 10 mL 试管中。3000 r/min 离心 10 min 后,除去上清液,再加入 9 g/L 氯化钠灭菌溶液 10 mL,振荡混匀,再离心 10 min,反复清洗 3 次。吸取适量的此菌液移至装有 9 g/L 氯化钠灭菌溶液 10 mL 的试管内,制成接种菌悬液。以氯化钠溶液为空白,用分光光度计在 550 nm 波长下测定此接种菌悬液的透光率,调整加入的菌液量或者加入适量的氯化钠溶液使此菌悬液透光率约为 70 %。

样品提取:准确称取 1 g 乳粉样品,或者准确称取 10 g 液态乳样品,精确至 0.001 g,移入 250 mL 锥形瓶中,向乳粉样品中加入 0.44 mol/L 盐酸溶液 80 mL 后混匀,使乳品样品充分溶解,或者向液体乳样品加入 0.44 mol/L 盐酸溶液 80 mL 后混匀。

用铝箔纸覆盖三角瓶,在 125℃灭菌锅中水解 1 h,取出三角瓶后将其温度冷却至室温,加入 600 g/L 氢氧化钠溶液 2 mL 后冷却。用 1 mol/L 氢氧化钠溶液或 1 mol/L 盐酸溶液调节样液 pH 为 5.2,移入 250 mL 容量瓶内,定容至刻度线后混合均匀,过滤后收集滤液,调节该滤液的稀释度,使滤液作为待测液肌醇的浓度在 1 ~ 10 μg/mL 范围内。

制作标准系列管:按表 7 -5 顺序分别加入蒸馏水、肌醇标准工作液和肌醇测定培养基移入培养管中,表 7 -5 中每个标准点编号管需要制备三只试管。

表7-5 标准系列管的制作

试管号	S1	S2	S3	S4	S5	S6	S7	S8	S9	S10
蒸馏水(mL)	5	5	4	3	2	1	0	2	1	0
肌醇标准工作液 1 μg/mL(mL)	0	0	1	2	3	4	5	0	0	0
肌醇标准工作液 2 μg/mL(mL)	0	0	0	0	0	0	0	3	4	5
培养基(mL)	5	5	5	5	5	5	5	5	5	5

制作待测液:按表7-6顺序分别加入蒸馏水、待测液和肌醇测定培养基移入培养管中,表7-6中每个标准点编号管需要制备三只试管。

表7-6 待测液的制作

试管号	D1	D2	D3	D4
蒸馏水(mL)	4	3	2	1
待测液(mL)	1	2	3	4
培养基(mL)	5	5	5	5

灭菌:向每支培养管中加入一粒玻璃珠,盖好试管塞,121℃灭菌5 min。

接种:将灭菌后的培养管快速冷却到29℃以下,用移液器或滴管向上述培养管中分别滴加一滴约50 μL的接种菌悬液,但不要向标准系列管中的接种空白试管S1中滴加。

培养:将培养管固定在振荡培养箱内,以150次/min振荡,在29℃±1℃下振荡培养23 h。

测定:对每支试管实施目测检查,接种空白试管S1内培养液应为澄清,培养液若出现浑浊,则本次检测结果无效。从振荡培养箱内取出培养管,放入灭菌锅内以100℃保温5 min,使葡萄汁酵母菌停止生长。以接种空白试管S1作为空白,把分光光度计得透光率调至100%或吸光度A为零,读取接种空白试管S2的透光率或吸光度读数。再用接种空白试管S2作为空白,调节透光率为100%或吸光度A为零,依次读出其他每支试管的透光率或吸光度A。用涡旋混合器充分混合每一支试管后,立即将培养液移入比色皿内进行测定,波长范围为550~650 nm,待分光光度计读数稳定30 s后,读取透光率或吸光度A,注意每支试管的稳定时间要相同。以肌醇标准系列的浓度为横坐标,以透光率为纵坐标作标准曲线。根据样液的透光率,从标准曲线中查得此样液中肌醇的浓度,再根据稀释因子和称样量计算出样品中肌醇的含量,应舍去透光率超出标准系列管S3~S10范围的样液管。对于每个编号的样液试管,以每支试管的透光率计算每毫升该编号样液肌醇的浓度,再计算出乳粉样品中肌醇的含量。计算此编号待测液的肌醇浓度平均值,每支试管检测的此浓度不应超过其平均值的±12%,应舍去超出上述范围的检测数据。若符合上述要求的管数少于全部四个编号的样品液总管数的 2/3 时,意味着用于计算样品中肌醇含量的数据并不充分,此时需要重新检验。若符合要求的管数超过初始管数的 2/3 时,则需重新计算每一编号的有效样液管中每毫升样液中肌醇含量的平均值,以此平均值计算全部编号样品管的总平均值,用于计算乳粉样品中肌醇的含量。

七、注意事项

1 μg/mL、2 μg/mL 肌醇标准工作液工作液应每次使用前现配制。使用玻璃仪器前,应用活性剂对硬玻璃测定管和其他必要的玻璃器皿进行清洗,清洗后将玻璃仪器置于 210℃ 干热 2 h。可使用读取的透光率(T %)绘制标准曲线,也可使用读取吸光度(A)绘制标准曲线。本实训在重复性条件下获得两次独立检测结果的绝对差值不得超过其算术平均值的 12 %。

八、检测报告

以全部编号样液管的总平均值,单位为微克(μg);乳粉样品的质量,单位为克(g)来设计方程,求解乳粉样品中肌醇的含量,单位为毫克每百克(mg/100 g)。本实训以重复性条件下获的两次独立检测结果的算术平均值表示,结果应保留三位有效数字。

第二法 气相色谱法

一、基本知识

气相色谱法(Gas chromatography),是一种在有机化学中对易于挥发而不发生分解的化合物进行分离与分析的色谱技术。

二、实训原理

乳粉样品中的肌醇用水和乙醇提取后,由硅烷化试剂衍生,经正己烷提取,使用气相色谱分离,采用外标法定量分析肌醇的含量。

三、实训目的

掌握使用气相色谱外标法定量分析乳粉中肌醇含量的实验技能。

四、实训材料与试剂

实验材料:无水乙醇(C_2H_6O)、正己烷(C_6H_{14})、70% 乙醇、95% 乙醇、三甲基氯硅烷(C_3H_9ClSi)、六甲基二硅胺烷($C_6H_{19}NSi_2$)、N,N – 二甲基甲酰胺(C_3H_7NO),肌醇标准品的纯度应大于 99 %,带有螺纹盖的 25 mL 试管。

硅烷化试剂:分别准确吸三甲基氯硅烷 50 mL、六甲基二硅胺烷 100 mL 和 N,N –

二甲基甲酰胺 400 mL,利用超声波混匀,硅烷化试剂应在使用前现配制。

0.01 mg/mL 肌醇标准溶液:准确称取 0.1 g 肌醇标准品,精确至 0.001g,经由 105℃加热 2 h 后,将肌醇标准品溶入 25 mL 水至完全溶解,移入 100 mL 容量瓶内,再用 95% 乙醇定容至刻度线后混合均匀。取 1 mL 该溶液移入 100 mL 容量瓶内,用 70% 乙醇溶液定容至刻度线后混合均匀。

五、仪器使用

感量为 0.001 g 的电子分析天平,配有火焰离子化检测器的气相色谱仪,转速大于 5000 r/min 的离心机,旋转蒸发仪,超声波清洗器,恒温热水浴槽,烘箱。

六、实训步骤

样品处理:准确称取混合均匀后的乳粉 1 g,精确至 0.001 g,移入 50 mL 容量瓶内,加入 50℃水 10 mL 溶解乳粉样品;或者准确称取 12 g 液态乳制品,精确至 0.001 g,移入 50 mL 容量瓶内。上述样液经超声波提取 15 min,用乙醇定容至刻度后混匀。静置 30 min 后,取 10 mL 移入 15 mL 具塞塑料离心管内,以 5000 r/min 离心 10 min。取上清液 5 mL 移入旋转蒸发仪的浓缩瓶内。

干燥与衍生:向浓缩瓶中加入 10 mL 无水乙醇,在 80℃水浴条件下旋转浓缩至近干,再加入 5 mL 无水乙醇继续蒸发至干燥,将浓缩瓶置于 100℃烘箱内烘干 1 h。加入 10 mL 硅烷化试剂,超声波溶解 10 min,样液移入至 25 mL 的螺纹盖离心管内,放在 80℃水浴中进行衍生反应 80 min,期间每隔 20 min 取出离心管振荡一次,取出离心管冷却至室温。加入 5 mL 正己烷,振荡混合后静止分层。取 3 mL 上层液移入预先加少量无水硫酸钠的螺纹盖离心管内,振荡后以 5000 r/min 离心 10 min,制成样品测定液。

制备肌醇标准测定液:分别吸取 2 mL、4 mL、6 mL、8 mL、10 mL 肌醇标准溶液移入浓缩瓶内,按照以上样品干燥与衍生步骤操作。

气相色谱测定条件:色谱柱填料为 50% 氰丙基 – 甲基聚硅氧烷的毛细管柱(膜厚 =0.25 mm,柱长 =60 m,内径 =0.25 mm)。进样口温度设定为 280℃,检测器温度设定为 300℃,分流比设定为 10:1,进样量设定为 1.0 μL。升温至 120℃,以升温速率 10℃/min 升温到 190℃,保持 50 min;再以升温速率 10℃/min 升温至 220℃,保持 3 min。

制作标准曲线:分别将标准溶液测定液注入气相色谱仪内,用肌醇标准测定液的肌醇含量为横坐标,用测定得到的峰面积为纵坐标制作标准曲线。

样液测定:分别将样品测定液注入到气相色谱仪中,测定得到其峰面积,从标准曲线中查得样品测定液中的肌醇含量(mg)。

七、注意事项

无水乙醇要求浓缩并烘干至彻底干燥,若有残留水分将使下步硅烷化不能彻底进行。本实训在重复性条件下获得两次独立检测结果的绝对差值不得超过算术平均值的 8 %。

八、检测报告

从标准曲线中查得样品测定液的肌醇含量,单位为毫克(mg);乳粉样品的质量,单位为克(g);样品测定液所含肌醇换算成乳粉样品中所含肌醇的系数为 10 来设计方程,求解乳粉样品中的肌醇含量,单位为毫克每百克(mg/100 g)。以重复性条件下获得的两次独立测定结果的算术平均值表示,结果保留三位有效数字。

九、参考文献

1. 食品安全国家标准 婴幼儿食品和乳品中肌醇的测定(GB 5413.25 - 2010)。

2. 罗海英,冼燕萍,郭新东,奶粉中肌醇的气相色谱 - 质谱法测定[J],食品科学,2010,31(2):117 - 119。

3. 唐伟,池振明,孟召雷,等,利用粟酒裂殖酵母生长法定量测定肌醇浓度[J],食品与发酵工业,2003,3:54 - 58。

第七节　乳粉中果糖、葡萄糖、蔗糖、麦芽糖、乳糖测定实训

一、基本知识

果糖(fructose),分子式为 $C_6H_{12}O_6$,分子量为 180.16,是醇酮类单糖之一,是葡萄糖的同分异构体,它以游离状态大量存在于水果的浆汁和蜂蜜中。纯品为白色晶体或粉末,商品常带浅棕黄色,味很甜,是最甜的单糖,密度 1.6 g/cm^3,熔点 103℃ ~ 105℃(分解),易溶于水、乙醇和乙醚,无醛基而具有活性酮基,能发生银镜反应,氧化产物为羟基乙酸和三羟基丁酸,与石灰水可形成果糖钙沉淀,但通入二氧化碳又可复出果糖,可用作食物、营养剂和防腐剂。

葡萄糖(Glucose),又名右旋糖,系统命名为 (2R,3S,4R,5R) - 2,3,4,5,6 - 五羟基己醛,分子式为 $C_6H_{12}O_6$,分子量为 180.16,它是自然界分布最广泛的单糖。纯品为白色结晶或颗粒状粉末,味甜,甜度是蔗糖的 0.74 倍,1 g 溶于约 1 mL 水、约 60 mL 乙醇,其熔点为 83℃。葡萄糖含五个羟基,一个醛基,具有多元醇和醛的性质。

蔗糖(D(+) - Sucrose),又名白砂糖,化学式为 $C_{12}H_{22}O_{11}$,分子量为 342.3,纯品为白色或无色有甜味的固体,甜味仅次于果糖,具有旋光性,但无变旋。蔗糖由一分子葡萄糖和一分子果糖脱水形成,极易溶于水、苯胺、氮苯、乙酸乙酯、酒精与水的混合物。不溶于汽油、石油、无水酒精、$CHCl_3$、CCl_4,在水中的溶解度为 210 g(25℃),是一

183

种高溶解度的糖类,熔点为 186℃,溶于水,较难溶于乙醇。

麦芽糖(maltose),又名淀粉糖,饴糖,4 - O - α - D - 吡喃葡糖基 - D - 葡萄糖,化学式为 $C_{12}H_{22}O_{11} \cdot H_2O$,分子量为 360.32,纯品为无色结晶,味甜,甜度约为蔗糖的三分之一,溶于水,微溶于乙醇,几乎不溶于乙醚其相对密度为 1.54,熔点 102℃ ~ 103℃,比旋光度[α]20D + 111.7° → + 130.4°(c = 4,水中)。室温时在真空的硫酸或五氧化二磷干燥器中不会失去结晶水,能还原斐林氏溶液,能被许多酵母发酵。麦芽糖酶能将其水解成二分子 α - D - 葡萄糖。

乳糖(lactose),分子式为 $C_{12}H_{22}O_{11}$,分子量为 342.3,由一分子 β - D - 半乳糖和一分子 α - D - 葡萄糖在 β - 1,4 - 位形成糖苷键相连。乳糖为白色的结晶性颗粒或粉末,无臭,味微甜,甜度是蔗糖的 15%,比旋度为 + 52.0° 至 + 52.6°。乳糖在水中易溶,在乙醇、氯仿或乙醚中不溶。乳中 2% ~ 8% 的固体成分为乳糖。

二、实训原理

乳粉样品中果糖、葡萄糖、蔗糖、麦芽糖和乳糖经沉淀蛋白质和萃取脂肪后过滤,样液注入高效液相色谱仪中,经氨基色谱柱分离,使用示差折光检测器测定,外标法定量分析上述单糖和双糖的含量。

三、实训目的

掌握使用高效液相色谱测定外标法定量分析乳粉中果糖、葡萄糖、蔗糖、麦芽糖和乳糖含量的实验技能。

四、实训材料与试剂

实验材料:液相色谱级乙腈,石油醚(沸程为 35℃ ~ 55℃),果糖、葡萄糖、蔗糖、麦芽糖和乳糖标准品的纯度应大于 99%。

乙酸锌溶液:准确称取 10.9 g 乙酸锌,加入 3mL 冰乙酸,再加入水溶解并稀释至 100 mL 后混合均匀。

亚铁氰化钾溶液:准确称取 10.3 g 亚铁氰化钾,加入水溶解并稀释至 100 mL 后混合均匀。

20 mg/mL 糖标准储备液:分别准确称取 1 g 果糖、葡萄糖、蔗糖、麦芽糖、乳糖标准品,精确至 0.001g,经由 97℃ ±1℃ 干燥 2 h 后加入 50 g 水溶解并稀释定容至 50 mL 后混合均匀,每毫升溶液分别相当于 20 mg 果糖、葡萄糖、蔗糖、麦芽糖、乳糖。

糖标准工作液:准确吸取糖标准储备液 1.0 mL、2.0 mL、3.0 mL、4.0 mL、5.0 mL 移入 10 mL 容量瓶中,精确称量至 0.001 g,加水至刻度线后混合均匀,分别制备得到 2.0 mg/mL、4.0 mg/mL、6.0 mg/mL、10.0 mg/mL 浓度标准工作溶液。

五、仪器使用

配有示差折光检测器高效液相色谱仪,氨基色谱柱(粒径 = 5 μm,柱长 = 250 mm,内径 = 4.6 mm),磁力搅拌器,转速大于 4000 r/min 的离心机,感量为 0.001 g 的电子分析天平,超声波振荡器。

六、实训步骤

制备样品:选取具有代表性的乳粉 200 g,样品通过 2 mm 圆孔筛,移入密闭、洁净的容器内,标明样品标记。或者选取代表性液态乳制品 200 g,充分混匀后移入密闭、洁净的容器内,标明样品标记。

样品处理:准确称取脂肪含量小于 10% 的均质乳制品,精确至 0.001 g;乳制品含糖量 5% 以下时,准确称取 10 g 样品;乳制品含糖量在 5% ~ 10% 范围内时,准确称取 5 g 样品;乳制品含糖量 10% ~ 40% 范围内时,准确称取 2 g 样品;乳制品含糖量 40% 以上时,准确称取 0.5 g 样品。将上述样品移入 150 mL 带有磁力搅拌子的烧杯中,加入 50 g 水溶解,依次缓慢加入 5 mL 乙酸锌溶液和 5 mL 亚铁氰化钾溶液,再加入水至样液总质量为 100 g,精确至 0.001g,超声波提取或磁力搅拌 30 min,温度下降至室温后,使用干燥滤纸过滤,弃去初始滤液 10 mL,移取 2 mL 后续滤液,使用离心机或者 0.45 μm 微孔滤膜过滤泵制备清液,溶液移入样品瓶后等待利用高效液相色谱仪测定。

准确称取 1 g 高乳糖乳制品,精确至 0.001 g,溶解后移入 50 mL 容量瓶内,加水定容至刻度线后混合均匀,使用干燥滤纸过滤,弃去初始滤液 10 mL,移取 2 mL 后续滤液,使用离心机或者 0.45 μm 微孔滤膜过滤泵制备清液,溶液移入样品瓶后等待利用高效液相色谱仪测定。

吸取去除二氧化碳液态乳制品 50 mL,置于 100 mL 容量瓶内,依次缓慢加入 5 mL 乙酸锌溶液和 5 mL 亚铁氰化钾溶液,温度下降至室温后,用水定容至刻度线后混匀,静置 30 min,使用干燥滤纸过滤,弃去初始滤液 10 mL,移取 2 mL 后续滤液,使用离心机或者 0.45 μm 微孔滤膜过滤泵制备清液,溶液移入样品瓶后等待利用高效液相色谱仪测定。

称取脂肪含量大于 10% 的均匀干酪 5 g,精确至 0.001 g,移入 100 mL 具塞离心管中,加入 50 mL 石油醚后振摇 3 min,3000 r/min 离心 10 min,去除石油醚层,重复以上操作至除去大部分脂肪。蒸发残留的石油醚,用玻璃棒将干酪样品捣碎,将样品移入 150 mL 带有磁力搅拌子的烧杯中,用 50 mL 水分两次冲洗离心管,洗液并入 100 mL 容量瓶中,依次缓慢加入 5 mL 乙酸锌溶液和 5 mL 亚铁氰化钾溶液,再加水定容至刻度线后混匀,磁力搅拌或超声波提取 30 min,温度降至室温后,使用干燥滤纸过滤,弃去初始滤液 10 mL,移取 2 mL 后续滤液,使用离心机或者 0.45 μm 微孔滤膜过滤泵制

备清液,溶液移入样品瓶后等待利用高效液相色谱仪测定

液相色谱测定条件:流动相为乙腈 – 水溶液(85:15),柱温设定为40℃,流速设定为1.0 mL/min,进样体积设定为20 μL。

制作标准曲线:分别准确吸取 20 μL 标准工作液依次注入高效液相色谱仪内,在上述色谱条件下测定糖标准工作液试样的峰面积,以浓度为横坐标、峰面积为纵坐标,制作标准曲线。

样品测定:准确吸取 20 μL 样液注入高效液相色谱仪内,在上述色谱条件下测定样品溶液的峰面积。由标准曲线上查得样品溶液中果糖、葡萄糖、蔗糖、麦芽糖和乳糖的含量。

七、注意事项

糖标准贮备液密封保存在4℃下可贮藏 1 个月。本实训对同一样品独立进行测试获得两次独立检测结果的绝对差值不得超过算术平均值的 8%。

八、检测报告

以样液中糖的含量,单位为毫克每克(mg/g);水溶液总质量,单位为克(g)或毫克(mL);乳粉样品的质量,单位为克(g)或毫克(mL)来设计方程,求解乳粉样品中果糖、葡萄糖、蔗糖、麦芽糖、乳糖含量,单位以质量分数%表示。本实训平行检测结果用算术平均值表示,保留三位有效数字。

九、参考文献

1.食品中果糖、葡萄糖、蔗糖、麦芽糖、乳糖的测定 高效液相色谱法(GB/T 22221 –2008)。

2.孙懿琳,田辉,方伟,等,保加利亚乳杆菌关键糖代谢机制的研究[J],食品工业科技,2012,32(22):202 – 206。

3.莫海涛,余娟,谢彩锋,等,高效液相色谱法分析牛奶及含乳饮料中的糖分[J],食品工业科技,2007,28(8):229 – 234。

第八节 乳粉中叶黄素测定实训

一、基本知识

叶黄素(lutein),又名植物黄体素,化学名为3'3 – 二羟基 – α – 胡萝卜素,分子式为 $C_{40}H_{56}O_2$,分子量为568.85。纯品叶黄素为棱格状黄色晶体,有金属光泽,对光和氧不稳定,需贮存于阴凉干燥处,避光密封。其不溶于水,不溶于油脂和脂肪性

溶剂。

叶黄素在自然界中与玉米黄素共同存在,是构成玉米、蔬菜、水果、花卉等植物色素的主要组分,含于叶子的叶绿体中,可将吸收的光能传递给叶绿素 a,推测对光氧化、光破坏具有保护作用,也是构成人眼视网膜黄斑区域的主要色素。

二、实训原理

使用丙酮提取乳粉中的叶黄素,提取液经浓缩后使用高效液相色谱仪测定,采用外标法定量分析叶黄素含量。

三、实训目的

掌握使用高效液相色谱测定外标法定量分析乳粉中叶黄素含量的实验技能。

四、实训材料与试剂

实验材料:液相色谱级甲醇,液相色谱级甲基叔丁基醚,液相色谱级二氯甲烷,丙酮,2,6-二叔丁基对甲酚(BHT)的纯度应大于 99%,叶黄素标准品的纯度应大于 97%,0.22 μm 微孔滤膜。

0.1%BHT-丙酮溶液:准确称取 0.5 g BHT 移入 500 mL 容量瓶内,用丙酮溶解并定容至刻度线后混合均匀。

1 g/L 叶黄素标准储备溶液:称量 10 mg 叶黄素标准品,用二氯甲烷溶解,移入 10 mL 容量瓶中,用二氯甲烷定容至刻度线后充分混匀,此标准储备液应充氮避光保存,放在 -18℃冰箱中可保存 3 个月。

20 mg/L 叶黄素标准中间溶液:准确吸取 2 mL 叶黄素标准储备溶液移入 100 mL 容量瓶中,用甲醇定容至刻度线后充分混匀,配制成标准中间溶液。将叶黄素标准中间溶液分装在样品瓶中,此标准中间溶液应充氮避光保存,放在 -18℃冰箱中可保存 1 个月。

叶黄素系列标准工作溶液:根据高效液相色谱仪的灵敏度要求,用丙酮溶液将叶黄素标准中间溶液稀释成标准工作溶液,此叶黄素标准工作溶液应在使用前现配制。

五、仪器使用

配有紫外检测器的高效液相色谱仪,感量为 0.001 g 的电子分析天平,涡旋振荡器,氮气浓缩仪,转速大于 5000 r/min 的冷冻离心机,0.22 μm 微孔滤膜。

六、实训步骤

样品提取:准确称取乳粉 1 g,精确至 0.001 g,在避光条件下,加入 0.1%BHT-丙酮溶液 10 mL,振荡提取 5 min,再移入 50 mL 具塞塑料离心管中。在 4℃条件下以

5000 r/min 离心 5 min,移取上清液加入 15 mL 具塞塑料离心管中,在 30℃ 水浴条件下吹氮浓缩至体积小于 1 mL。再用丙酮溶液定容至 1 mL,在涡旋振荡器上避光振荡混匀 3 min,样液透过 0.22 μm 微孔滤膜,用液相色谱仪测定,外标法定量分析叶黄素含量。

液相色谱测定条件:C_{30} 色谱柱(粒径 = 5 μm,柱长 = 250 mm,内径 = 4.6 mm),柱温设定为 30℃,流速设定为 1.0 mL/min,检测波长设定为 445 nm,进样量设定为 50 μL,流动相为液相色谱级甲醇和液相色谱级甲基叔丁基醚。

高效液相色谱测定:将叶黄素系列标准工作溶液依次注入高效液相色谱仪内,以系列标准工作溶液的浓度为横坐标,以峰面积为纵坐标,制作叶黄素系列标准工作曲线。用叶黄素系列标准工作曲线对乳粉样品进行定量分析,样品溶液中叶黄素的响应值均要求在高效液相色谱仪测定的线性范围内。在最佳色谱条件下,叶黄素的参考保留时间约为 6 min。按照以上步骤,对同一乳粉样品进行平行实验检测,空白实验除不加标以外,都要按照以上分析步骤进行操作。

七、注意事项

乳粉样品应在常温下密封保存。本实训检测结果重复性和再现性的值以 95% 的可信度来计算。

八、检测报告

从系列标准工作曲线查得的样品溶液中叶黄素的浓度,单位为毫克每升(mg/L);样品溶液的定容体积,单位为毫升(mL);最终试样溶液所代表的乳粉样品质量,单位为克(g),利用外标法定量分析来设计方程,求解乳粉样品中叶黄素的含量,单位为毫克每千克(mg/kg),结果应扣除空白值。

九、参考文献

1. 奶粉中叶黄素的测定 液相色谱 – 紫外检测法(GB/T 23209 – 2008)。

2. 陈万勤,王瑾,黄丽英,等,高效液相色谱法同时测定配方乳粉中 7 种脂溶性维生素[J],分析科学学报,2013,29(1):109 – 113。

3. 黄菲菲;赵嘉胤,乳与乳制品中叶黄素的测定 – 高效液相色谱法[J],中国乳品工业,2010,38(6):54 – 56。

第九节　乳粉溶解性测定实训

第一法　不溶度指数的测定

一、基本知识

不溶度指数是指将乳粉复原为乳液,并进行离心分离,所得到沉淀物体积的毫升数。

二、实训原理

将乳粉样品加入至50℃或24℃水中,再利用特殊搅拌器将乳粉复原,静置一段时间后,将适量体积的复原乳移入具有刻度的离心管中,离心脱出上层液体,再加入与乳粉复原相同温度的水,将沉淀物再次悬浮,第二次离心后,读取形成的沉淀物体积。

三、实训目的

掌握测定乳粉溶解性不溶度指数的实验技能。

四、实训材料与试剂

实验材料:硅酮乳化液质量分数为30%的硅酮消泡剂,容量为 100 ± 0.5 mL(20℃)的塑料量筒,表面光滑的称样勺,光滑干净的取样纸,长度为 200 mm 的平勺,可刷去平勺或称样纸上的残留乳粉样品的刷子。

五、仪器使用

水浴锅的工作温度范围可设定为50.0℃±0.2℃或24.0℃±0.2℃,温度计可测定温度范围为50℃±0.1℃或24℃±0.1℃,感量为 0.01 g 的电子分析天平。

电动搅拌器:搅拌器轴配上有 16 个不锈钢叶片,叶片平的一面位于其下方,如果搅拌器的旋转方向为顺时针方向,则叶片应以从右向左向上角度倾斜。叶片之间行成30角,叶轮的圆周应为 8.73 mm。使用搅拌器一段时间后,上述叶片或叶轮尺寸可能会产生变化,要求定期检查和维护电动搅拌器的关键部件。当搅拌器固定好搅拌杯后,从叶片最低位到搅拌杯底之间距离即为搅拌器轴高度,其尺寸严格要求为 10 ± 1 mm,如果搅拌杯的深度为 132 mm,由搅拌杯的顶部到叶片最低位应为 122 ± 1 mm,从搅拌杯顶部到叶片最高位应为 115 ± 1 mm。叶轮要求位于搅拌杯的中央,如果向搅拌杯中移入24℃水 100 mL 进行混合测试时,接通搅拌器后,叶轮的固定转速要求在 5 s 之内达到3600 ± 100 r/min。叶轮的旋转方向要求为顺时针方向。注意使用电动测速仪周期性期检查叶轮在负载情况下的转速。对于非同步电动机,叶轮转速可以用速度指示器或调速器调整至 3600 ± 100 r/min,不能保证转速准确度的搅拌器尤为适用此方法。

玻璃搅拌杯:可与搅拌器配套使用的 500 mL 四叶型搅拌杯。

计时器:可分辨与显示 0 ~60 s 和 0 ~60 min。

电动离心机:配有速度显示器和垂直负载,配有适合于离心管并可以向外转动的套管,管底加速度要求为 160 g_n,并且在离心机上盖盖合时,温度保持为 20 ~23℃。

带橡胶塞的玻璃离心管:检查其表面标注的刻度线和刻度数清晰,"mL(20℃)"标记要求不得退色。20℃ 下,玻璃离心管的容量最大误差为:在 0.1 mL 处要求为 ±0.05 mL,0.1 ~1mL 处要求为 ±0.1mL;1 ~2 mL 处要求为 ±0.2 mL;2 ~5 mL 处要求为 ±0.3 mL;5 ~10 mL 处要求为 ±0.5 mL;在 10 mL 处要求为 ±1 mL。

与水泵相连的吸管或者虹吸管:可除去离心管中的上层液体,离心管的材质为玻璃,并且带有向上的、适于虹吸的 U 型管。

玻璃搅拌棒(长度 =250 mm,直径 =3.5 mm),可观察并读取沉淀物体积数的放大镜。

六、实训步骤

样品制备:测定前要求保证实验室内的乳粉样品在 20 ~23℃ 下至少保持 48 h,将各个样品中影响乳粉不溶度指数的因素在长时间稳定条件下趋向于一致。反复振荡和反转样品容器以混合乳粉样品。如果样品容器过满,则可将所有乳粉样品置于干燥清洁、密闭且不透明的大体积容器中,再反复振荡和反转样品容器以混合乳粉样品。应小心混合速溶乳粉,避免速溶乳粉样品颗粒变小。

搅拌杯温度调整:测定 50℃ 不溶度指数或 24℃ 不溶度指数时,分别把搅拌杯放入 50℃ 水浴或 24℃ 水浴调温一段时间,水位距离杯顶要近,调节搅拌杯的温度至 50.0 ± 0.2℃ 或者 24.0 ±0.2℃。

样品称取:全脂乳粉、部分脱脂乳粉和其他以全脂乳粉或部分脱脂乳粉为原料生产的乳粉称样量为 13 g;酪乳粉和脱脂乳粉的称样量为 10 g;乳清粉的称样量为 7 g,精确至 0.001 g。

样品测定:将搅拌杯迅速由水浴中取出,快速擦干搅拌杯外部的水分,使用量筒向搅拌杯中移入 50.0 ±0.1℃ 或 24 ±0.1℃ 的水 100 mL。向搅拌杯中滴入 3 滴硅酮消泡剂,再加入乳粉样品,也可以使用刷子将所有乳粉样品扫入水的表面。把搅拌杯置于搅拌器中固定好,开启搅拌器电源开关,混匀 2 min 后关闭电源开关。若搅拌器使用非同步电动机,并配有速度指示器或调速器时,可把叶轮在启动初始 5 s 内的转速调到 3600 ± 100 r/min,混匀 2 min 后关闭电源开关。搅拌杯从搅拌器取下时要停留几秒,等待叶片上的乳液流入搅拌杯中,将搅拌杯在 20 ~23℃ 下静置 10 min。

再向搅拌杯内的混合乳液滴入 3 滴硅酮消泡剂,使用平勺混合搅拌杯中液体,但不得混合过度,10 s 后再快速把混合液移入离心管中,将混合液定容至 50 mL 刻度线。再将离心管置于离心机内,注意保持离心管的重量平衡,启动离心机快速转动,使其离心管底部产生 160 g_n 的加速度,在 20 ~ 23℃下将离心管旋转 5 min。移除离心管,倾倒后用平勺刮除离心管内混合液上层脂肪类物质。用吸管或虹吸管除去竖直放置的离心管内上层液体,如果为滚筒干燥乳粉,要求吸至顶部液体与离心管 15 mL 刻度线重合,如果为喷雾干燥乳粉,要求吸至顶部液体与离心管与 10 mL 刻度线重合,注意不可搅动离心管内的不溶物。若滚筒干燥乳粉不溶物的体积已超过 15 mL,或者喷雾干燥乳粉不溶物的体积已超过 10 mL,均不需要进行以下实验操作,记录滚筒干燥乳粉的不溶度指数为" >15 mL",或者喷雾干燥乳粉的不溶度指数为" >10 mL",注意标明乳粉复原的温度参数,如果离心管内不溶物体积较少应按以下实验操作进行乳粉不溶度指数检测。

向离心管中加入 50℃或 24℃水,直到混合物液位与离心管 30 mL 刻度线重合,使用搅拌棒搅拌沉淀物,再将搅拌棒靠管壁,加入相同温度水,把搅拌棒上的液体冲下,直至混合物液位与离心管 50 mL 刻度处重合。

使用橡胶塞封好离心管,慢慢翻转离心管 6 次,充分混合离心管内物质,打开橡胶塞子,将橡胶塞底部靠至离心管的边缘处,收集附着在橡胶塞上面的液体,启动离心机快速转动,使其离心管底部产生 160 g_n 的加速度,在 20 ~ 23℃下将离心管旋转 5 min。竖直握好取出的离心管,在适当背景对照下,将眼睛与离心管内沉淀物顶部平齐,利用放大镜读取离心管内沉淀物的体积数。如果离心管内沉淀物体积小于 0.5 mL,读数可精确至 0.05 mL。如果离心管内沉淀物体积大于 0.5 mL,读数可精确至 0.1 mL。若离心管内沉淀物顶部出现倾斜,硬估算倾斜沉淀物的体积数。如果离心管内沉淀物的顶部不齐,将离心管竖直放置 5 min 左右,离心管沉淀物的顶部逐渐变平以便于读数,注意标明乳粉复原的温度参数。

七、注意事项

使用 24℃水复原喷雾干燥乳粉,使用 50℃水复原滚筒干燥乳粉,实训前需要检验硅酮消泡剂的适用性。检测结束后,离心管底部可见的硅酮液体要求小于 0.01 mL。复原温度是影响乳粉不溶度指数的重要因素,本实训使用温度计的准确度要符合标准规定。玻璃量筒比塑料量筒热容值大,向玻璃量筒中加入水后,量筒内混合液温度变化略大。

如果搅拌器的叶轮是逆时针方向旋转时,此类搅拌器的叶片为从左向右朝上角度倾斜,导致搅拌杯中混合液的运动方向与搅拌效果与使用顺时针转动叶轮时相同。搅拌轴的固定方式、搅拌轴与搅拌杯杯底部的距离,顺时针旋转叶轮与逆时针旋转叶轮的安装要求一致。

把离心管放入离心机中后,应使离心管刻度线的方向与离心机的旋转方向相同。离心结束后,容易估算沉淀物上部出现倾斜后的体积数。采用对照法观察离心管时,如果使用暗背景或者灯光,离心管内沉淀物的上部会更加醒目,方便读取体积数。

实训开始后应连续进行样品测试,实训过程中要严格遵守所有关于测试时间和样品温度的规定。乳粉不溶度指数测定实训有可能受到实验室环境温的影响,此项检验过程要求在温度为 20～23℃ 的实验室内完成。

本实训中有 10 min 的样液静置时间,若在 10 min 内,检测用的几个搅拌杯温度均已调节完成,并且已将乳粉样品称量结束,则可将这些乳粉作为一批样品进行同时测定。向置于 50℃ 或 24℃ 温度水浴中的搅拌杯内加入 100 mL 水,如果搅拌杯内的水温度稳定在标准温度值后,可水浴中取出一个搅拌杯,再依次准备其他搅拌杯,便于同时完成这批样品乳液的离心操作。

各试样量等于混合后 100 mL 水中样品的总固体含量,单位用混合物的质量分数表示,与原始液体中的总固体含量相近。

滴入 3 滴硅酮消泡剂对于混合过程中不能起泡的乳液,虽然是不必要的操作,但是考虑使全部样品的操作步骤相同,所有样品均应滴入 3 滴消泡剂。

同一分析人员使用相同检测仪器,在较短的时间间隔内,对同一乳粉样品所完成的两次单独检测结果之差不能超过两次测定结果的平均值的15%。

不同分析人员使用相同检测仪器,在较短的时间间隔内,对同一乳粉样品所完成的两次单独检测结果之差不能超过两次测定结果的平均值的33%。。

八、检测报告

乳粉样品的不溶度指数等于实训读取的离心管沉淀物体积的毫升数,同时要求明确报告乳粉复原时加入水的温度。

第二法　溶解度的测定

一、基本知识

溶解性(Solubility),在一定温度下,某固态物质在 100 g 溶剂中达到饱和状态时所溶解的质量,叫作这种物质在这种溶剂中的溶解度。

二、实训原理

每百克乳粉样品按规定过程溶解后,所有溶解部分的质量即为乳粉的溶解度。

三、实训目的

掌握测定乳粉溶解度的实验技能。

四、实训材料与试剂

实验材料:厚壁硬质离心管(50 mL),50 mL 烧杯,直径约为60 mm 的玻璃称量皿或铝制称量皿。

五、仪器使用

带有速度显示器的垂直负载电动离心机,配有适合于离心管并可向外转动的套管,离心管管底加速度为160 g_n,在离心机上盖盖合时,离心温度保持在20～23℃。

六、实训步骤

准确称取乳粉样品5 g,精确至0.001 g,移入50 mL 烧杯内,用30℃水38 mL分三次将乳粉溶解,移入50 mL 离心管后加塞盖好。把离心管放入30℃水浴中保温10 min,将取出离心管后摇匀2 min。放入离心机中,在离心管管底加速度为160 g_n条件下离心10 min,沉淀离心管内的不溶物,倾去管内上清液,再用棉棒仔细擦净离心管壁。

继续加入30℃水38 mL,盖塞后充分振荡,悬浮离心管内沉淀物。再置于离心机内离心10 min,除去上清液,用棉棒仔细擦净离心管壁。用少量水把离心管内沉淀物冲洗至已知质量的称量皿内,在沸水浴上将称量皿中水分蒸干,再置于100℃烘箱内加热至恒重,称量皿最后两次的质量差小于0.002 g。

七、注意事项

本实训在重复性条件下完成两次独立测定结果的绝对差值不应超过两者算术平均值的2％。

八、检测报告

以乳粉样品的质量,单位为克(g);称量皿的质量,单位为克(g);称量皿和不溶物干燥后的质量,单位为克(g);乳粉样品的水分,单位为克每百克(g/100g),设计方程求解乳粉样品溶解度,单位为克每百克(g/100g),加糖乳粉计算时应扣除其含糖量。

九、参考文献

1. 食品安全国家标准 婴幼儿食品和乳品溶解性的测定(GB 5413.29－2010)。

2. 任国谱,余兵,彭灿,等, 高蛋白肽奶粉的制备工艺研究[J],食品科技,2010,2:73－75,79。

3. 闫序东,王彩云,云战友,等,α－乳白蛋白提取工艺研究及副产物功能性质评价[J],食品工业科技,2011,32(6):253－256。

第十节　乳粉中系列黄曲霉毒素测定实训

一、基本知识

黄曲霉毒素,是一组化学结构类似的化合物,目前已分离鉴定出 12 种,包括 B_1、B_2、G_1、G_2、M_1、M_2、P_1、Q、H_1、GM、B_{2a} 和毒醇。黄曲霉毒素的相对分子量为 312~346,难溶于水,易溶于油、甲醇丙酮和氯仿等有机溶剂,但不溶于石油醚己烷和乙醚中,一般在中性溶液中较稳定,但在强酸性溶液中稍有分解,在 $pH = 9~10$ 的强碱溶液中分解迅速。其纯品为无色结晶,耐高温黄曲霉毒素 B_1 的分解温度为 268℃,紫外线对低浓度黄曲霉毒素有一定的破坏性。黄曲霉毒素的基本结构为二呋喃环和香豆素,B_1 是二氢呋喃氧杂萘邻酮的衍生物,即含有一个双呋喃环和一个氧杂萘邻酮(香豆素),为毒性及致癌性最强的物质。M_1 是黄曲霉毒素 B_1 在体内经过羟化而衍生成的代谢产物。黄曲霉毒素其中 M_1 和 M_2 主要存在于牛奶中。

二、实训原理

乳粉样品经溶解、离心过滤后,将乳粉复原样液经过免疫亲和柱时,作为抗原的黄曲霉毒素 B_1、B_2、G_1、G_2、M_1、M_2 与黄曲霉毒素特异性抗体选择性地键合,使用甲醇 – 乙腈混合溶液洗脱此抗原 – 抗体复合体,利用配有荧光检测器的高效液相色谱仪由柱后衍生法测定,采用外标法定量分析系列黄曲霉毒素的含量。

三、实训目的

掌握使用液相色谱 – 荧光检测外标法定量分析乳粉中黄曲霉毒素 B_1、B_2、G_1、G_2、M_1、M_2 含量的实验技能。

四、实训材料与试剂

实验材料:液相色谱级甲醇、液相色谱级乙腈、过溴化溴化吡啶,0.22 μm 尼龙滤膜。

甲醇 – 乙腈混合溶液(4∶5):准确吸取 20 mL 甲醇,加入 25 mL 乙腈后混合均匀。

过溴化溴化吡啶柱后衍生液:准确称取 12.5 mg 过溴化溴化吡啶,溶解于 250 mL 水中,用 0.22 μm 的尼龙滤膜过滤,柱后衍生液置于 4℃冰箱内避光保存。

60 μg/mL 系列黄曲霉毒素标准储备溶液:把黄曲霉毒素 B_1、B_2、G_1、G_2、M_1、M_2 标准品,分别用甲醇配制成 60 μg/mL 的标准储备液。

系列黄曲霉毒素混合标准工作液:依据测试需要,用流动相将黄曲霉毒素 B_1、B_2、

G_1、G_2、M_1、M_2稀释成适合浓度的混合标准工作溶液,混合标准工作溶液要求使用前现配制。

免疫亲和柱:要求含有黄曲霉毒素 B_1、B_2、G_1、G_2、M_1、M_2 的抗体,此免疫亲和柱的最大系列黄曲霉毒素容量应高于 100 ng,该容量相当于 2 μg/L 样液 50 mL。

五、仪器使用

带柱后衍生系统的液相色谱仪(配有荧光检测器),感量为 0.0001 g 和 0.01 g 的电子分析天平,水浴(50℃±1℃),转速大于 8000 r/min 的离心机,空气压力泵,涡旋混合器,孔径为 1.5 μm 的玻璃纤维滤纸,50 mL 具塞塑料离心管,10 mL 玻璃注射器,10 mL 玻璃刻度试管。

六、实训步骤

样品提取:准确称取 2 g 乳粉样品,精确至 0.001 g,移入 50 mL 具塞塑料离心管内。把 50℃水 20 mL 边加入离心管边振摇至乳粉充分溶解,使用涡旋混合器振荡 2 min 以混合均匀。如果乳粉不能充分溶解,可把离心管置于 50℃水浴条件下一边加热一边缓慢混匀。把乳粉复原液冷却至室温后,以 8000 r/min 离心 10 min,再使用玻璃纤维滤纸过滤,滤液待净化使用。准确称取 20 g 液态乳样品,精确至 0.001 g,移入 50 mL 具塞塑料离心管内,以 8000 r/min 离心 10 min,使用孔径为 1.5 μm 的玻璃纤维滤纸过滤,滤液待净化使用。

净化:把以上所有滤液移入 10 mL 玻璃注射器内,调整空气压力泵控制样液以 2 mL/min 的稳定流速通过免疫亲和柱,并使 3 mL 空气通过亲和柱体。再向注射器内移入 10 mL 水,以 2 mL/min 的稳定流速洗涤免疫亲和柱,弃去所有流出液,直至 3 mL 空气通过亲和柱体。准确将 1 mL 甲醇 - 乙腈混合溶液(4:5)加入至注射器内,以 2 mL/min 的稳定流速将亲和柱上的黄曲霉毒素 B_1、B_2、G_1、G_2、M_1、M_2 洗脱出柱,收集所有洗脱液移入玻璃刻度试管内,加入水定容至 2 mL。再利用旋涡混合器振荡 2 min,通过 0.45 μm 尼龙滤膜,滤液待高效液相色谱测定。

液相色谱测定条件:C_{18} 色谱柱(填料粒径 = 5.0 μm,柱长 = 250 mm,柱内径 = 4.6 mm),流动相为水 - 甲醇 - 乙腈混合溶液(11:4:5);流动相流速设定为 1.0 mL/min,柱后衍生液流速设定为 0.8 mL/min,柱后衍生反应器温度设定为 40℃;柱温设定为 40℃;荧光检测器波长设定为 360 nm,发射波长设定为 440 nm;进样量设定为 100 μL。

液相色谱测定:依据样液中黄曲霉毒素 B_1、B_2、G_1、G_2、M_1、M_2 的含量情况,选择浓度相近的黄曲霉毒素混合标准工作液,混合标准工作液中黄曲霉毒素的响应值应在高效液相色谱仪检测的线性范围内。对黄曲霉毒素混合标准工作液和样液等体积参插上样测定。在最佳色谱条件下,黄曲霉毒素 B_1、B_2、G_1、G_2、M_1、M_2 的参考保留时间分别约为 7 min、8 min、9 min、10 min、11 min、13 min。平行实验按上述操作实施,对同一样品进行平行实验检测。空白实验除不称取样品外,其余均按照上述过程同时完成。

七、注意事项

黄曲霉毒素 B_1、B_2、G_1、G_2、M_1、M_2 标准品的纯度应大于98%。乳粉样品要求常温避光保存,液态乳制品应置于4℃冰箱内避光保存,实训前将液态乳制品从冰箱中取出,放置温度升至室温后摇匀备用。60 μg/mL 系列黄曲霉毒素标准储备溶液应在4℃冰箱内避光保存。本实训检测结果的重复性和再现性的值以95%的可信度来计算。

八、检测报告

从标准工作曲线上查得的被测组分溶液浓度,单位为纳克每毫升(ng/mL);样品溶液的定容体积,单位为毫升(mL);试样溶液所代表的样品质量,单位为克(g)来设计方程,求解乳粉样品中每种黄曲霉毒素含量,单位为微克每千克(μg/kg),检测结果应扣除空白值。

九、参考文献

1. 牛奶和奶粉中黄曲霉毒素 B_1、B_2、G_1、G_2、M_1、M_2 的测定 液相色谱 – 荧光检测法(GB/T 23212 – 2008)。

2. 任贝贝,液相色谱串联质谱法对食品中霉菌毒素的检测研究[D],石家庄:河北师范大学,2013。

3. 张国梁,HPLC 法检测干酪中黄曲霉毒素 M_1 及生物胺 [D],哈尔滨:东北农业大学,2013。

第八章
感官评价实训基本要求

第一节　食品感官评定分析的基本术语

一、范围

适用于所有使用感觉器官评价食品的行业。

二、一般性术语

1. 感官分析(sensory analysis):用感觉器官检验产品感官特性的科学。

2. 感官的(sensory):与使用感觉有关的,例如个人经验。

3. 特性(attribute):可感知的特征。

4. 感官特性的(organoleptic):与用感觉器官感知的特性(即产品的感宫特性)有关的。

5. 评价员(sensory assessor):参加感官分析的人员。

注1:准评价员(naive assessor)是尚不符合特定准则的人员。

注2:初级评价员(initiated assessor)是已参加过感官检验的人员,

6. 优选评价员(selected assessor):挑选出的具有较强感官分析能力的评价员。

7. 专家(expert):根据自己的知识或经验,在相关领域中有能力给出感官分析结论的评价员。在感官分析中,有两种类型的专家,即专家评价员和专业专家评价员。

8. 专家评价员(expert sensory assessor):具有高度的感官敏感性、经过广泛的训练并具有丰富的感官分析方法经验,能够对所涉及领域内的各种产品做出一致的、可重复的感官评价的优选评价员。

9. 评价小组(sensory panel):参加感官分析的评价员组成的小组。

10. 小组培训(panel training):评价特定产品时,由评价小组完成的、且评价员定向参加的评价任务的系列培训活功,培训内容可能包括相关产品特性、标准评价标度、评价技术和术语。

11. 小组一致性(panel consensus):评价员之间在评价产品特性术语和强度时形成的一致性。

12. 消费者(consumer):产品使用者。

13. 品尝员(taster):主要用嘴评价食品感官特性的评价员、优选评价员或专家。

注:常被术语"评价员(assessor)"代替。

14. 品尝(tasting):在嘴中对食品进行的感官评价。

15. 产品(product):可通过感官分析进行评价的可食用的或其他物质。例如:食品、化妆品、纺织品。

16. 样品(sample):产品样品 sample of product,用于做评价的样品或一部分产品。

17. 被检样品(test sample):被检验样品的一部分。

18. 被检部分(test portion):直接提交评价员检验的那部分被检样品。

19. 参照值(reference point):与被评价的样品对比的选择值(一个或几个特性值,或某产品的值)。

20. 对照样品(control sample):选择用作参照值的被检样品。所有其他样品都与其作比较。

注:样品可以被确定为对照样品,也可以作为盲样。

21. 参比样品(reference sample):认真挑选出来的,用于定义或阐明一个特性或一个给定特性的某一特定水平的刺激或物质。有时本身不是被检材料,所有其他样品都与其作比较。

22. 喜好的(hedonic):与喜欢或不喜欢有关的。

23. 可接受性(acceptability):总体上或在特殊感官特性卜对刺激喜爱或不喜爱的程度。

24. 偏爱(preference):评价员依据喜好标准,从指定样品组中对一种刺激或产品做出的偏向性选择。

25. 厌恶(aversion):由某种刺激引起的令人讨厌的感觉。

26. 区别(discrimination):定性和(或)定量鉴别两种或多种刺激的行为。

27. 区别能力(discriminating ability):感知定量和(或)定性的差异的敏感性、敏锐性和(或)能力。

28. 食欲(appetite):食用和(或)饮用欲望所呈现的生理和心理状态.

29. 开胃的(appetizing):描述产品能增进食欲。

30. 可口性(palatability):令人喜爱食用或饮用的产品特性。

31. 心理物理学(psychophysics):研究可测量刺激和相应感官反应之间关系的学科。

32. 嗅觉测量(olfactometry):对评价员嗅觉刺激反应的测量。

注:针对评价员的嗅觉。

33. 嗅觉测量仪(olfactometer):在可再现条件下向评价员提供嗅觉刺激的仪器。

34. 气味测量(odorimetry):对物质气味特性的测量。

注:针对产品的气味。

35. 气味物质(odorant):其挥发性成分能被嗅觉器官(包括神经)感知的物质。

36. 质量(quality):反映产品、过权或服务能满足明确或隐含需要的特性总和。

37. 质量要素(quality factor):从评价某产品整体质量的诸要素中所挑选的一个特性或特征。

38. 态度(attitude):以特定的方式对一系列目标或观念的反应倾向。

39. 咀嚼(mastication):用牙齿咬、磨碎和粉碎的动作。

三、与感觉相关的术语

1. 感受器(receptor):能对某种刺激产生反应的感觉器官的特定部分。

2. 刺激(stimulus):能激发感受器的因素。

3. 知觉(perception):单一或多种感官刺激效应所形成的意识。

4. 感觉(sensation):感官刺激引起的心理生理反应。

5. 敏感性(sensitivity):用感觉器官感知、识别和(或)定性或定量区别一种或多种刺激的能力。

6. 感官适应(sensory adaptation):由于受连续的和(或)重复刺激而使感觉器官的敏感性暂时改变。

7. 感官疲劳(sensory fatigue):敏感性降低的感官适应状况。

8. (感觉)强度(intensity):感觉强度,感知到的感觉的大小。

9. (刺激)强度(intensity):刺激强度,引起可感知感觉的刺激的大小。

10. 敏锐性(acuity):辨别刺激间细小差别的能力。

11. 感觉道(modality;sensory modality):由任何一个感官系统介导形成的感觉。如听觉道、味觉道、嗅觉道、触觉道、体觉道或视觉道等。

12. 味道(taste):在某可溶物质刺激下,味觉器官感知的感觉。

注1:该术语不用于以风味妙表示的味感、嗅感和三叉神经感的复合感觉。

注2:如果该术一屠被非正式地用于这种含义,它总是与某种修饰词连用。例如发霉的味道、覆盆子的味道、软木塞的味道等。

13. 味觉的(gustatory):与味觉官能有关的。

14. 嗅觉的(olfactory):与气味感觉有关的。

15. 嗅(smell):感受或试图感受某种气味。

16. 触觉(touch):触觉的官能。

17. 视觉(vision):视觉的官能。

18. 听觉的(auditory):与听觉官能有关的。

19. 三叉神经感(trigeminal sensations)、口鼻物质刺感(oro‐nasal chemesthesis)：化学刺激在口、鼻或咽喉中引起的刺激性感觉。例如：山葵引起的刺激性感觉。

20. 皮肤触感(cutaneous sense)、触觉的(tactile)：由皮肤内或皮下(或黏膜内)感受器引起的任一感觉。如接触感、压力感、热感、冷感和痛感。

21. 化学温度觉(chemothermal sensation)：由特定物质引起的冷、热感觉，与该特定物质的温度无关。例如：对辣椒素产生的热感觉，对薄荷醇产生的冷感觉。

22. 体觉(somesthesis)：由位于皮肤、嘴唇、门腔黏膜、舌头、牙周膜内的感受器感知到的压力感(由接触引起的)、温感和痛感。

注：不要和动觉混淆。

23. 触觉体觉感受器(tactile somesthetic receptor)：位于舌头、口腔或咽喉皮肤内，可感知食品外观儿何特性的感受器。

24. 动觉(kinaesthesis)：由位于肌肉、肌腱和关节中的神经和器官感知的身体某部位的方位感、动作感及张力感。

注：不要和体觉混淆。

25. 刺激阈(stimulus threshold)、觉察阈(detection threshold)：引起感觉所需要的感官刺激的最小值。

注：不需要对感觉加以识别。

26. 识别阈(recognition threshold)：刺激的最小物理强度，该刺激每次提供时评价员可给出相同的描述词。

27. 差别阈(difference threshold)：可感知到的刺激物理强度差别的最小值。

注：差别阈有时可用字母"DL"(差别阈限，difference limen)或"JND"(恰可识别差，just noticeable difference)来表示。

28. 极限阈(terminal threshold)：一种强烈感官刺激的最小值，超过此值就不能感知刺激强度的差别。

29. 阈下的(sub‐threshold)：低于所指阈的刺激强度。

30. 阈上的(supra‐threshold)：超过所指阈的刺激强度。

31. 味觉缺失(ageusia)：对味道刺激缺乏敏感性。

注：味觉缺失可能是全部的或部分的、永久的或暂时的。

32. 嗅觉缺失(anosmia)：对嗅觉刺激缺乏敏感性。

注：嗅觉缺失可能是全部的或部分的、永久的或暂时的。

33. 色觉障碍(dyschromatopsia)：与标准观察者比较有显著差异的颜色视觉缺陷。

34. 色盲(colour blindness)：区分特定色彩的能力完全或部分缺失。

35. 拮抗效应(antagonism)：两种或多种刺激的联合作用。它导致感觉水平低于预期的各自刺激效应的叠加。

36. 协同效应(synergism)：两种或多种刺激的联合作用。它导致感觉水平超过预期的各自刺激效应的叠加。

37. 掩蔽(masking):混合特性中一种特性掩盖另一种或几种特性的现象。

38. 对比效应(contrast effect):提高了对两个同时或连续刺激的差别的反应。

39. 收效效应(convergence effect):降低了对两个同时或连续刺激的差别的反应。

四、与感官特性有关的术语

1. 外观(appearance):物质或物体的所有可见特性。

2. 基本味道(basis taste):独特味道的任何一种:酸味/复合酸味、苦味、咸味、甜味、鲜味、其他基本味道(包括碱味和金属味)。

3. 酸味(acidity;acid taste):由某些酸性物质(例如柠檬酸、酒石酸等)的稀水溶液产生的一种基本味道。

4. 复合酸味(sourness;sour taste):由于有机酸的存在而产生的味觉的复合感觉。

注1:某些语言中,复合酸味与酸味不是同义词。

注2:有时复合酸味含有不好的感觉。

5. 苦味(bitterness;bitter taste):由某些物质(例如奎宁、咖啡因等)的稀水溶液产生的一种基本味道。

6. 咸味(saltiness;salty taste):由某些物质(例如氯化钠)的稀水溶液产生一种基本味道。

7. 甜味(sweetness;sweet taste):由天然或人造物质(例如蔗糖或阿斯巴甜)的稀水溶液产生的一种基本味道。

8. 碱味(alkalinity;alkaline taste):由 pH > 7.0 的碱性物质(如氢氧化钠)的稀水溶液产生的味道。

9. 鲜味(umami):由特定种类的氨基酸或核苷酸(如谷氨酸钠、肌甘酸二钠)的水溶液产生的基本味道。

10. 涩味(astringency)、涩味的(astringent):由某些物质(例如柿单宁、黑刺李单宁)产生的使口腔皮层或黏膜表面收缩、拉紧或起皱的一种复合感觉。

11. 化学效应(chemical effect)与某物质(如苏打水)接触,舌头上产生的刺痛样化学感觉。

注1:该感觉可能缓慢消失,且与该物质的温度、味道和气味无关。

注2:常用术语:苦浓的(浓茶)astringent,灼热的(威士忌酒)burning,尖刺的(李子汁)sharp,刺激性的(山葵)pun - geat。

12. 灼热的(burning)、温暖的(wrarming):描述口腔中的热感觉。例如乙醇产生温暖感觉、辣椒产生灼热感觉。

13. 刺激性(pungency)、刺激性的(pungent):醋、芥末、山葵等刺激口腔和鼻黏膜并引起的强烈感觉。

14. 化学冷感(chemical cooling):由某些物质(如薄荷醇、薄荷、茴香)引起的降温感觉。

注:刺激撤销后,该感觉通常会持续片刻。

15. 物理冷感(physical cling):由低温物质或溶解时吸热物质(如山梨醇)或易挥发物质(如丙酮、乙醇)引起的降温感觉。

注:该感觉仅存在于与刺激直接接触时。

16. 化学热感(chemical heat):由诸如辣椒素、辣椒等物质引起的升温感觉。

注:刺激撤销后,该感觉通常会持续片刻。

17. 物理热感(physical heat):接触高温物质(如温度高于48℃的水)时引起的升温感觉。

注:该感觉仅存在于与刺激直接接触时。

18. 气味(odour):嗅某些挥发性物质时,嗅觉器官所感受到的感官特性。

19. 异常气味(off - odour):通常与产品腐败变质或转化作用有关的一种非正常气味。

20. 风味(flavour):品尝过程中感知到的嗅感、味感和三叉神经感的复合感觉。

注:它可能受触觉、温度、痛觉和(或)动觉效应的影响。

21. 异常风味(off - flavour):通常与产品的腐败变质或转化作用有关的一种非正常风味。

22. 风味增强剂(flavour enhancer):一种能使某种产品的风味增强而本身又不具有这种风味的物质。

23. 战染(taint):与该产品无关,由外部污染产生的气味或味道。

24. 芳香(aroma):(英语或非正式法语)一种带有愉快或不愉快的气味。

25. 芳香(aroma):(法语)品尝时鼻子后部的嗅觉器官感知的感官特性。

26. 酒香(bouquet):用以刻画产品(葡萄酒、烈性酒等)的特殊嗅觉特征群。

27. 主体(body):产品的稠度、质地的致密性、丰满度、浓郁度、风味或构造。

28. 特征(note):可区别和可识别的气味或风味特色。

29. 异常特征(off - note):通常与产品的腐败变质或转化作用有关的一种非正常特征。

30. 个性特征(character note):食品中可感知的感官特性,即风味和质地(包括机械、几何、脂肪和水分等质地特性)。

31. 色感(colour):由不同波长的光线对视网膜的刺激而产生的色泽、亮度、明度等感觉。

32. 颜色(colour):能引起颜色感觉的产品特性。

33. 色泽(hue):与波长的变化相应的颜色特性。

注:相对应的孟塞尔术语为"色调"。

34. 亮度(saturation)：表明颜色纯度的色度学尺度。

注1：亮度高时呈现出的颜色为单一色泽，没有灰色；亮度低时呈现出的颜色包含大量灰色。

注2：相对应的孟塞尔术语为"色度"。

35. 明度(lightness)：与一种从纯黑到纯白的序列标度中的中灰色相比较得到的视觉亮度。

注：相对应的孟塞尔术语为"明度(value)"。

36. 对比度(brightness contrast)：周围物体或颜色的亮度对某个物体或颜色的视觉亮度的影响。

37. 透明度(transparency)、透明的(transparent)：可使光线通过并出现清晰映像。

38. 半透明度(translucency)、半透明的(translucent)：可使光通过但无法辨别出映像。

39. 不透明度(opacity)、不透明的(opaque)：不能使光线通过。

40. 光泽度(gloss)：有光泽的(glossy；shiny)：表面在某一角度反射出光能最强时呈现的一种发光特性。

41. 质地(texture)：口中从咬第一口到完成吞咽的过程中，由动觉和体觉感应器，以及在适当条件下视觉及听觉感受器感知到的所有机械的几何的、表面的和上体的产品特性。

注1：整个咀嚼过程中、物质与牙齿、膛接触以及与唾液混合时，形体变化影响感知能力。听觉信息有助于对产品尤其是干制产品的质地进行判断。

注2：机械特性与对产品压迫产生的反应(硬性、黏性、弹性、黏附性)有关。几何特性与产品大小、形状及产品巾微拉排列(密度、粒度和构造)有关。表面特性与在口中产品表皮内或表皮周围水分和脂肪含量引起的感觉有关。主体特性与在口中产品构造中的水分和(或)脂肪含量，以及它们释放方式引起感觉有关。

42. 硬性(hardness)：与使产品达到变形、穿透或碎裂所需力有关的机械质地特性。

注1：在口中，通过牙齿间(固体)或舌头与上腭间(半固体)对产品的压迫而感知的。

注2：不同程度硬性相关的主要形容词有：

—柔软的 soft(低度)，例如奶油乳酪；

—结实的 firm(中度)，例如橄榄；

—硬的 hard(高度)，例如硬糖块。

43. 黏聚性(cohesiveness)：与物质断裂前的变形程度有关的机械质地特性。它包括碎裂性，咀嚼性和胶黏性。

44. 碎裂性(fracturability)：与粘聚性、硬性和粉碎产品所需力量有关的机械质地特性。

注1：可通过在门齿间（前门牙）或手指间的快速挤压来评价。

注2：与不同程度碎裂性相关的主要形容词有：

—粘聚性的 cohesive（超低度），例如焦糖（太妃糖）、口香糖；

—易碎的 crutrnbly（低度），例如玉米脆皮松饼蛋糕；

—易裂的 crunchy（中度），例如苹果、生胡萝卜；

—脆的 brittle（高度），例如松脆花生薄片糖、带白兰地酒味的薄脆饼；

—松脆的 crispy（高度），例如炸马铃薯片、玉米片；

—有硬壳的 crusty（高度），例如新鲜法式面包的外皮；

—粉碎的 pulverulent（超高度），一咬立即碎成粉末，例如烹煮过度的鸡蛋黄。

45. 咀嚼性（chewiness）：与咀嚼固体产品至可被吞咽所需的能量有关的机械质地特性。

注：与不同程度咀嚼性柑关的主要形容词有：

—融化的 melting（超低度），例如冰淇淋；

—嫩的 tender（低度），例如嫩豌豆；

—有咬劲的 chewy（中度），例如果汁软糖（糠果类）；

—坚韧的 tough（高度），例如老牛肉、腊肉皮。

46. 咀嚼次数（chew count）：产品被咀嚼至可被吞咽稠度所需要的咀嚼次数。

47. 胶黏性（gnmminess）：与柔软产品的黏聚性有关的机械质地特性。

注1：它与在嘴中将产品磨碎至易吞咽状态所需的力量有关。

注2：与不同程度胶黏性相关的，主要形容词有：

—松脆的 short（低度），例如脆饼；

—粉质的、粉状的 mealy（中度），例如某种马铃薯，炒干的扁豆；

—糊状的 peaty（中度），例如栗子泥，面糊；

—胶黏的 gummy（高度），例如煮过火的燕麦片、食用明胶。

48. 黏性（viscosity）：与抗流动性有关的机械质地特性。

注1：它与将勺中液体吸到舌头上或将它展开所需力量有关。

注2：与不同程度黏性相关的形容词主要有：

—流动的 fluid（低度），例如水；

—稀薄的 thin（中度），例如橄榄油；

—滑腻的 unctuous/creamy（中度），例如二次分离的稀奶油、浓缩奶油；

—黏的 thick/viscous（超高度），例如甜炼乳、蜂蜜。

49. 稠度（consistency）：由刺激触觉或视觉感受器而觉察到的机械特性。

50. 弹性（elasticity；springiness；resilience）：与变形恢复速度有关的机械质地特性，
以及与解除形变压力后变形物质恢复原状的程度有关的机械质地特性。

注:与不同程度弹性相关的主要形容词有:

—可塑的 plastics(无弹性),例如人造奶油;

—韧性的 malleable(中度),例如棉花糖;

—弹性的 elastic;spring;rubbery(高度),例如熟鱿鱼、蛤肉、口香糖。

51.黏附性(adhesiveness):与移动附着在嘴里或黏附于物质上的材料所需力量有关的机械质地特性。

注1:与不同程度黏附性和关的主要形容词有:

—发黏的 tacky(低度),例如棉花糖;

—有黏性的 clinging(中度),例如花生酱;

—黏的、胶质的 gooey;gluey(中度),如焦糖水果冰淇淋的食品装饰料、点的糯米;

—黏附性的 sticky;adhesive(超高度),例如太妃糖。

注2:样品洒黏附性可能有多种体验途径:

—腭:样品在舌头和腭之间充分挤压后,用舌头将产品从斜上完全移走需要力量;

—嘴唇:产品在嘴唇上的黏附积度样品放在双唇之间,轻轻挤压后移开,用于评价黏附度;

—牙齿:产品被咀嚼后,黏附在牙齿上的产品量;

—产品:产品放置于嘴中,用舌头将产品分成小片需要的力量;

—手工:用匙状物的背部将粘在一起的样品分成小片需要的力量。

52.重(heaviness)、重的(heavy):与饮料黏度或固体产品紧密度有关的特性。

注:描述截面结构紧密的固体食品或流动有一定困难的饮料。

53.紧密度(denseness):产品完全咬穿后感知到的,与产品截面结构紧密性有关的几何质地特性。

注:与不同程度的紧密度相关的形容词有,

—轻的 light(低度),例如鲜奶油;

—重的 heavy;稠密的 dense(高度),例如栗子泥、传统英式圣诞布丁。

54.粒度(granularity):与感知到产品中粒子的大小、形状和数量有关的几何质地特性。

注:与不同程度粒度相关的主要形容词有:

—平滑的 smooth 粉末的 powdery(无较度),例如冰糖粉、栗粉;

—细粒的 gritty(低度),例如某种梨;

—颗粒的 grainy(中度),例如粗粒面粉;

—珠状的 beady(有小球状颗粒),例如木薯布丁;

—顺粒状的 granular(有多角形的硬颗粒),例如德麦拉拉蔗糖;

—粗粒的 coarse(高度),例如煮熟的燕麦粥;

—块状的 lumpy(高度,含有大的不规则状颗粒),例如白干酪。

55.构型(conformation):与感知到的产品中粒子形状和排列有关的几何质地特性。

注:与不同程度构型相关的主要形容词有:

—囊包状的 cellular:薄壁结构被液体或气体围绕的球形或卵形,例如橙子;

—结晶状的 crystalline:结构对称、立体状的多角形粒子,例如淀粉;

—纤维状的 fibrous:沿同一方向排列的长粒子或线状粒子,例如芹菜;

—薄片状 flaky:松软而易于分离的层状结构,例如熟金枪鱼、新月形面包、片状糕点;

—蓬松的 puffy:外壳坚硬,内部充满大而不规则的气腔,例如奶油泡芙(松饼)、爆米花。

56.水感(moisture):口中的触觉接收器对食品中水含量的感觉,也与食品自身的润滑特性有关。

注:不仅反映感知到的产品水分总最,还反映水分释放或吸收的类型、速率和方式。

57.水分(moisture):描述感知到的产品吸收或释放水分的表面质地特性。

注:与不同程度水分相关的主要形容词有:

表面持性;

—干的 dry(不含水分),例如奶油硬饼干;

—潮湿的 moist(中度),例如去皮苹果;

—湿的 wet(高度),例如李荟、牡蛎。

主体特性:

—干的 dry(不含水分),例如奶油硬饼干;

—潮湿的 moist(中度),例如苹果;

—多汁的 juicy(高度),例如橙子;

—多水的 succulent(高度),例如生肉;

—水感的 watery(像水一样的感觉),例如西瓜。

58.干(dryness)、干的(dry):描述感知产品吸收水分的质地特性。例如奶油硬饼干。

注:舌头和咽喉感觉到干的一种饮品,例如红梅汁。

59.脂质(fattiness):与感知到的产品脂肪数最或质量有关的表面质地特性。

注:与不同程度脂质相关的主要形容词有:

—油性的 oily:浸出和流动脂肪的感觉,例如法式色拉;

—油腻的 greasy:渗出脂肪的感觉,例如腊肉、炸薯条、炸薯片;

—多脂的 fatty:产品中脂肪含最高,油腻的感觉,例如猪油、牛脂。

60.充气(aeration)、充气的(aerated):描述含有小而规则小孔的固体、半固体产品。小孔中充满气体(通常为二氧化碳或空气)且通常为软孔壁所包裹。

注:产品可被描述为起泡的或泡沫样的(细胞壁为流动的,例如奶昔),或多孔的(细胞壁为固态),例如棉花糖、蛋白酥皮筒、巧克力慕斯、有馅料的柠檬饼、三明治面包。

61. 起泡(effervescence)、起泡的(effervescent):液体产品中,因化学反应产生气体,或压力降低释放气体导致气泡形成。

注:气泡或气泡形成是作为质地特性被感知,但高度的起泡可通过视觉和听觉感知。

对起泡的程度描述如下:

—静止的 still:无气泡,例如自来水;

—平的 flay:比预期起泡程度低的,例如打开很久的瓶装啤酒;

—刺痛的 tingly 主要作为质地特性,在口中被感知;

—多泡的 bubbly:有肉眼可见的气泡;

—沸腾的 fizzy:有剧烈的气泡,并伴随有嘶嘶声。

62. 口感(mouthfeel):刺激的物理和化学特性在口中产生的混合感觉。

注:评价员将物理感觉(例如密度、黏度、粒度)定为质地特性,化学感觉(如涩度、致冷性)定为风味特性,

63. 清洁感(clean feel)、清洁的(clean):吞咽后口腔无产品滞留的后感特性,例如水。

64. 腭清洁剂(palate cleanser)、清洁用的(cleansing):用于除去口中残留物的产品。例如:水,奶油苏打饼干。

65. 后味(after‐taste)、余味(residual taste):在产品消失后产生的嗅觉和(或)味觉,有别于产品在嘴里时的感觉。

66. 后感(after‐feel):质地刺激移走后,伴随而来的感受。此感受可能是最初感受的延续,或是经过吞咽、唾液消化、稀释以及其他能影响刺激物质或感觉域的阶段后所感受到的不同特性。

67. 滞留度(persistence):刺激引起的响应滞留于整个测量时间内的程度。

68. 平味的(insipid):描述一种风味远不及期望水平的产品。

69. 平味的(bland):描述风味不浓且无特色的产品。

70. 中味的(neutral):描述无任何明显特色的产品。

71. 平淡的(flat):描述对产品的感觉低于所期望的感官水平。

五、与分析方法有关的术语

1. 客观方法(objective method):受个人意见影响最小的方法。

2. 主观方法(subjective method):考虑到个人意见的方法。

3. 分等(grading):为将产品按质量归类,根据标度估计产品质量的方法。例如:排序(ranking)、分类(classif ication)、评价(rating)和评分(scoring)。

4. 排序(ranking):呈送系列(两个或多个)样品,并按指定特性的强度或程度进行排列的分类方法。

5. 分类(classification):将样品划归到不同类别的方法。

6. 评价(rating):用顺序标度测量方法,按照分类方法中的一种,记录感觉的最值。

7. 评分(scoring):用与产品或产品特性有数学关联的指定数字评价产品或产品特性。

8. 筛选(screening):初步的选择过程。

9. 匹配(matching):确认刺激间相同或相关的试验过程,通常用于确定对照样品和未知样品间或未知样品间的相似程度。

10. t 值估计(magnitude estimation):用所定数值的比率等同于所对应的感知的数值比率的方法,对特性强度定值的过程。

11. 独立评价(independent assessment):没有直接比较的情况下,评价一种或多种刺激。

12. 绝对判断(absolute judgement):未直接比较即给出对刺激的评价,例如产品单一外观。

13. 比较评价(comparative assessment):对同时提供的刺激的比较。

14. 稀释法(dilution method):制备逐渐降低浓度的样品,并顺序检验的方法。

15. 心理物理学方法(psychophysical method):为可测量物理刺激和感官响应建立联系的程序。

16. 差别检验(discrimination test):对样品进行比较,以确定样品间差异是否有感知的检验方法。例如:三点检验、二—三点检验、成对比较检验。

17. 成对比较检验(paired comparison test):提供成对样品,按照给定标准进行比较的几种差别检验。

18. 三点检验(triangle test):差别检验的一种方法。同时提供三个已编码的样品,其中有两个样品是相同的,要求评价员挑出其中不同的单个样品。

19. 二—三点检验(duo-trio test):差别检验的一种方法。同时提供三个样品,其中一个已标明为对照样品,要求评价员识别哪一个样品与对照样品相同,或哪一个样品与对照样品不同。

20. "五中取二"检验("two-out-of-five"test):差别检验的一种方法。五个已编码的样品,其中有两个是一种类型,其余三个是另一种类型,要求评价员将这些样品按类型分成两组。

21. "A"—"非A"(检验"A"or "not A" test):差别检验的一种方法。当评价员学会识别样品"A"以后,将一系列可能是"A"或"非A"的样品提供给他们,要求评价员指出每一个样品是"A"还是"非A"。

22. 描述分析(descriptive analysis):由经过培训的评价小组对刺激引起的感官特性进行描述和定量的方法。

23. 定性感官剖面(qualitative sensory profile):对样品感官特性的描述,不包含强度值。

24. 定量感官剖面(quantitative sensory profile):对样品特性及其强度的描述。

25. 感官剖面(sensory profile):对样品感官特性的描述,包括按顺序感知的特性以及确定的特性强度值。

注:任何一种剖面的通用术语。无论剖面是全面的或部分的、标记的或非标记的,

26. 自选感官剖面(free choice sensory profile):每一评价员独立为一组产品选择的特性组成的感官剖面。

注:一致性样品感官剖面经过统计得到。

27. 质地剖面(texture profile):样品质地的定性或定量感官剖面。

28. 偏爱检验(preference test):两种或多种样品间更偏爱哪一种的检验方法。

29. 标度(scale):适用于响应标度或测量标度的术语。

响应标度(response scale):评价员记录量化响应的方法,如数字、文字或图形。

注1:在感官分析中,响应标度是一种装置或工其,用于表达评价员对可转换为数字的特性的响应。

注2:作为响应标度的等价形式术语,"标度"更常用。

侧t标度(measurement scale):特性(如感官感知强度)和用于代表特性的数字(如评价员记录的或由评价员响应导出的数字)之间的有效联系(如顺序、等距和比率)。

注:作为测量标度的等价形式,术语"标度"更常用。

30. 强度标度(intensity scale):指示感知强度的一种标度。

31. 态度标度(attitude scale):指示态度和观点的一种标度。

32. 对照标度(reference scale):对照样品确定特性或给定特性的特定强度的1种标度。

33. 喜好标度(hedonic scale):表达喜欢或不喜欢程度的一种标度。

34. 双极标度(bipolar scale):两端有相反描述的一种标度。例如一种从硬到软的质地标度。

35. 单极标度(unipolar scale):只有一端有描述词的标度。

36. 顺序标度(ordinal scale):按照被评价特性的感知强度顺序排列量值顺序的一种标度。

37. 等距标度(interval scale):不仅有顺序标度的特征,还明显有量值间相同差异等价于被测量特性间(感官分析中指感知强度)相同差异的特征的一种标度。

38. 比率标度(ratio scale):不仅有等距标度的特征,还有(刺激量值)比率等价于刺激感知强度间比率的特征的一种标度。

39. (评价的)误差 error(of assessment):观察值(或评价值)与真值之间的差别。

40. 随机误差(random error):感官分析中不可预测的误差,其平均值趋向于零。

41. 偏差(bias):感官分析中正负系统误差。

42. 预期偏差(expectation bias):由于评价员的先入之见造成的偏差。

43. 光圈效应(halo effect):关联效应的特殊事件。同一时间内,在某一特性上对刺激的喜好和不喜好的评价影响在其他特性上对该刺激的喜好和不喜好的评价。

44. 真值(true value):感官分析中想要估计的某特定值。

45. 标准光照度(standard illuminant):国际照明委员会(CIE)定义的自然光或人造光范围内的有色光照度。

46. 参比点(anchor paint):对样品进行评价的参照值。

47. 评分值(score):描述刺激性物质在可能特性强度范围内的特定位点的数值。

注:给食品评分就是按照标度或按照有明确数字含义的标准评价食品特性。

第二节　检测和识别气味的评价培训

一、适用范围

确认评价员鉴别和描述有气味产品的能力及培训评价员的几种不同的方法。适用于农产食品业和使用嗅觉分析的行业(如香料、香精和化妆品等)。

二、原则

根据规定的程序,将不同形式和浓度的气味物质提供给评价员。由评价员来评价和鉴别这些物质所散发出的气味,并记录结果。

三、试验用品

1. 水:中性,无味道,无气体,无气味。

2. 乙醇:96.9%(v/v),无外来气味,甚至是低浓度外来气味.

3. 其他适当介质。适应于相应行业的要求。

4. 尽可能纯净的气味物质:

a)在相关规定的气味浓度下使用,避免浓度过高产生嗅觉疲劳。

b)根据试验目的或相关行业的要求选择其他可用物质。

在培训阶段,收集的气味应包括几种有代表性的气味(如萜烯气息、花香)以及评价员可能要检查的样品的气味(以确定评价员对这些样品的气味是否有嗅觉缺陷)。

另外建议将一些典型的异常气味包括进来(如清洁剂、印刷油墨的典型气味),评价员在以后的评价中可能要遇到这些气味。

用作参考标准的气味物质应在那些具有稳定组成且可保存适当时间而不变质的物质中选择这些物质应保存在阴凉处(5℃左右),并且密封、避光。

注意:在水介质中,某些物质的散发气味能力随着稀释而提高。

四、基本试验条件

1. 实验室

试验应在符合 GB/T 13868 规定要求的室内进行。

应特别注意尽可能多地排除实验室内的气味(如使用通风法)。

2. 基本试验规则

参与感官分析试验的评价员,除了遵守适用于他们的规则和相关标准所给出的基本规则外,还应做到在试验前的 20 min 内,不得进行有关检测或评价气味或有气味化合物的任何其他感官分析工作。

为避免评价员疲劳,建议每次提交给他们的气味物质应不超过 10 种。

五、方法

嗅觉评价可通过直接法或鼻后法来进行。

通常有三种直接嗅觉法,分别是:

—评价瓶中的气味(5.1.1)

—评价嗅条上的气味(5.1.2)

—评价有胶囊包埋的气味(5.1.3)

两种鼻后(或鼻咽)嗅觉法分别是:

—评价气体状态下的气味(5.2.1)

—通过吞咽水溶液评价气味(5.2.2)

1. 直接嗅觉法

(1)评价瓶中气味的方法

1)原则:将含有给定浓度的不同气味物质的一组瓶提供给评价员。

2)物质:气味物质,选取规定稀释度的样品。

3)仪器

专用棕色玻璃瓶具有容纳试验品的充足容量(一般在 20～125 mL 之间),并留有充足的顶部空间以使蒸气压保持均衡,配有磨砂玻璃瓶塞。或者配有表面皿的烧杯,或市场上销售的适用的一次性容器。若使用塑料容器,则需核实此容器为不吸收气味并与试验物质无化学亲和力的无气味材料制成的。

4)样品的制备

按照相关标准的指导,制备所用物质的适当稀释液,以得到给定的相应的浓度。在试验前至少30 min制备样品,以便蒸气压在周围温度下达到平衡。

将瓶和瓶盖进行编号。

将适量的已制备的物质置于已编号的瓶中,并注意在瓶的顶部留有足够的空间。

将物质直接倒入瓶中,或置于已放在瓶中的某一介质(如棉花或滤纸)上,或与某一介质(如脂肪)混合,用玻璃塞或表面皿将瓶盖好。

5)程序

将已制备的该组样品瓶提交给每一位评价员,指导其进行如下操作:

将瓶逐个打开,闭上嘴,用鼻子吸嗅蒸气,以识别每一种气味样品。这里并没有严格规定吸嗅的方法,只要评价员在适当的时间间隔内用同样的方式,做短促的吮吸或深呼吸,吸嗅所有瓶即可。一旦确定之后,评价员即盖上瓶,回答答卷上的问题。

(注:应根据评价员是处在入门阶段、培训阶段、还是选拔阶段来安排他们嗅闻每种样品的次数或对已检瓶的重复检验。)

(2)评价嗅条上气味的方法

1)原则:将一组浸过气味物质的嗅条提供给评价员.

2)物质:气味物质,选取规定稀释度的样品。

3)仪器:嗅条(滤纸嗅条),滤孔可随制造商的不同而不同,可具各种不同形状(如圆形、尖形等),在距底端5~10 mm之间作一标记。嗅条托或镊子,由无气味材料制成。棕色玻璃瓶,用于盛装气味物质,容量适当(每种物质一个瓶)。滴管(任选)。

4)样品的制备

根据相关标准给出的指导,制备所用物质的备用液。每次制备一种物质且放置于一个瓶中。每个评价员将嗅条依次伸入瓶中,迅速蘸湿至标记处。最好使用滴管将滴剂滴到每个嗅条底端。摄取溶液不要过多,液体从嗅条底端向前渗延5~10 mm即可。将已制备的嗅条放在嗅条托上或用镊子夹取,注意不要使嗅条相互接触,允许溶剂自由挥发几秒钟。

5)程序

将已制备的嗅条提交给每一位评价员,指导其进行如下操作:

将嗅条距离鼻子几厘米处轻轻挥动,通过吸嗅来评价气味,要求嗅条不得接触鼻、嘴或皮肤。

(注:由于挥发的缘故,气味只是在有限的时间内充分释放,时间的长短随气味物质的不同而不同。一旦确定以后,评价员即放下嗅条,回答答卷上的问题,必须将用过的嗅条收集并放置于一个密闭的容器里,以使其不能扩散到实验室的空气中,以避免干扰以后的评价工作。然后,评价员可继续检验下一种物质。)

(3)评价有胶囊包埋的气味的方法

1)原则:将一组具有微胶囊包埋的气味物质提供给评价员。

2)仪器

胶囊气味物质,可从市场上购买,如具有纸托或标签的胶囊气味物质,其纸托和标签应先刮破和撕去。

3)样品的制备:因为样品系早已备好以供使用的,所以不需要制备。

4)程序

提供给评价员样品,每次一个评价员按照制造商的说明,释放出气味物质,然后再由评价员用与嗅条法相同的程序来判断气味。

(注:用这种提供方式,不可能对气味进行再次评价。)

一旦确定之后,评价员即放下样品,回答答卷上的问题。必须将用过的微胶囊收集并放置于一个密封的容器中,以使其不能扩散到实验室的空气中去,以避免干扰以后的评价工作,然后评价员可继续检验下一种物质。

2.鼻后嗅觉法

(1)气体状态下气味的评价方法

1)原则:将气体吸入口腔,并用鼻后法评价气味的方法来评价气味物质。

2)物质:气味物质,选取规定稀释度的样品。

3)仪器

最好选用玻璃材料,若使用塑料装置,则需核实此装置为不吸收气味且与试验物质无化学亲和力的无气味材料制成的。烧杯(容量在 100 mL 以上);塑料薄膜(无气味且不吸收气味);吸管。

4)样品的制备

依据相关标准的指导,制备所用物质的适当稀释液,得到所给定的相应的浓度。每次制备一种物质。取 50 mL 制备的稀释液放入烧杯内,用塑料薄膜封严。

5)程序

提供给评价员的烧杯,每次一个评价员用吸管刺穿塑料薄膜,然后用嘴含住吸管,吸入玻璃杯中液面上方气体后,经鼻腔用力呼出。要求吸管不接触液面,如果偶然发生接触的情况,就提供给评价员另一个烧杯。备用的胶囊装的气味系列产品可以从市场上购得,但某些制造商也提供可订购的微胶囊,不过要注意,这种提供方式目前比较昂贵。

还有一种在气体状态下评价气味物质的方法,那就是将浸有气味物质的气味嗅条放入口腔中。但是这种方法对于初级评价员来说难以做到,需留待已经培训的评价小组使用。评价员识别气味并回答答卷上的问题,然后评价员可继续检验下一种物质。

(2)通过吞咽水溶液评价气味的方法

1)原则:将一组盛有不同气味物质的烧杯提供给评价员。评价吞咽物质所产生的鼻后嗅觉。

2)物质:气味物质,食用级,选取规定稀释度的样品.

3）仪器：专用烧杯组，最好每个配有封盖和吸管。

4）样品的制备

依据相关标准给出的指导，制备所用物质的适当稀释液，得到所给定的相应的浓度。

（注意：此方法中溶液的浓度远远低于直接法的浓度。将稀释液倒入烧杯，若有封盖则盖紧。）

5）程序

将已制备的该组烧杯提交给每一位评价员，指导其进行如下操作。

若烧杯没有封盖，评价员捏紧鼻子，喝一口溶液，然后立即移走烧杯，松开鼻子，吞咽溶液，在随后的呼气过程中评价气味。若烧杯配有封盖和吸管，评价员不必捏紧鼻子。这样，评价员用鼻后法做出对气味的评价。一旦确定之后，评价员立即回答问题。

六、答卷

答卷中应包括下列问题：

你感觉到一种气味了吗？

你识别出这种气味了吗？

还应要求评价员命名或描述气味或进行某种联想。

另外，在表格中留出一空白让评价员作备注使用将是有益的。

（注：答卷可以是印刷表格或电子表格。）

七、试验结果的说明

试验的监督员可根据试验的目的以及试验是用于评价员的入门指导、培训还是选拔对结果进行不同方式的说明。

有关识别气味物质的正确答案要求，也取决于试验的目的。

指导命名或描述气味或做出各种联想的正确答案，取决于以下具体情况：

a）在入门阶段，答案可以是化学名称，或普通名称，或一个联想，或者是相关的描述性表达。

b）在培训或选拔阶段，答案可以是化学名称或适当的描述词。

c）在正常耗用情况下，吸含一口检验产品，可以对其风味完整地加以评价。

1.入门

在评价员将其评价记录在答卷上之后，试验监督员应将他们召集起来，给出正确答案，用化学名称或描述词命名每一种化学物质。

监督员应将物质样品提交给评价员并回答提出的问题，以帮助他们记忆化学物质与相应气味之间的联系。教评价员识别大量不同的气味，需要多期的指导。此阶段不给评价员记分，监督员应观察某些评价员的嗅觉缺陷。

2.培训

在培训阶段,试验监督员分析答卷,检查每一位评价员的答案。在这一培训过程中评价员应用化学名称和描述词来鉴别物质样品。在反复评价之后,应对每一位评价员的成绩和培训效率作出判断。

3.选拔

培训期间所得到的成绩信息,作为试验监督员淘汰反复出错的那些评价员的依据。此信息还可用于建立解决各种专门问题的专家组。

第三节　食品颜色评价的总则和检验方法

一、适用范围

通过与标准颜色视觉比较对食品颜色进行感官评价的总则和测试方法。

适用于不透明的、半透明的、浑浊的、透明的无光泽的和有光泽的固体、半固体、粉末和液态食品。

给出了用于感官分析(如:由优选评价员组成的评价小组或者在特定情况下由独立专家进行的差异检验、剖面分析及分等方法)中各种情况的评价和照明条件要求。

二、检验条件

1.总则

颜色评价宜在一严格控制照明条件(如照明类型、水平、方向)、周围环境和几何条件(如:光源、样品和眼睛的相对位置)的适宜场所中进行。理想的评价场所应为一个专为进行色匹配而设计的标准光源箱。当颜色评价精度要求不高,或无标准光源箱,或检验样品不适宜使用标准光源箱时,评价可在评价间或者开放的空间进行,

2.检验室

应符合相关标准规定的感官分析实验室的设计要求。

3.工作区

为了避免光的色对比效应、评价员的色适应以及反射光源和漫射光源对色彩特性的影响,工作区域内及其周围的所有表面宜为非彩色的,大多数表面宜采用反射率在0.3到0.5之间的淡灰色。

工作区亮度宜中度且均匀,墙亮度接近 $100\ cd/m^2$(坎德拉/平方米)为最佳。

评价间的亮度宜等同或者略高于周围环境。

评价间应尽量满足上述要求,但对周围环境的要求可适当放松(尤其当样品评价是在标准光源箱中进行时)。

一般情况下,评价间内部应涂成无光泽的,光亮度因数15%左右的中性灰色(如:

孟塞尔色卡 N4 至 N5,对应的中国颜色体系号为 N4 至 N4.5)。当评价间主要用来比较浅色和近似白色的样品时,为使待测颜色与评价间产生较低的亮度对比其内部亮度因数可为 30%或者更高(孟塞尔色卡 N6,对应的中国颜色体系号也为 N6)。

4.照明

(1)总则

由于同色异谱的存在,在一种照明体下看起来颜色一致的样品,在另一种照明体下可能颜色不一致,因此感官实验室内用于颜色评价光源的最小显色指数应为 90。常规的色配可采用自然日光或者人造日光。但由于自然日光色相容易发生变化,而且评价员的判断可能会受到周围有色物体的影响,因此进行有色匹配的评价间应使用严格控制的人工照明以便对照,评价员在评价区内也应穿中性颜色的衣服,并且衣服的色彩不应比被检样品更强烈。

(2)自然日光照明

最好使用漫射日光,如对于北半球最好来自于北部多云天空而对于南半球最好来自于南部多云天空,并且这种日光不被任何色彩强烈的物体(如:红色砖墙或绿树)反射。应避免使用直射日光。

(3)人造日光照明

应使用以下几种人造光源:

①接近 CIE 标准照明体 D65 的光源(代表包括紫外区段的昼光,相关色温约 6500 K)。

②目前尚无经过认证的 CIE 标准照明体 D65 光源,但通用电气公司生产的显色指数为 92 的人造日光灯被广泛用作接近 D65 的光源。此外,接近 D65 的光源应是实际光源(如:色度学用的日光模拟器),其模拟日光特性不仅已被 CIE 出版物种描述的 No.51 方法评价,而且光源的照明质量应符合目录 BC 或者更高要求的规定。生产这些光源不仅应达到有关产品技术规范的要求,而且生产商还应声明该产品符合规范要求的平均运行时间。

③CIE 标准光源 C(接近标准照明体 C,代表相关色温为 6770 K 的平均昼光),该光源仅在特定要求下使用(如用颜色图谱进行食品样品的色匹配时。)

注:CIE 标准照明体 D65 的光谱对自然日光的接近程度优于 CIE 标准照明体 C。在实际的感官评价中很难做到在一个大的空间内提供适当照明水平的光源 C。

(4)其他的人造光源

CIE 标准光源 A 是一个充气钨丝灯,代表温度约为 2856K 的普朗克辐射体的辐射,仅在特定要求下使用,如评价有色材料的条件配色。

5.光照度

样品和任一标准颜色的光照度宜在 800~4000 lx 之间。该范围的上限仅适用于评价黑色样品,而对大多数颜色而言,光照度的适宜范围为 1000~1500 lx 之间。

无论是来自光源还是反射面的眩光,都不应干扰评价员的视觉.

6.照明和评价的几何条件

(1)不透明或半透明样品

为使样品对光线的直接反射最小化,评价员与样品表面之间的视角应不同于照明体的光照入射角。由于照明和评价的几何条件不同会对评价结果产生影响,因此应规范照明和评价的几何条件。

当使用标准光源箱或在评价间评价样品时,要求照明体与样品表面垂直,评价员的视线与样品表面成45°;而当使用日光或在开放的空间评价样品时,要求照明体与样品表面成45°评价员的视线与样品表面垂直。

在某特定情形下,允许甚至鼓励评价员移动样品和标准颜色以获得最佳评价条件。但如果与以上推荐的标准照明和评价的几何条件(45°,0)发生偏离时,应注明所采用的特定条件。

(2)透明或澄清液体

符合相关标准规定的内容。

7.评价员

(1)评价员的招收和选择

按相关标准中规定的方法招收和选择评价员。

应注意的是,参与颜色评价的评价员应具有正常的色觉,因为有相当一部分人群具有非正常的色觉。正常色觉的可接受水平,通常采用假等色测试方法来确定,并要求严格依据上述方法来测试和说明。评价员辨别色调的能力可通过法兹沃斯—孟塞尔100色调测试法来评价。如要求评价员具有较高能力进行严格色匹配选择时,需对其进行更敏感的测试(例如色盲测定器测定)。如若有评价员佩戴矫正视觉的眼镜,则可见光在通过镜片传播时应有一致的光谱。由于人的色觉会随年龄增长而发生较大改变因此40岁以上的评价员均应参加色盲测定器测试或者参加从条件色谱的颜色系列中选择最优匹配的测试。

对评价小组而言,没有特别的要求。但若进行样品等级规格检验时则要求选择有经验,接受过严格培训并具备较强颜色辨别能力的评价员。

(2)培训

宜对评价员进行包括对色调、明度和饱和度变化的样品进行比较、命名以及定性评价的训练,以期通过培训而提高其颜色辨别能力。

(3)感官适应和疲劳

只有当评价员的视觉很好地适应了光源的照明水平和光谱特性后,其评价的结果才有效。因此,如果评价员经过一个与其视觉具有不同亮度的环境(如明亮的阳光),则宜让其先适应检验环境后再进行颜色评价。此外,评价员宜停留在已经适应的照明条件下直到完成所有的颜色评价。但若评价员连续工作,其视觉评判的质量会严重下降,因此评价员在评价期间应间歇休息几分钟。

评价饱和度高的颜色之后不应立即评价饱和度低的颜色或者补色。当评价明亮的饱和色时,如不能立即做出判断,评价员可对周围环境的中性灰色观察几秒钟后,再进行评价。

三、检验方法

1. 基本原理

在规定的评价条件下,由具有正常色觉的评价员对被检样品与标准颜色进行比较。

2. 标准颜色(参比样)

当对某种食品进行视觉评价时,参比样可以是以下几种:

—选自某些颜色分类系统,如孟塞尔(Munsell)颜色体系,自然颜色体系(NCS),德国标准化学会(DIN)颜色体系,法国标准化协会(NF – AFNOR)颜色体系的标准颜色(色卡图册);

—专门设计的用于模拟食品颜色甚至有可能也模拟食品外观的参比样—选择食品样品本身作为参比样。

3. 仪器和设备

带有玻璃罩的容器或者盘子,适用于粉末样品;

底部有矩形观察窗的容器,适用于澄清液体;

透明玻璃制成的平底瓶子、试管和三角瓶;

带矩形开口的中性灰色小瓶;

三孔灰色大屏,中间为样品孔,两侧为标准品孔。

4. 被检样品:取样和样品制备按其相关标准中规定的方法进行。

5. 检验步骤

(1)样品的制备

①干粉末样品

轻轻堆积至少2 mm厚的待测样品于一干净容器中并置于干净、无色、约1 mm厚的玻璃盖在容器上,通过容器和玻璃盖之间的摩擦力,旋转压下玻璃盖至恰当位置。

对非常细的粉末样品,可能需要设计一个特殊的容器对样品施加压力的不同对评价结果造成较大的影响。例如,在某些粉末颜色测定中,可能会因对样品施加的压力不当而导致其颜色变化超过允许偏差的几倍。

②不透明固体样品

一般来说,评价不透明固体样品时,不宜改变其外形。如必要时,可适度轻微改变,如压平样品,均匀样品或将样品制备或待定的粒度大小。

③液体样品

将不透明液体置于干净的玻璃容器中,采用评价固体样品的方法评价其颜色。对于澄清的液体样品,应适当地选择其深度,因为样品的深度对样品的颜色特性影响较大。

颜色较深液体宜采用较浅的深度。倾倒适当深度(从凹液面的地步测量)的液体于一干净、平底且侧面透明的玻璃瓶中以一个标准照明光源下得白色背景为对照,从顶部向下观察。

(2)通过比较评价颜色

①总则

将样品与标准颜色进行比较所需的步骤,在一定程度上取决于样品的大小和样品的表明特性。样品的处理方法和观察方法也取决于样品时固体、粉末还是液体。

当被检样品的表面是具有光泽的(例如部分反射的),或者被检样品时不透明明液体和被玻璃罩覆盖的固体粉末时应尽量减少镜面反射。如评价员是从一个非垂直角度观察样品,则需要在评价员视线的对面放一个无光泽的具有黑色表面的物体样品和标准颜色的照明条件应保持一致,但即使是在相同的照明条件下,也宜在颜色比较过程中互相交换样品和标准颜色的位置。

②不透明粉末祥品

为了在样品和标准颜色之间寻找最住匹配,应把标准颜色放在样品的两侧用灰色小瓶盖住。如果使用三孔的大瓶,应把标准颜色置于两侧观察窗下样品置于中心观察窗下,通过在标准颜色间外插或者内插,来确定样品的色度、明度和饱和度

③不透明固体和平的、表面无光泽样品

样品较小时,用手指或者镊子夹住样品,使其在标准颜色之上,并与之保持一定距离,移动样品直至达到最佳匹配。注意不要在标准颜色或样品上投射阴影。将标准颜色按顺序排列,以减少比较次数和因比较而产生的标准颜色污染和磨损。如样品大且平,可将小瓶置于样品之上以便于比较。

照明光源宜以45°入射角照射样品。垂直观察样品,尽量保证样品与标准颜色的照明条件相同,并注意保持样品的观察面水平并接近标准颜色表面。无意地倾斜或抬高样品,以及样品或者标准颜色上存在阴影时都会造成评价结果的误差。

如果在一个大工作区的上部采用漫射均匀的人造日光光源,或颜色评价是在大部分漫射光来自于天空的状况下进行,样品和光源的相对位置就不是非常重要。

表面无光泽的样品,依据上述程序检测,因表面无光泽的样品颜色,随角度条件的改变而发生的变化不大,故不需要严格遵循上述照明和观察角度的要求。

如果食品的颜色特性是通过视觉评价(而不是与标准颜色匹配)获得的,则通常以食品陈列的背景进行对照评价,背景颜色可以是白色或其他颜色,一般不采用灰色。

④有光泽、无规则表面的不透明样品

应注意照明和观察的角度,只有避免镜面反射才能确定样品的特征颜色。

⑤有光泽、有规则表面的不透明样品

对于那些不能避免镜面反射的样品，可通过在平面上变换样品的位置以将反射降低到最小，来确定样品的特征颜色。

⑥颜色不一样的样品

某些样品如烤咖啡豆，由不同颜色的颗粒组成，可以一定速度旋转盛有样品的平底容器，来观察整个样品的均匀混合色。

⑦不透明、半透明盒浑浊的液体样品

对不透明液体样品，可将液体样品置于玻璃容器中，参照不透明固体的评价方法进行颜色评价。

有时，半透明样品或者浑浊样品（如样品既透射光线又反射光线）可通过透射光进行颜色评价。但是，不透明样品一般采用反射光进行颜色评价。因为样品的厚度会显著影响评价的结果，因此应对其加以限定。

⑧澄清的液体样品

将澄清的液体置于玻璃瓶中，玻璃瓶置于底部带有矩形开口的容器内，并距被照明光源照亮的白色小屏之上 20 cm 处，评价员通过矩形开口观察液体，并与平板下颜色相近的标准颜色进行颜色比较。通过连续移动小屏和摆放成对的标准颜色，并进行评价。若仅进行液体色调评价，可将盛有液体的试管、三角瓶或玻璃瓶置于小屏之上来进行。表 8 − 1 显示了用于描述近似白色的不透明样品盒近似无色的澄清液体样品颜色名称之间的对应关系。

表 8 − 1   不透明样品和澄清样品的颜色名称

不透明样品	澄清样品
白色	无色
粉白色	淡粉色
黄白色	淡黄色
绿白色	淡绿色
蓝白色	淡蓝色
紫白色	淡紫色

四、结果的表达

样品的颜色评价结果可以是测定样品的平均颜色，或者是符合匹配颜色范围的对应颜色名称。颜色匹配的差异可能会因色调、明度、饱和度，或其两者、三者综合的结果引起。如果差异主要涉及明度和饱和度的变化，而且对评价结果影响不大，可采用不加修饰的颜色名称来描述，如橙色。这样描述的颜色名称就可能包括浅橙色、亮橙色、橙色、浓橙色、鲜橙色、深橙色等样品的平均颜色（颜色均值），由单个评价员或者一个评价小组经重复比较后，根据颜色索引原则确定。

五、检验报告

检验报告应包括以下内容：

—注明是根据本标准进行检验的；

—检验参数和检验条件(例如光源、色卡图册、颜色名称体系、评价员数量和特点等)；

—如有不同于本标准所规范的检验方法的做法应予以说明；

—检验结果；

—检验日期；

—检验负责人的姓名；

—鉴定样品所必需的全部信息。

六、参考文献

1. 徐树来,王永华,食品感官分析与实验(第 2 版)[M],北京:化学工业出版社,2012。

2. 张晓鸣,食品感官评定[M],北京:中国轻工业出版社,2006。

3. 鲁英,路勇,食品感官检验[M],北京:中国劳动社会保障出版社,2013。

4. 汪浩明,食品检验技术(感官评价部分)[M],北京:中国轻工业出版社,2007。

5. 马永强,韩春然,食品感官检验[M],北京:化学工业出版社,2010。

6. 吴谋成,食品分析与感官评定[M],北京:中国农业出版社,2002。

7. 张水华,食品感官鉴评[M],广州:华南理工大学出版社,2001。

8. Herbert Stone,感官评定实践(第三版)[M],北京:中国轻工业出版社,2007。

9. 张卫斌,食品感官分析标度域[D],杭州:浙江工商大学,2012。

10. 张爱霞,生庆海,食品感官评定的要素组成分析[J],中国乳品工业,2006,12。

11. 苏晓霞,黄序,黄一珍,快速描述性分析方法在食品感官评定中应用进展[J],食品科技,2013,7。

第九章
乳制品感官评价综合实训

第一节　阈值测试实训

一、实训原理

依据酸味在舌部的敏感区域的感觉来进行试验。阈值是用于评价感官评价员感觉灵敏度的一项重要指标，是进行感官评价员筛选和培训的重要方法。

二、实训目的

让评价员熟悉绝对阈值检测方法，同时测定评价员酸味感觉绝对阈值。

三、实训材料与试剂

分析天平、柠檬酸（食品级）、烧杯、容量瓶、漱口水（纯净水）。

四、实训步骤

分别精确称取 0.0250 g、0.0500 g、0.0750 g、0.1000 g、0.1500 g、0.2000 g、0.2500 g 柠檬酸（食品级）于 100 mL 烧杯中，加纯净水溶解柠檬酸，将溶液转移至 500 mL 容量瓶中，并用纯净水多次洗涤烧杯、转移，最后定容在 500 mL 容量瓶中；

将定容好的溶液分别倒在已经编号的品尝杯中，每杯倒入 10 mL，样品编号采用三位数编码，编码方式由试验员（组长）制定并记录、保密；

在托盘中按随机的顺序放入 7 盛有不同浓度柠檬酸溶液的样品杯及一个编码的纯净水样品杯，同时放入一个 350 mL 的纯净水杯（内盛满纯净水）作为漱口之用；

待评价员在各自的位置坐定后，将托盘送入样品口，评价员进行品尝并填写问卷。

五、注意事项

1. 要求评价员细心品尝每种溶液，如果溶液不咽下，需含在口中停留一段时间。

每次品尝后,用水漱口,如果要再品尝另一种味液,需等待 1 min 后,再品尝。

2. 试验期间样品和水温尽量保持在 20℃。

3. 样品以随机数编号,无论以哪种组合,各种浓度的试验溶液都应被品评过,浓度顺序应从低浓度逐步到高浓度。

4. 在实验过程中,每个评价员不要相互商量评价结果,独立完成整个实验。

六、检测报告

阈 值 实 训

姓名＿＿＿＿＿＿＿＿ 学号＿＿＿＿＿＿＿＿ 日期＿＿＿＿＿＿＿＿

你接到的样品是一系列同样味道样品,样品按随机顺序排列,先用清水漱口,以熟悉水味,请不要吞咽样品。

先品尝第一个样品,然后第二个样品,依次品尝后面的样品。不要重复品尝你正要品尝的样品,更不要品尝前面你已经品尝过的样品。

用下面的数字符号表示你感受的强度。中间一列请填上你的味感(许可用"涩""苦"等其他词汇对样品进行感官描述)。

0 :无味或类似清水味样品　　　　　　4 :明显(中等强度)

1 :与清水不同,但不清楚是什么味　　5 :强

2 :非常弱　　　　　　　　　　　　　6 :非常强

3 :弱

样品编号	味和口感(自己语言描述)	强 度(从已给出数字字符选择)

第二节　基本滋味辨别实训

一、实训原理

酸、甜、苦、咸是人类的四种基本味觉,取四种标准味感物质进行稀释,以浓度递增或是递减的顺序向评价员提供样品,品尝后记录样品的味感。

味觉是可溶性呈味物质溶解在口腔中对味感受体进行刺激后产生的反应。人类

的味觉感受体是味蕾,味蕾中含有味细胞。这些味蕾分布在覆盖舌面上隆起的部位乳头上。由于舌表面的味蕾分布不均匀,而且对不同味道所引起刺激的乳头不相同,因此造成舌头各个部位感觉味道的灵敏度有差别。

二、实训目的

本法适用于评价员味觉敏感度的测定,也可用作筛选及培训评价员的初始实验,测定评价员对四种基本味道的识别能力及其觉察阈、识别阈、差别阈值。使同学们能够辨别酸、甜、苦、咸四种基本味,体会四种基本味特别敏感的区域在味觉器官中的分布规律;了解多种基本滋味的气味特征,分辨相似滋味之间的差别。

三、实训材料与试剂

托盘、品评杯、漱口杯、容量瓶、25 mL 量筒、样品瓶、托盘天平。
绵白糖、食盐、柠檬酸、苦瓜汁(自己榨取纯纯苦瓜汁)均为食品级。

四、实训步骤

制备四种样品(绵白糖、食盐、柠檬酸、苦瓜)的一系列浓度的水溶液(见表 9 - 1),随机取四种样品其中一个浓度进行品尝,品尝后按表 9 - 2 填写记录。

表 9 - 1　四种基本味稀释的试验溶液　(浓度 g/100 mL)

样品	绵白糖	食盐	柠檬酸	苦瓜汁
1	0.2	0.06	0.010	0.01
2	0.3	0.08	0.013	0.03
3	0.4	0.10	0.015	0.05
4	0.5	0.13	0.018	0.07
5	0.6	0.15	0.020	0.09
6	0.8	0.18	0.025	0.11

表 9 - 2　四种基本味测定记录

编号	未知	酸味	苦味	咸味	甜味	无味
357						
745						
918						
269						

用小杯取样品 357 少许,一点一点地啜入口中,并使其充分滑动接触舌的各个部位,品尝其味道。

吐出样品,用纯净水漱口,清洁口腔去味,休息 30 秒。

依次取样品 745、918、269，并重复上述两个步骤。

五、注意事项

品尝样品时，一定要使样品到达舌的每个部位。样品不得吞咽，品尝完样品后，要用纯净水漱口去味。小杯如重复使用，品尝完一个样品后，要用干净水冲洗后再使用。实验期间样品和水温尽量保持在 20℃。在实验过程中，每个评价员不要相互商量评价结果，独立完成整个实验。

第三节　基本气味辨别实训

一、实训原理

与味觉不同，人的嗅觉感受器能够感受的气味有成千上万种，就形成食物特有的风味来说，嗅觉比味觉更重要。嗅觉是比视觉原始，比味觉灵敏的一种感觉，它是鼻腔中的嗅觉接收器与挥发性化学物质反应产生的感觉。

嗅(闻的过程)技术：嗅觉感受体位于鼻腔最上端的嗅上皮内。在正常的呼吸下，吸入的空气并不倾向通过鼻上部，多通过下鼻道和中鼻道，带有气味的空气只能及少量而且缓慢地通入鼻腔区。要使空气到达这个区域获得一个明显的嗅觉，就必须做适当的吸气(收缩鼻孔)或煽动鼻翼作急促的呼吸，并且把头稍微低下对准被嗅物质使气味自下而上地通入鼻腔，使空气易形成急驶的涡流，气体分子较多地接触嗅上皮，从而引起嗅觉增强的效应。

二、实训目的

本实训项目可作为候选评价员的初选及培训评价员的初始实验。对比嗅觉的个体差异，有嗅觉敏锐者和迟钝者。而嗅觉敏锐者也并非对所有气味都敏锐，会因不同气味而异，且易受身体状况和生理的影响。

三、仪器及材料

标准香精样品(草莓、可乐、绿茶、鲜牛奶、葡萄、香草、凤梨、柠檬、苹果、茉莉、玫瑰、菠萝、香蕉、哈密瓜、奶油等)，乙醇，具塞棕色玻璃小瓶，辩香纸(或脱脂球)。

四、实训步骤

基础测试：挑选 3~4 个不同香型的香精(如可乐、绿茶、鲜牛奶、葡萄)，用无色溶剂(如乙醇)稀释配制成 1%~1.5% 的浓度。以随机数编码(见附表)，让每个评价员得到 4 个样品，其中有两个相同，一个不同，外加一个稀释用的溶剂(对照样品)。评价员应有 100% 选择正确率。

辩香测试:挑选 10 个不同香型的香精(其中有 2 ~ 3 个比较接近易混淆的香型,如奶油和鲜牛奶、凤梨和菠萝),适当稀释至相同香气强度,分装入干净棕色玻璃瓶中,贴上标签名称,让评价员充分辨别并熟悉它们的香气特征。

等级测试:将上述辩香试验的 10 个香精制成两份样品,一份写明香精名称,一份只写编号,让评价员对 20 瓶样品进行分辨评香。并填写下表:

标明香精名称 样品号码	1	2	3	4	5	6	7	8	9	10
你认为香型相同 样品编号										

配对试验:在评价员经过辩香试验熟悉了评价样品后,任取上述香精中 5 个不同香型的香精稀释制备成外观完全一致的两份样品,分别写明随机数码编号。让评价员对 10 个样品进行配对试验,并填写下表。

试验名称:辩香配对试验
试验日期: 年   月   日
试验员:

经仔细辩香后,填入上下对应你认为二者相同的香精编号,并简单描述其香气特征。

相同的两种香精的编号					
它的香气特征					

结果分析:

参加基础测试的评价员最好有 100% 的选择正确率,如经过几次重复还不能觉察出差别,则不能入选评价员。

等级测试中可用评分法对评价员进行初评,总分为 100 分,答对一个香型得 10 分。30 以下者为不合格;30 ~ 70 分者为一般评香员;70 ~ 100 分者为优选评香员。

配对试验可用差别试验中的配偶试验法进行评估。

五、注意事项

啜食技术,样品不吞咽,并要先嗅后尝。品尝完样品后,要用温水漱口去味。评香实验室应有足够的换气设备,以 1 min 内可换室内容积的 2 倍量空气的换气能力为最好。在实验过程中,每个评价员不要相互商量评价结果,独立完成整个实验。

第四节 三点检验(三角试验)实训

一、实训原理

三点检验法是差别检验当中最常用的方法之一。在感官评定中,三点检验法是一种专门的方法,同时提供3个已有编码的样品,其中有两个样品是相同的,要求品评员挑选出其中不同于其他两样品的样品。

二、实训目的

通过三点检验(三角试验)实训掌握两个产品的样品间是否存在可感觉到的感官差别或相似的方法,判定一种或多种感官指标是否存在的差别,优选、培训和检验评价员。

三、实训材料与试剂

品尝杯、橙汁、绵白糖。

四、实训步骤

样品制备(制备员准备)。

标准样品:橙汁(样品 A)。

稀释比较样品(B):橙汁间隔用水做10%稀释的系列样品:90 mL 橙汁添加 10 mL 纯净水为 B_1,90 mL B_1 加 10 mL 纯净水为 B_2,其余类推。

甜度比较样品(C):以绵白糖4 g/L 量间隔加入橙汁中的系列样品,做法同上。

样品编号(样品制备员准备)、以随机数对样品编号,举例如下:

标准样品(A)	502(A_1)	745(A_2)	347(A_3)
稀释样品(B)	773(B_1)	987(B_2)	735(B_3)
加糖样品(C)	264(C_1)	437(C_2)	335(C_3)

供样顺序(样品制备员准备) 提供 3 个样品,其中 2 个是相同的。例如,A_1A_1 B_1,$A_1A_1C_1$,$A_1D_1D_1$,$B_2B_3B_2$,……,$A_2C_2C_2$……

品评:每个试验员每次得到一组 3 个样品,依次品评,并填好下表,每人应评 10 次左右。

样品:橙汁　　试验方法:三点检验法

试验员:＿＿＿＿＿＿　　试验日期:＿＿＿＿＿＿

请认真品评你面前的 3 个样品,其中有 2 个是相同的,请做好记录

相同的 2 个样品编号是:＿＿＿＿＿＿＿＿＿

不同的 1 个样品编号是:＿＿＿＿＿＿＿＿＿

实验前,要使品评员熟悉检验程序和产品特性,谨慎地提供给品评员关于处理效应和产品特性的启发和鼓励,给予必要的足够的信息以消除品评员的偏见。

实验过程中,分发样品后,每个评价员独立进行品评,并记录结果。

五、注意事项

在完成所有评价前,应能防止评价员相互交流。在评价员视野外以相同的方式制备样品(即相同器具、相同容器、相同数量的产品)。评价员应不能通过样品的呈送方式鉴别出样品,例如,在品尝检验中,避免任何外观差别。用滤光器和(或)柔和灯光掩饰无关的色泽差别。

用统一的方式对盛样品的容器编码,在每次检验中使用随机选择的三位数。每组由三个样品组成,每个样品用不同的编码。在一场检验中,每个评价员宜使用不同的编码。但若在一场检验中每个评价员仅使用每个编码一次(例如,如果不同产品的几个三点检验在同一场次进行),则同样的三位数编码可以在一次检验中用于所有评价员。

每组样品中,三个样品呈送的数量或体积应相同,这与给定产品类型的一系列检验中的其他所有样品一样,应规定被评价样品的数量或体积,否则应告知评价员无论什么样品,取相似的数量或体积。

每组样品中三个样品的温度应该相同,这与给定产品类型的一个检验系列中所有其他样品一样。呈送产品的温度宜与通常食用时一致。应告知评价员是否吞咽样品或按其喜欢的方式自由选择。在后一种情况下,应要求评价员对所有样品按同样方式进行。检验期间,在完成所有检验前,避免提供有关产品特性的处理结果或个人表现的信息。

六、检测报告

统计分析时计算正确的回答数(已正确鉴定了单一的样品)和总的应答数,将结果与附表相对应的临界值进行比较,并说明含义。撰写检测报告,说明得出的相应结果。

第五节　简单排序检验法

一、实训原理

根据品评员对样品按某单一特性强度或整体印象排序,对结果进行统计分析,确定感官特性的差异。该法只排出样品的次序,不评价样品间差异的大小。以均衡随机的顺序将样品呈送给品评员,要求品评员就指定指标将样品进行排序,计算序列和,然后利用统计学方法对数据进行分析。

排序实验的优点在于可以同时比较两个以上的样品,但是在样品品种较多或样品之间差别很小时,就难以进行,所以通常在样品需要为下一步的试验预筛或预分类的时候,可应用此方法。排序实验中的评判情况取决于鉴定者的感官分辨能力和有关食品方面的性质,本实验通过对不同草莓果料偏爱进行品评,为产品开发、营销等做准备。

二、实训目的

评价样品间的差异、感官特性的强度,或者评价人员对样品的整体印象。评估培训评价员以及测定评价员个人或小组的感官阈值。描述性分析或偏爱检验前,对样品初步筛选。在描述性分析和偏爱检验时,确定由于原料、加工、包装、贮藏以及被检样品稀释顺序的不同,对产品一个或多个感官指标强度水平的影响;在偏爱检验时,确定偏好顺序。

三、实训材料与试剂

预备足够量的一次性纸碟,样品托盘。提供5种同类型草莓果料样品(例如不同品牌的草莓果料)、牙签、漱口水(纯净水)。

四、实训步骤

被检样品的制备,编码和提供应按照相关标准准备。被检样品的数量应根据被检样品的性质和所选的试验设计来确定,并根据样品所归属的产品种类或采用的评价准则进行调整,优选评价员或专家最多一次只能评价15个风味较淡的样品,而消费者最多只能评价3个风味较浓的样品。甜味的饱和度较苦味的饱和度低,甜味样品的数量可比苦味样品的数量多些。

实训分组:每10人为一组,如全班为40人,则分为4个组,每组选出一个小组长,轮流进入实训区。

样品编号:准备样品人员给每个样品随机编出三位数的代码,每个样品给3个编

码,作为 3 次重复检验之用,随机数码取自随机数表。编码实例及供样方案见下表:

样品名称:_____ 日期:_____ 年_____ 月_____ 日

样品名称	重复检验编码			
	1	2	3	4
A	463	973	434	721
B	995	607	225	735
C	067	635	513	789
D	695	654	490	112
E	681	695	431	145

检验员	供样顺序	第 1 吃检验时号码顺序				
1	CAEDB	067	463	681	695	995
2	ACBED	463	067	995	681	695
3	EABDC	681	463	995	695	067
4	BAEDC	995	463	681	695	067
5	ECCAB	681	695	067	463	995
6	DEACB	695	681	463	067	995
7	DCABE	695	067	463	995	681
8	ABDEC	463	995	695	681	067
9	CDBAE	067	695	995	463	681
10	EBACD	681	995	463	067	695

在进行第二次重复检验时,提供样品顺序可以不变,样品编码改用上表中第二次检验用码,其余类推。检验员每人都有一张单独的登记表。

样品名称:_____ 日期:_____ 年_____ 月_____ 日

检验员:_____

试验指令:请品评员仔细品评您面前的 5 个草莓酱的样品,请根据它们的入口的酸度、甜度、香气、综合口感以及外形、颜色等综合指标给样品进行排序,最好的排在最左边第 1 位,依次类推,最差的排在最右边最后一位,将样品编号填入对应横线上。

样品排序(最好) 1　　　 2　　　 3　　　 4　　　 5(最差)

样品编号 ____　　 ____　　 ____　　 ____　　 ____

结果统计分析:依据所学的简单排序法的有关知识设计出简单排序法的结果判定步骤,并对得出的结果进行说明。

五、注意事项

评价员应具备的条件依检验的目的而定,参加检验的所有评价员应尽可能地具有同等的资格水平,所需水平的高低由检验的目的来决定。

进行培训评价员时,进行描述性分析,确定由于原料、加工包装、贮藏以及被检样品稀释顺序的不同,而造成的对产品一个或多个感官指标强度水平的影响时,以及进行测试评价员个人或小组的感官阈值时,需要选择优选评价员或专家。

只进行偏爱检验或者样品的初步筛选(即从大量的产品中挑选出部分产品作进一步更精细的感官分析),可选择未经培训的评价员或消费者,但要求他们接受过该方法的培训;所有参见检验的评价员均应符合相关标准的要求并接受关于简单排序检验法和所使用描述词的专门培训。

人数:评价员人数依检验具体目的确定,进行描述性分析时,确定最少需要的评价人数,宜为 12~15 位优选评价员。进行偏爱检验中确定偏好顺序时,同样依据可接受风险的水平,确定最少需要的评价员人数,一般每组至少 30 位消费者类型评价人员。

进行评价员工作检查、评价员培训以及测试评价员个人或小组的感官阈值时,评价员人数可不限定。

第六节　二、三检验实训

一、实训原理

二、三检验(Duo – Trio test)是感官评价的差别检验中的常用的方法之一。与三角检验本试验不同的是,该试验明确标准样品,是二选一、猜对率为 50% 的检验方法。

二、实训目的

让评价员通过对感官品质非常接近的两种食物进行二、三检验,了解二、三检验实施方法,同时通过对本组同学的二、三检验结果进行统计处理,了解差别显著性分析评价方法。

三、仪器与材料

苹果汁、样品杯。

四、实训步骤

在一组已编号的样品杯中分别放入甲样品和乙样品,样品编号采用三位数编码,编码方式由试验员制定并记录、保密。

将样品杯放入托盘中,其中每个托盘中先放入一种样品作为标样,然后分别放入A和B样品各一杯。从整体上讲,两样品作为标样的概率要相同,此外,两样品在各排列位次上出现的频率相等。在每一个托盘中同时放入一个350 mL的纯净水杯(内盛满纯净水)作为漱口之用。

待评价员在各自的位置坐定后,将托盘送入样品口,评价员进行品尝并填写问卷。

实验结束后,将每个评价员评价结果当场判断对、错。一组评价员将该组内的结果统计并进行差异显著性判断。

收取感官评定表,核对答案数目与参评人数是否相等。统计回答正确的人员数。依据事例中给出的 α 风险值和已知条件查得出临界值。比较(主要选用回答正确的人员数与查得出临界值)。对实验结果进行具体说明。

五、检测报告

二、三试验法感官评定试验表

姓名:　　　性别:　　　年龄:　　　　日期(年、月、日):　　　时间(小时、分):
试验由三个样品组成,其中用三位数编码的为待测样品,以 R 为标记的为标准样品。

A 品尝顺序从左到右依次品尝两个被测样品,指出两个样品之间差异。

B 再品尝标样 R,指出哪个样品与标样一样。

A: 请指出两个样品的差异	B:请指出哪个样品与标准 R 相同
样品品尝顺序:—→ 差别大小(请选择以下合适的描述,在相应处打√) 大　中等　小　略有　无	与标样一致的样品是: R =　　　　(样品编号)

第十章
乳制品感官评价综合实训

第一节 巴氏杀菌乳感官质量评鉴实训

一、基础知识

巴氏杀菌乳又称新鲜乳，它全部是以新鲜生牛乳为原料，经过离心净乳、标准化、均质、杀菌和冷却，以液体状态灌装，直接供给消费者饮用的商品乳。感官评鉴人员是以乳制品专业知识为基础，经过感官分析培训，能够运用自己的视觉、触觉、味觉和嗅觉等器官对乳制品的色、香、味和质地等诸多感官特性做出正确评价的人员，参加评鉴的人员应不少于7人。作为乳制品感官评鉴人员必须满足下列要求：必须具备乳制品加工、检验方面的专业知识；必须是通过感官分析测试合格者，具有良好的感官分析能力；应具有良好的健康状况，不应患有色盲、鼻炎、龋齿、口腔炎等疾病；具有良好的表达能力，在对样品的感官特性进行描述性时，能够做到准备、无误，恰到好处；具有集中精力和不受外界影响的能力，热爱评鉴工作；对样品无偏见、无厌恶感，能够客观、公正地评价样品；工作前不使用香水、化妆品，不用香皂洗手；不在饮食后一小时内进行评鉴工作；不在评鉴开始前30 min内吸烟。

二、实训原理

感官评鉴实验室应设置于无气味、无噪音区域中。将选定用于感官评鉴的样品事先存放于15℃恒温箱中，保证在统一呈送时样品温度恒定和均一，防止因温度不均匀造成样品评鉴失真。为了防止评鉴前通过身体或视觉的接触，使评鉴员得到一些片面的、不正确的信息，影响他们感官反应和判断，评鉴员进入评鉴区时要避免经过准备区和办公区。

三、实训目的

掌握全脂巴氏杀菌乳和脱脂巴氏杀菌乳的感官评鉴。

四、实训步骤

评鉴区是感官评鉴实验室的核心部分,气温应控制在20℃～22℃范围内,相对湿度应保持在50%～55%,通风情况良好,保持其中无气味、无噪音。应避免不适宜的温度和湿度对评鉴结果产生负面的影响。评鉴区通常分为三个部分:品评室、讨论室和评鉴员休息室。

品评室应与准备区相隔离,并保持清洁,采用中性或不会引起注意力转移的色彩,例如白色。房间通风情况良好,安静。根据品评室空间大小和评鉴人员数量分割成数个评鉴工作间,内设工作台和照明光源。

每个评鉴工作间长和宽约1 m。评鉴工作间过小,评鉴员会感到"狭促";但过分宽大会浪费空间。为了防止评鉴员之间相互影响,评鉴工作间之间要用不透明的隔离物分隔开,隔离物的高度要高于评鉴工作台面1 m以上两侧延伸到距离台面边缘50 cm上以。评鉴工作间前面要设样品和评鉴工具传递窗口。一般窗口宽为45 cm、高40 cm(具体尺寸取决于所使用的样品托盘的大小)。窗口下边应与评鉴工作台面在同一水平面上,便于样品和评鉴工具滑进滑出。评鉴工作间后的走廊应该足够宽,使评鉴员能够方便地进出。

评鉴工作台的高度通常是书桌或办公桌的高度(76 cm),台面为白色,整洁干净。评鉴工作台的一角装有评鉴员漱口用洁净水龙头和小型不锈钢水斗。台上配备数据输入设备或留有数据输入端口和电源插座。

评鉴工作间应装有白色昼型照明光源。照度至少应在300～500 lx之间,最大可到700～800 lx。可以用调光开关进行控制。光线在台面上应该分布均匀,不应造成阴影。观察区域的背景颜色应该是无反射的、中性的。评鉴员的观察角度和光线照射在样品上的角度不应该相同,评鉴工作间设置的照明光源通常垂直在样品之上,当评鉴员落座时,他们的观察角度大约与样品呈45°。

讨论室通常与会议室的布置相似,但室内装饰和家具设施应简单,且色彩不会影响评鉴员的注意力。该区对于评鉴员和准备区来说,应该比较方便,但评鉴员的视线或身体不应接触到准备区。其环境控制、照明等可参照评鉴室。

评鉴员休息室应该有舒适的设施,良好的照明,干净整洁。同时注意防止噪音和精神上的干扰对评鉴员产生不利的影响。

根据样品的贮存要求,准备区要有足够的贮存空间,防止样品之间的相互污染。准备用具要清洁,易于清洗。要求使用无味清洗剂洗涤。准备过程中应避免外界因素对样品的色香味产生影响,破坏样品 的质地和结构,影响评鉴结果。样品的准备要具有代表性,分割要均匀一致。样品的准备一般要在评鉴开始前1 h以内,并严格控制样品温度。评鉴用器具要统一。

观察色泽和组织状态:将样品置于自然光下观察色泽和组织状态。

评价滋味和气味:在通风良好的室内,取样品先闻其气味,后品尝其滋味,多次品尝应用温开水漱口。

五、注意事项

由于液体乳容易造成脂肪上浮,在进行评鉴之前应将样品进行充分混匀,再进行分装,保证每一份样品都均匀一致。呈送给评鉴人员的样品的摆放顺序应注意让样品在每个位置上出现的概率是相同的或采用圆形摆方法。

样品的制备标示应采用盲法,不应带有任何不适当的信息,以防对评鉴员的客观评定产生影响,样品应随机编号,对有完整商业包装的样品,应在评鉴前对样品包装进行预处理,以去除相应的包装信息。

食品感官评鉴中由于受很多因素的影响,故每次用于感官评鉴的样品数应控制在 4~8 个,每个样品的分量应控制在 30~60 mL;对于实验所用器皿应不会对感官评定产生影响,一般采用玻璃材质,也可采用没有其他异味的一次性塑料或纸杯作为感官评鉴实验用器皿。

六、检测报告

全脂巴氏杀菌乳感官指标按百分制评定,其中各项分数见表 10 - 1。

表 10 - 1

项目	分数
滋味及气味	60
组织状态	30
色泽	10

全脂巴氏杀菌乳感官评分见表 10 - 2。

表 10 - 2

项目	特征	得分
滋味和气味 (60 分)	具有全脂巴氏杀菌乳的纯香味,无其他异味	60
	具有的全脂巴氏杀菌乳纯香味,稍淡,无其他异味	59~55
	具有的全脂巴氏杀菌乳固有的香味,且此香味延展至口腔的其他部位,或舌部难以感觉到牛乳的醇香,或具有蒸煮味	56~53
	有轻微饲料味	54~51
	滋、气味平淡,无乳香味	52~49
	有不清洁或不新鲜滋味和气味	50~47
	有其他异味	48~45

续表

项目	特征	得分
组织状态 (30 分)	呈均匀的流体。无沉淀,无凝块,无机械杂质,无黏稠和浓厚现象,无脂肪上浮现象	30
	有少量脂肪上浮现象外基本呈均匀的流体。无沉淀,无凝块,无机械杂质,无黏稠和浓厚现象。	29 ~ 27
	有少量沉淀或严重脂肪分离	26 ~ 20
	有黏稠和浓厚现象	20 ~ 10
	有凝块或分层现象	10 ~ 0
色泽 (10 分)	呈均匀一致的乳白色或稍带微黄色	10
	均匀一色,但显黄褐色	8 ~ 5
	色泽不正常	5 ~ 0

脱脂巴氏杀菌乳感官指标按百分制评定,其中各项分数见表 10 – 3。

表 10 – 3

项目	分数
滋味及气味	60
组织状态	30
色泽	10

脱脂巴氏杀菌乳感官评分见表 10 – 4。

得分:采用总分 100 分制,即最高 100 分;单项最高得分不能超过单项规定的分数,最低是 0 分。

总分:在全部总得分中去掉一个最高分和一个最低分,按下列公式计算,结果取整。

总分 = 剩余的总得分之和/全部鉴评人员数 – 2

单项得分:在全部单项得分中去掉一个最高分和一个最低分,按下列公式计算,结果取整。

单项得分 = 剩余的单项得分之和/全部鉴评人员数 – 2

表 10 – 4

项目	特征	得分
滋味和气味 (60 分)	具有脱脂巴氏杀菌乳的纯香味,香味停留于舌部,无油脂香味,无其他异味	60
	具有脱脂巴氏杀菌乳的纯香味,且稍清淡,无油脂香味,无其他异味	59 ~ 55
	有轻微饲料味	57 ~ 53
	有不清洁或不新鲜滋味和气味	56 ~ 51
	有其他异味	53 ~ 45
组织状态 (30 分)	呈均匀的流体。无沉淀,无凝块,无机械杂质,无黏稠和浓厚现象。	30
	有少量沉淀。	29 ~ 20
	有黏稠和浓厚现象	22 ~ 16
	有凝块或分层现象	17 ~ 0
色泽 (10 分)	呈均匀一致的乳白色或稍带微黄色	10
	均匀一色,但显黄褐色	8 ~ 5
	色泽不正常	5 ~ 0

第二节　灭菌乳感官质量评鉴实训

一、实训原理

灭菌乳是指牛乳在密闭系统连续流动中,受 135℃ ~ 150℃ 的高温及不少于 1 s 的灭菌处理,杀灭乳中所有的微生物,然后在无菌条件下包装制得的乳制品。

二、实训目的

掌握灭菌纯牛乳、灭菌调味乳感官质量评价和评分方法。

三、实训步骤

取在保质期且包装完好的样品静置于自然光下,在室温下放置一段时间,保证产品温度在 20℃ ±2℃。同时取 250 mL 烧杯一只,准备观察样品使用。准备品尝用的温开水和品尝杯若干。

将样品置于水平台上,打开样品包装,保证样品不倾斜、不外溢。首先闻样品的气味,然后观察样品外观、色泽、组织状态,最后品尝样品的滋味。色泽和组织状态:取适量样品徐徐倾入 250 mL 烧杯中,在自然光下观察色泽和组织状态。用温开水漱口,然后品尝样品的滋气味。

四、检测报告

按灭菌乳的分类对其分别进行评价。其中部分脱脂灭菌乳和脱脂灭菌乳按同一类产品进行感官评鉴。全脂灭菌乳的感官质量指标按百分制评定,其中各项分数见表 10-5。

表 10-5

项目	分数
滋味和气味	50
组织状态	30
色泽	20

全脂灭菌纯牛乳感官质量评鉴细则见表 10-6。

表 10-6

项目	特征	得分
滋味和气味 (50 分)	具有灭菌纯牛乳特有的纯香味,无异味。	50
	乳香味平淡,不突出,无异味。	45~49
	有过度蒸煮味。	40~45
	有非典型的乳香味,香气过浓。	35~39
	有轻微陈旧味,奶味不纯,或有奶粉味。	30~34
	有非牛奶应有的让人不愉快的异味。	20~29
色泽 (20 分)	具有均匀一致的乳白色或微黄色。	20
	颜色呈略带焦黄色。	15~19
	颜色呈白色至青色。	13~17
组织状态(30 分)	呈均匀的液体,无凝块,无黏稠现象。	30
	呈均匀的液体,无凝块,无黏稠现象,有少量沉淀。	25~29
	有少量上浮脂肪絮片,无凝块,无可见外来杂质。	20~24
	有较多沉淀。	11~19
	有凝块现象。	5~10
	有外来杂质。	5~10

部分脱脂灭菌纯牛乳、脱脂灭菌纯牛乳感官质量评鉴细则见表 10-7。

表 10 – 7

项目	特征	得分
滋味和气味 (50 分)	具有脱脂后灭菌牛乳的香味,奶味轻淡,无异味。	50
	有过度蒸煮味。	40 ~ 49
	有非典型的乳香味,有外来香味。	30 ~ 39
	有轻微陈旧味,奶味不纯,或有奶粉味。	25 ~ 29
	有非牛奶应有的让人不愉快的异味。	20 ~ 24
色泽 (20 分)	具有均匀一致的乳白色。	20
	颜色呈略带焦黄色。	15 ~ 19
	颜色呈白色至青色。	13 ~ 17
组织状态 (30 分)	呈均匀的液体,无凝块,无黏稠现象。	30
	呈均匀的液体,无凝块,无黏稠现象,有少量沉淀。	25 ~ 29
	有少量上浮脂肪絮片,无凝块,无可见外来杂质。	20 ~ 25
	有较多沉淀。	11 ~ 19
	有凝块现象。	5 ~ 10

全脂灭菌调味乳感官质量评鉴细则见表 10 – 8。

表 10 – 8

项目	特征	得分
滋味和气味 (50 分)	具有灭菌调味乳应有的香味,无异味。	50
	调香气味不舒适,过浓或感觉不到。	40 ~ 45
	有轻微陈旧味。	30 ~ 39
	有令人不愉快的异味。	20 ~ 25
色泽 (20 分)	具有均匀一致的乳白色或调味乳应有的色泽。	20
	不是应有的颜色或颜色不典型。	15 ~ 19
	呈现令人不愉快的颜色。	13 ~ 14
组织状态 (30 分)	呈均匀的液体,无凝块,无黏稠现象。	30
	呈均匀的液体,无凝块,无黏稠现象,有少量沉淀。	25 ~ 29
	有少量上浮脂肪絮片,无凝块,无可见外来杂质。	20 ~ 24
	有较多沉淀。	11 ~ 19
	有凝块现象。	5 ~ 10
	有水析现象	5 ~ 10
	有外来杂质。	5 ~ 10

部分脱脂灭菌调味乳、脱脂灭菌调味乳感官质量评鉴细则见表 10 – 9。

表10-9

项目	特征	得分
滋味和气味 （50分）	具有脱脂后灭菌调味乳的香味,奶味轻淡,无异味。	50
	调香气味不舒适,过浓或感觉不到。	40~45
	有轻微陈旧味。	35~39
	有令人不愉快的异味。	20~24
色泽 （20分）	具有均匀一致的乳白色或调味乳应有的颜色。	20
	不是应有的颜色或颜色不典型。	15~19
	呈现令人不愉快的颜色。	13~15
组织状态 （30分）	呈均匀的液体,无凝块,无黏稠现象,有少量沉淀。	30
	有少量上浮脂肪絮片,无凝块,无可见外来杂质。	20~29
	有较多沉淀。	11~19
	有凝块现象。	5~9
	有外来杂质。	5~9

第三节　酸牛乳感官质量评鉴实训

一、实训原理

酸牛乳,是将新鲜的全乳或脱脂乳加糖或不加糖,经巴氏消毒法杀菌,冷却后,加入适量乳酸菌,放在恒温箱内发酵制作而成。原味酸牛乳是以牛乳或复原乳为主要原料,添加或不添加辅料,使用含有保加利亚乳杆菌、嗜热链球菌的菌种发酵制成的产品。

二、实训目的

掌握酸牛乳感官评鉴的样品制备、实验室和人员要求、评鉴项目和标准、评鉴方法、数据处理。

三、实训材料与试剂

原味酸牛乳,温开水,50 mL透明容器。

四、实训步骤

取适量样品放入50 mL敞口透明容器中,置于4℃~6℃冷藏环境中。不得与有

毒、有害、有异味,或对产品产生不良影响的物品同处存放。评鉴开始前取出,使评鉴

时温度在6℃～10℃范围内。

色泽:取适量样品于50 mL透明容器中,在灯光下观察色泽。

滋味和气味:先闻气味,然后用温开水漱口,再品尝样品的滋味。

组织状态:取适量试样于50 mL透明容器中,在灯光下观察其组织状态。

五、检测报告

按百分制评定,其中各项分数见表10－10。

表 10 － 10

项目	分数
色泽	10
滋味和气味	40
组织状态	50

各项目的评分标准见表10－11。

表 10 － 11

项目	特征		得分
	纯酸牛奶、原味酸牛奶、果料酸牛奶		
	凝固型	搅拌型	
色泽 (10 分)	呈均匀乳白色、微黄色或果料固有的颜色		10～8
	淡黄色		8～6
	浅灰色或灰白色		6～4
	绿色、黑色斑点或有霉菌生长、异常颜色		4～0
滋味和气味 (40 分)	具有酸牛乳固有滋味和气味或相应的果料味,酸味和甜味比例适当		40～35
	过酸或过甜		35～20
	有涩味		20～10
	有苦味		10～5
	异常滋味或气味		5～0
组织状态 (50 分)	组织细腻、均匀、表面光滑、无裂纹、无气泡、无乳清析出	组织细腻、凝块细小均匀滑爽、无气泡、无乳清析出	50～40
	组织细腻、均匀、表面光滑、无气泡、有少量乳清析出	组织细腻、凝块大小不均、无气泡、有少量乳清析出	40～30
	组织粗糙、有裂纹,无气泡、有少量乳清析出	组织粗糙、不均匀、无气泡、有少量乳清析出	30～20
	组织粗糙、有裂纹纹、有气泡、乳清析出	组织粗糙、不均匀、有气泡、乳清析出	20～10
	组织粗糙、有裂纹、有大量气泡、乳清析出严重、有颗粒	组织粗糙、不均匀、有大量气泡、乳清析出严重、有颗粒	10～0

第四节　全脂乳粉、脱脂乳粉、婴儿配方乳粉感官质量评鉴实训

一、实训原理

全脂乳粉是以新鲜牛乳或羊乳为原料,经浓缩、干燥制成的粉状产品。脱脂乳粉是先将牛乳中的脂肪经高速离心机脱去,再经过浓缩、喷雾干燥而制成。生产 1 kg 脱脂奶粉需用普通牛奶 12 kg。这种产品脂肪含量一般是不超过 2.0%,蛋白质不低于 32%。脱脂奶粉主要是用作加工其他食品的原料,或是特殊营养需要的消费者食用。

婴儿配方奶粉又称母乳化奶粉,它是为了满足婴儿的营养需要,在普通奶粉的基础上加以调配的奶制品。它除去牛奶中不符合婴儿吸收利用的成分,甚至可以改进母乳中铁的含量过低等一些不足,是婴儿健康成长所必需的,因此,给婴儿添加配方奶粉成为世界各地普遍采用的做法。

二、实训目的

掌握全脂乳粉、脱脂乳粉、婴儿配方乳粉感官质量评鉴方法。

三、样品制备

从包装完好的产品中取适量(50~100g)的样品放于敞口透明容器中,不得与有毒、有害、有异味或是影响样品风味的物品放在一起,评鉴温度在 6℃~10℃范围内。

硫酸纸若干、透明洁净的 200 mL 烧杯一只、蒸馏水若干、大号塑料勺、黑色塑料盘、秒表一只。

四、操作步骤

色泽、组织状态的评定:在充足的日光或白炽灯光下,将待检乳粉取 5 g 分别放在硫酸纸上,观察奶粉的色泽和组织状态。

冲调的评定:下沉时间测定时量取 50℃~55℃的蒸馏水 100 mL 放入 200 mL 烧杯中,称取 13.6 g 待检奶粉,将奶粉迅速倒入烧杯的同时启动秒表开始计时。待水面上的粉全部下沉后结束计时,记录奶粉下沉时间。

小白点、挂壁和团块:检验完奶粉的"下沉时间"后,立即用大号塑料勺沿容器壁按每秒转动二周的速度进行匀速搅拌,搅拌时间为 40~50 s。

然后观察复原乳的挂壁情况;将复原乳(2 mL)倾倒黑色塑料盘中观察小白点情况;最后观察容器底部是否有不溶团块。

滋气味检测时首先用清水漱口,然后用鼻闻复原乳气味,最后喝一口(5 mL 左右)

复原乳,仔细品味后再咽下去。

五、检测报告

感官指标按百分制评定,其中各项分数见表 10 - 12。

表 10 - 12

项目	分数
滋味及气味	40
冲调性	30
组织状态	20
色泽	10

感官评分见表 10 - 13。

表 10 - 13

项目	特征			得分
色泽 (10 分)	色泽均一,呈乳黄色或浅黄色;有光泽。			10
	色泽均一,呈乳黄色或浅黄色;略有光泽。			9 ~ 8
	黄色特殊或带浅白色;基本无光泽。			7 ~ 6
	色泽不正常。			5 ~ 4
组织状态 (20 分)	颗粒均匀、适中、松散、流动性好。			20
	颗粒较大稍大、不松散,有结块或少量结块,流动性较差。			19 ~ 16
	颗粒细小或稍小,有较多结块,流动性较差;有少量肉眼可见的焦粉粒。			15 ~ 12
	粉质粘连,流动性非常差;有较多肉眼可见的焦粉粒。			11 ~ 8
冲调性 (30 分)	下沉时间 (10 分)	≤10 s		10
		11 s ~ 20 s		9 ~ 8
		21 s ~ 30 s		7 ~ 6
		≥30 s		5 ~ 4
	挂壁和小白点 (10 分)	小白点≤10,颗粒细小;杯壁无小白点		10
		有少量小白点点,颗粒细小;杯壁上的小白点和絮片≤10 个。	9 ~ 8	9 ~ 8
		有少量小白点,周边较多,颗粒细小;杯壁有少量小白点和絮片。	7 ~ 6	7 ~ 6
		有大量小白点和絮片,中间和四周无明显区别;杯壁有大量小白点和絮片而不下落。	5 ~ 4	5 ~ 4
	团块 (10 分)	0		10
		1≤团块≤5		9 ~ 8
		5≤团块≤10		7 ~ 6
		团块 >10		5 ~ 4
滋味及气味 (40 分)	浓郁的乳香味。			40
	乳香味不浓,无不良气味。			39 ~ 32
	夹杂其他异味。			31 ~ 24

第五节　全脂加糖炼乳、全脂无糖炼乳感官质量评鉴实训

一、实训原理

炼乳是一种牛奶制品,用鲜牛奶或羊奶经过消毒浓缩制成的饮料,它的特点是可贮存较长时间。炼乳是"浓缩奶"的一种,是将鲜乳经真空浓缩或其他方法除去大部分的水分,浓缩至原体积25% ~40%的乳制品,再加入40%的蔗糖装罐制成的。

二、实训目的

适用于以牛乳为原料,添加白砂糖制成的全脂加糖炼乳的感官质量评鉴。
适用于以牛乳为原料制成的全脂无糖炼乳的感官质量评鉴。

三、实训材料与试剂

250 mL 烧杯一只、500 mL 烧杯一只、玻璃棒一根、500 g 天平一台、温度计(0℃ ~ 100℃)一支、200 mL 量筒一只、开罐器一只、恒温箱一台。

四、实训步骤

取完整的定量包装(罐、瓶等)样品经 37℃保温 10 d,以备检验组织状态、色泽等感官指标。将保温后的样品开盖,并使盖与液面保持 100°左右的倾角,待 10 min 后,检验脂肪上浮、粘盖等感官指标。取 50 g 样品放入 250 mL 烧杯中,加入 150 mL、70℃的蒸馏水,并用玻璃棒搅拌均匀,以备检验滋味、气味和钙盐沉淀等感官指标。

色泽的评分:取已开启罐(瓶)盖定量包装的样品,观察其色泽。

组织质地的评分:取已开启罐(瓶)盖定量包装的样品,检验组织质地、有无脂肪上浮或粘盖等感官指标。

乳糖结晶:温水漱口,品尝少许样品,用舌尖感觉乳糖结晶的大小,以此检验乳糖结晶等感官指标。

黏度和乳糖沉淀:将样品全部倒入 500 mL 烧杯中,样品能在先前倾出之样品表面起堆,但所起之堆能较快消失者为正常,以此检验黏度感官指标;待样品全部倒净后,将罐(瓶)口朝上,倾斜45°放置,观察罐(瓶)底部有无乳糖沉淀,以此检验乳糖沉淀感官指标。

钙盐沉淀:将冲调后样品静置 10 min,去除上层乳皮并缓慢倾倒冲调液,观察杯底有无钙盐沉淀。

滋味评分:用温开水漱口,品尝冲调后样品的滋味。

气味评分:取冲调后的样品闻气味。

五、检测报告

全脂加糖、无糖炼乳的感官质量指标按百分制评定,各项分数见表10-14。

表10-14

项目	分数
滋味和气味	60
组织状态	35
色泽	5

全脂加糖、无糖炼乳的感官质量评鉴细则见表10-15。

表10-15

项目		特征	得分
滋味和气味 (60分)	滋味 (30分)	具有明显灭菌乳的滋味,加糖的甜味纯正	30
		灭菌乳的滋味平淡	27~24
		具有不纯灭菌乳的滋味	23~20
	气味 (30分)	具有明显灭菌乳的滋味	30
		灭菌乳的滋味平淡	27~24
		具有不纯灭菌乳的滋味	23~20
组织状态 (35分)	组织质地 (7分)	组织细腻,质地均匀,加糖的无乳糖沉淀	70
		组织较细腻,质地均匀,加糖的少量乳糖沉淀	6~5
		组织不细腻,质地均匀,加糖的较多乳糖沉淀	4~2
	脂肪 (7分)	无脂肪上浮	70
		脂肪轻度上浮,加糖的轻度粘盖(厚度小于或等于1 mm)	6~5
		脂肪上浮较明显,加糖的重度粘盖	4~2
	黏度 (7分)	黏度正常	7
		黏度稍大或稍稀	6~5
		黏度较大或较稀,加糖的变厚或呈软膏状	4~2
	凝块 (7分)	无凝块,加糖的乳糖结晶细小且均匀	7
		有少量凝块,加糖的乳糖结晶稍大,舌尖微感粉状	6~5
		有大量凝块,加糖的乳糖结晶较大,舌感砂状	4~2
	沉淀 (7分)	无沉淀、无机械杂质	7
		有少量的砂粒、粒状沉淀物、机械杂质	6~5
		有较多的砂粒、粒状沉淀物、机械杂质	4~2
色泽 (5分)		呈乳白(黄)色,色泽均匀,有光泽	5
		色泽有轻度变化	4~3
		色泽呈白色黄褐色	2~1

附录

附表1   二、三点检验法检验表

答案数目	显著水平			答案数目	显著水平		
	5%	1%	0.1%		5%	1%	0.1%
7	7	7	—	32	22	24	26
8	7	8	—	33	22	24	26
9	8	9	—	34	23	25	27
10	9	10	10	35	23	25	27
11	9	10	11	36	24	26	28
12	10	11	12	37	24	27	29
13	10	12	13	38	25	27	29
14	11	12	13	39	26	28	30
15	12	13	14	40	26	28	31
16	12	14	15	41	27	29	31
17	13	14	16	42	27	29	32
18	13	15	16	43	28	30	32
19	14	15	17	44	28	31	33
20	15	16	18	45	29	31	34
21	15	17	18	46	30	32	34
22	16	17	19	47	30	32	35
23	16	18	20	48	31	33	36
24	17	19	20	49	31	34	36
25	18	19	21	50	32	34	37
26	18	20	22	60	37	40	43
27	19	20	22	70	43	46	49
28	19	21	23	80	48	51	55
29	20	22	24	90	54	57	61
30	20	22	24	100	59	63	66
31	21	23	25				

附表 2　三点检验法检验表

答案数	显著水平			答案数	显著水平			答案数	显著水平		
(n)	5%	1%	0.1%	(n)	5%	1%	0.1%	(n)	5%	1%	0.1%
5	4	5	—	37	18	20	22	69	31	33	36
6	5	6	—	38	19	21	23	70	31	34	37
7	5	6	7	39	19	21	23	71	31	34	37
8	6	7	8	40	19	21	24	72	32	34	38
9	6	7	8	41	20	22	24	73	32	35	38
10	7	8	9	42	20	22	25	74	32	35	39
11	7	8	10	43	20	23	25	75	33	36	39
12	8	9	10	44	21	23	26	76	33	36	39
13	8	9	11	45	21	24	26	77	34	36	40
14	9	10	11	46	22	24	27	78	34	37	40
15	9	10	12	47	22	24	27	79	34	37	41
16	9	11	12	48	22	25	27	80	35	38	41
17	10	11	13	49	23	25	28	81	35	38	41
18	10	12	13	50	23	26	28	82	35	38	42
19	11	12	14	51	24	26	29	83	36	39	42
20	11	13	14	52	24	26	29	84	36	39	43
21	12	13	15	53	24	27	30	85	37	40	43
22	12	14	15	54	25	27	30	86	37	40	44
23	12	14	16	55	25	28	30	87	37	40	44
24	13	15	16	56	26	28	31	88	38	41	44
25	13	15	17	57	26	28	31	89	38	41	45
26	14	15	17	58	26	29	32	90	38	42	45
27	14	16	18	59	27	29	32	91	39	42	46
28	15	16	18	60	27	30	33	92	39	42	46
29	15	17	19	61	27	30	33	93	40	43	46
30	15	17	19	62	28	30	33	94	40	43	47
31	16	18	20	63	28	31	34	95	40	44	47
32	16	18	20	64	29	31	34	96	41	44	48
33	17	18	21	65	29	32	35	97	41	44	48
34	17	19	21	66	29	32	35	98	41	45	48
35	17	19	22	67	30	33	36	99	42	45	49
36	18	20	22	68	30	33	36	100	42	46	49

附表3　排序检验法检验表（a = 1%）

鉴评员数	2	3	4	5	6	7	8	9	10	11	12	13	14	15
2	— —	— —	— —	— —	— —	— —	— —	— —	— 3~19	— 3~21	— 3~23	— 3~26	— 3~27	— 3~29
3	— —	— —	— —	— 4~14	— 4~17	— 4~20	— 5~22	— 5~25	4~29 5~27	4~32 6~30	4~35 6~33	4~38 7~35	4~41 7~38	4~44 7~41
4	— —	— —	— 5~15	5~19 6~18	5~23 6~22	5~27 7~25	6~30 8~28	6~34 8~32	6~38 9~35	6~42 10~38	7~45 10~42	7~49 11~45	7~53 12~48	7~57 13~51
5	— —	— 6~14	6~19 7~18	7~23 8~22	7~28 9~26	8~32 10~30	8~37 11~34	9~41 12~38	9~46 13~42	10~50 14~46	10~55 15~50	11~59 16~54	11~64 17~58	12~68 18~62
6	— —	7~17 8~16	8~22 9~21	9~27 10~26	9~33 12~30	10~38 13~35	11~43 14~40	12~48 16~44	13~53 17~49	13~59 18~54	14~64 20~58	15~69 21~63	16~74 28~07	16~80 24~72
7	— 8~13	8~20 9~19	10~25 11~24	11~31 12~30	12~37 14~35	13~43 16~40	14~49 18~45	15~55 19~51	16~61 21~56	17~67 23~61	18~73 26~66	19~79 26~72	20~85 28~77	21~91 30~82
8	9~15 9~15	10~22 11~21	11~29 13~27	13~35 15~33	14~42 17~39	16~48 19~45	17~55 21~51	19~61 23~57	20~68 25~63	21~75 28~68	23~81 30~74	24~68 32~80	25~95 34~86	27~101 36~92
9	10~17 10~17	12~24 12~24	13~32 15~30	15~39 17~37	17~46 20~43	19~53 22~50	21~60 25~56	22~68 27~63	24~75 30~69	26~82 32~76	27~90 35~82	29~97 37~89	31~104 40~95	32~112 42~102
10	11~19 11~19	13~27 14~26	15~35 17~33	18~42 20~40	20~50 23~47	22~58 25~55	24~66 28~62	26~74 31~69	28~82 34~76	30~90 37~83	32~98 40~90	34~106 48~97	36~114 46~104	38~122 49~111
11	12~21 13~20	15~29 16~28	17~38 19~36	20~46 22~44	22~55 25~52	25~63 29~59	27~72 32~67	30~80 36~75	32~89 39~82	34~98 42~90	37~106 45~98	39~115 48~106	41~124 52~113	44~132 55~121
12	14~22 14~22	17~31 18~30	19~41 21~39	22~50 25~47	25~59 28~56	28~68 32~64	31~77 36~72	33~87 39~81	36~96 43~89	39~105 47~97	42~114 50~106	44~124 54~114	47~133 58~122	50~142 46~130
13	15~24 15~24	18~34 19~33	21~44 23~42	25~53 27~51	28~63 31~60	31~73 35~69	34~83 39~78	37~93 44~86	40~103 48~96	43~113 52~104	46~123 56~113	50~132 60~122	53~142 64~131	56~152 68~140
14	16~26 17~25	20~36 21~35	24~46 25~45	27~57 30~54	31~67 34~64	34~78 39~73	38~88 43~83	41~99 48~92	45~109 52~103	48~120 57~111	51~131 61~121	55~141 66~130	58~152 76~140	62~162 75~149
15	18~27 18~27	22~38 23~37	26~40 28~47	30~60 32~58	34~71 37~78	37~83 42~78	41~94 47~88	45~105 52~98	49~116 57~108	53~127 62~118	50~139 67~128	60~150 72~138	64~161 74~149	68~172 81~159
16	19~29 19~29	23~41 25~39	28~52 30~50	32~64 35~61	36~76 40~72	41~87 46~82	45~99 51~93	40~111 50~104	53~123 61~115	57~135 67~125	62~146 72~136	66~158 77~147	70~170 83~157	74~182 88~168
17	20~31 21~30	25~43 26~42	30~55 32~53	35~67 38~64	39~80 42~76	44~92 49~87	49~104 55~98	53~117 60~110	58~129 66~124	62~142 72~132	67~154 78~143	71~167 83~155	76~179 89~166	80~192 95~177
18	22~32 22~32	27~45 28~44	32~58 34~56	37~71 40~68	42~84 46~80	47~97 52~92	52~110 99~103	57~123 65~115	62~136 71~127	67~149 77~129	72~162 83~151	77~175 89~163	82~188 95~175	86~202 102~186
19	23~34 24~33	29~47 30~46	34~61 36~59	40~74 43~71	45~88 49~84	50~102 56~96	59~115 62~109	61~129 69~121	67~142 75~133	72~156 82~146	77~170 89~158	82~184 95~171	86~197 102~183	93~211 108~196
20	24~36 25~35	30~50 32~48	36~64 38~62	42~78 45~75	48~92 52~88	54~106 59~101	60~120 60~114	65~125 73~127	71~140 80~140	77~163 87~153	82~178 94~166	88~192 101~179	94~206 108~192	99~221 115~203

附表4 排序检验法检验表(a=5%)

鉴评员数	2	3	4	5	6	7	8	9	10	11	12	13	14	15
2	—	—	—	—	—	—	—	—	—	—	—	—	—	—
	—	—	—	39	3~11	3~13	4~14	4~16	4~18	5~19	5~21	5~23	5~25	6~26
3	—	—	—	4~14	4~17	4~20	4~23	5~25	5~28	5~31	5~34	5~37	5~40	6~42
	—	4~8	4~11	5~13	6~15	6~18	7~20	8~22	825	9~27	10~29	10~32	11~34	12~36
4	—	5~11	5~15	6~18	6~22	7~25	7~29	8~32	8~36	8~40	9~43	9~47	10~50	10~54
	—	5~11	6~14	7~17	8~20	9~23	10~26	11~29	13~31	14~34	15~37	16~40	17~43	18~46
5	—	6~14	7~18	8~22	9~26	9~31	10~35	11~39	12~43	12~48	13~52	14~56	14~61	15~65
	6~9	7~13	8~17	10~20	11~24	13~27	14~31	15~35	17~38	18~42	20~45	21~49	23~52	24~56
6	7~11	8~16	9~21	10~26	11~31	12~36	13~41	14~46	15~51	17~55	18~60	19~65	19~71	20~76
	7~11	9~15	11~19	12~24	14~28	16~32	18~36	20~40	21~45	23~49	25~53	27~57	29~61	31~65
7	8~13	10~18	11~24	12~30	14~35	15~41	17~46	18~52	19~58	21~63	22~69	23~75	25~80	26~86
	8~13	10~18	13~22	15~27	17~32	19~37	22~41	24~46	26~51	28~56	30~61	33~65	35~70	37~75
8	9~15	11~21	13~27	15~33	17~39	18~46	20~52	22~58	24~64	25~71	27~77	29~83	30~90	32~96
	10~14	12~20	1525	17~31	20~36	23~41	25~47	28~52	31~57	33~63	36~68	39~73	41~79	44~84
9	11~16	13~23	15~30	17~37	19~44	22~50	24~57	26~64	28~71	30~78	32~84	34~92	36~99	38~106
	11~16	14~27	17~28	20~37	23~40	26~46	29~52	32~58	35~64	38~70	41~76	45~81	48~87	51~93
10	12~18	15~25	17~33	20~40	22~48	25~55	27~63	30~70	32~78	34~86	37~93	39~101	41~109	44~116
	12~18	16~24	19~31	23~37	26~44	30~50	33~57	37~63	40~70	44~76	47~83	51~89	54~96	57~103
11	13~20	16~28	19~36	22~44	25~52	28~60	31~68	34~76	36~85	39~93	42~101	45~109	47~118	50~126
	14~19	18~26	21~34	25~41	29~48	33~56	37~62	41~69	45~76	49~83	53~90	57~97	60~105	64~112
12	15~21	18~30	21~39	25~47	28~56	31~65	34~74	38~82	41~91	44~100	47~109	50~118	53~127	56~136
	15~21	19~29	24~36	28~44	32~52	37~59	41~67	45~75	50~82	54~90	58~98	63~105	67~113	71~121
13	16~23	20~32	24~41	27~51	31~60	35~69	38~79	42~88	45~98	49~107	52~117	56~126	59~136	62~146
	17~22	21~31	26~39	34~47	35~56	40~64	45~72	50~80	54~89	59~97	64~105	69~113	74~121	78~130
14	17~25	22~34	26~44	30~54	34~64	38~74	42~84	46~94	50~104	54~114	57~125	61~135	65~145	69~155
	18~24	23~33	28~42	33~51	38~60	44~68	49~77	54~86	59~95	65~103	70~112	75~121	80~130	85~139
15	19~26	23~37	28~47	32~58	37~68	41~79	46~89	50~100	54~111	58~122	63~132	67~143	71~154	75~165
	19~26	25~35	30~45	36~54	42~63	47~73	53~82	59~91	64~101	70~110	75~120	81~129	87~138	92~148
16	20~28	25~39	30~50	35~61	40~72	45~83	49~95	54~106	59~119	63~129	68~140	73~151	77~163	82~174
	21~27	27~37	33~47	39~57	45~67	51~77	57~87	63~97	69~107	75~117	81~127	87~137	93~147	100~156
17	22~29	27~41	32~53	38~64	43~76	48~88	53~100	58~112	63~124	68~136	73~148	78~160	83~172	88~184
	22~29	28~40	35~50	41~61	48~71	54~82	61~92	67~103	74~113	81~123	87~134	94~144	100~155	107~165
18	23~31	29~43	34~56	40~68	46~80	51~93	57~105	62~108	68~130	73~143	79~155	84~168	90~180	95~193
	24~30	30~42	37~53	44~64	51~75	58~86	65~97	72~108	79~119	86~130	93~141	100~152	107~163	114~174
19	24~33	30~46	37~58	43~71	49~84	55~97	61~110	67~123	73~136	78~150	84~163	90~176	76~189	102~202
	25~32	32~44	39~56	47~67	54~79	62~90	69~102	76~114	84~125	91~137	99~148	106~160	114~171	121~183
20	26~34	32~48	39~61	45~75	52~88	58~102	65~115	71~129	77~143	83~157	90~170	96~184	102~198	108~212
	26~34	34~46	42~58	50~70	57~83	65~95	73~107	81~119	89~131	97~143	105~155	112~168	120~180	128~192

参考文献

1. RHB 203–2004 全脂加糖乳粉感官评鉴细则
2. RHB 204–2004 婴儿配方乳粉感官评鉴细则
3. RHB 301–2004 全脂加糖炼乳感官质量评鉴细则
4. RHB 302–2004 全脂无糖炼乳感官质量评鉴细则
5. RHB 101–2004 巴氏杀菌乳感官质量评鉴细则
6. RHB 102–2004 灭菌乳感官质量评鉴细则
7. RHB 103–2004 酸牛乳感官质量评鉴细则

第十一章
乳制品包装检验

第一节　乳制品营养标签规定

一、乳制品营养标签

营养成分表是标有乳制品营养成分名称及含量的表格,表格中标示能量、营养素、水分和膳食纤维等营养成分。乳制品生产加工企业在标签上标示食品营养成分、营养声称、营养成分功能时,要先标示能量和蛋白质、脂肪、碳水化合物、钠4种核心营养素与含量。除上述4种成分外,乳制品营养标签上还可标示饱和脂肪或饱和脂肪酸、糖、膳食纤维、胆固醇、维生素和矿物质与含量。乳制品的能量与4种核心营养素标示要比其他营养成分标示更加醒目。

乳制品营养标签中营养成分标示要以每100克,或每100毫升,或每份乳制品中的含量数值表明,同时要标示所含营养成分占营养素参考值(NRV)的百分比。乳制品各营养成分的定义与测定方法、标示方法与顺序、数值的允许误差等要达到《食品营养成分标示准则》的规定要求。营养素参考值的具体数值要符合《中国食品标签营养素参考值》。

营养声称是对乳制品营养特性的描述和说明,包括描述乳制品中能量或营养含量水平的含量声称,声称用语为无有、高低等。比较声称是指本产品与消费者熟悉的同类乳制品相比,比较两者营养成分含量或能量值后的声称,声称用语为增加或减少等。营养成分功能声称为乳制品中某营养成分能维持人体正常生长发育、正常生理功能作用等的声称。

乳制品营养标签中营养成分功能声称时要求,此营养成分的功能作用要有公开发表并得到公认的科学依据,具备营养素参考值(NRV)。乳制品中被声称的营养成分含量要达到《食品营养声称和营养成分功能声称准则》的条件要求,并要使用声称准则中营养成分功能声称的标准用语。

乳制品营养标签的标示要客观真实,不能虚假宣传或夸大乳制品的营养作用,乳制品标签标示与宣传等不能对规定的营养声称方式和用语进行添加或删改,不能明示或暗示乳制品治疗疾病的作用。

乳制品营养标签格式要符合有关规定,营养成分标示内容要用一个方框表的形式表示,营养成分表的方框要与包装的基线垂直。乳制品营养标签基本格式要符合《食品营养成分标示准则》的规定要求,营养成分要按照准则规定的顺序标示,标示的营养成分较多时,核心营养素和能量的标示要醒目突出。营养成分标示内容要标示于乳制品包装的醒目位置,乳制品营养标签的字体和颜色要清晰,营养声称的字体不能大于乳制品的名称或商标。可在向消费者交货的乳制品外包装标示营养标签,但乳制品内包装物上要标明每份的净含量。

乳制品包装可用标签面积小于 20 cm^2,或乳制品特大规格包装可使用横排水平标示。乳制品营养标签要求使用中文,如同时使用外文标示时,外文字号不能大于中文字号,外文内容要与中文相符合。乳制品营养标签中标示的营养数值可以通过乳制品成分计算或者产品检验检测得出,计算营养数值的记录或检测报告要真实完整以备核查与溯源。

每日食用量不足 10 g 或 10 ml 的乳制品等预包装乳制品、包装的总表面积小于100 cm^2 的乳制品、包装的生鲜乳、现售现制的乳制品可以不标示营养标签。乳品生产加工企业要加强生产保存和运输过程等环节的质量控制,生产经营达到营养要求的乳制品。乳品生产加工企业要对乳制品营养标签的真实性负责,安排专业人员负责制作与审核产品的营养标签,乳制品出厂前要对标签标示内容进行检查合格后才能出厂。乳制品由于错误或虚假的营养标签对消费者产生误导及造成健康损害时,乳品生产加工企业要依法承担相关责任。

二、乳制品营养成分

乳制品营养素是指乳制品中具有特定生理作用,包括蛋白质、脂肪、碳水化合物、矿物质、维生素五大类,营养素能维持机体生长发育、活动繁殖及正常代谢所需的物质,缺乏这些物质将导致人体发生对应得生理生化学的不良反应。乳制品营养成分是指乳制品中具有的营养素和有益成分,包括营养素、水分、膳食纤维等。预包装乳制品是经过预先定量包装或装入及灌入容器中,向消费者直接提供的乳制品。乳制品能量是指乳制品中蛋白质、脂肪和碳水化合物等营养素在人体代谢中产生的能量,能量一般以 kJ 标示,1 g 蛋白质产能 17 kJ,1 g 脂肪产能 37 kJ,1 g 碳水化合物产能 17 kJ。

蛋白质是以氨基酸为基本单位组成的含氮的有机化合物。根据检测方法不同,乳制品脂肪分为粗脂肪和总脂肪,在乳制品营养标签上都可标示为脂肪。粗脂肪是乳制品中一类不溶于水而溶于乙醚或石油醚有机溶剂的化合物总称。除了甘油三酯外,乳制品粗脂肪还包括磷脂、固醇和色素等,可通由索氏抽提法和罗高氏法等方法测定。乳制品总脂肪或总脂肪酸是各种单个脂肪酸含量的总和,可利用内标法或外标法测定。乳制品脂肪酸是有机酸中链状羧酸的总称,可与甘油结合成脂肪,可分为饱和脂肪酸和不饱和脂肪酸两类。

饱和脂肪酸是碳链上不含双键的脂肪酸,如软脂酸、硬脂酸等,在乳制品营养标签上可标示为饱和脂肪。不饱和脂肪酸是碳链上含一个或一个以上双键的脂肪酸,仅包括顺式部分,在标签上可标示为不饱和脂肪。单不饱和脂肪酸是碳链上含有一个双键脂肪酸的总和,多不饱和脂肪酸是碳链上含有两个和两个以上双键脂肪酸的总和。反式脂肪酸是加工中产生的含有一个或一个以上非共轭反式双键的不饱和脂肪酸总和,在乳制品营养标签上标示为反式脂肪,其不包括天然的反式脂肪酸。

乳制品中的碳水化合物是指糖、寡糖、多糖的总称,是提供能量的重要营养素,乳制品总碳水化合物指碳水化合物和膳食纤维的总和。糖是指所有的单糖和双糖,如葡萄糖和蔗糖等,寡糖也称低聚糖是指聚合度为 3 - 9 的碳水化合物,多糖是指聚合度 ≥ 10 的碳水化合物,包括淀粉和非淀粉多糖。

膳食纤维是指植物中天然存在、经提取或合成的碳水化合物聚合物,其聚合度 DP 大于 3 切不能被人体小肠消化吸收,对人体有健康意义的营养素。膳食纤维包括纤维素、半纤维素、果胶、菊粉及其他一些膳食纤维单体成分等。

营养素参考值(NRV)是中国食品标签营养素参考值的简称,是比较食品营养成分含量多少、专用于食品标签的参考标准,是消费者选择乳制品时的一种营养参照尺度。营养素参考值依据我国居民膳食营养素推荐摄入量(RNI)和适宜摄入量(AI)制定而成。

三、乳制品营养成分标示

乳制品营养成分表中营养成分的标示是对乳制品中营养成分含量做出的准确描述。乳制品营养成分的含量标示要使用每 100 g、100 ml 乳制品或每份食用量作为单位,乳制品营养成分的含量要用具体数值表示,同时标示该营养成分含量占营养素参考值(NRV)的百分比。

乳制品核心营养素包括蛋白质、脂肪、碳水化合物和钠,乳品生产加工企业对乳制品实施营养成分标示或营养声称、营养成分功能声称标示时,要首先标示能量及 4 种核心营养素的含量。乳制品能量以千焦(kJ)标示,蛋白质以克(g)标示;脂肪以克(g)标示,同时可自愿标示饱和脂肪(酸)、不饱和脂肪(酸)和反式脂肪(酸)等含量;碳水化合物以克(g)标示,可同时标示糖的含量;钠以毫克(mg)标示。

乳制品宜标示的营养成分胆固醇以毫克(mg)标示,钙以毫克(mg)标示,膳食纤维包括纤维素、半纤维素、果胶、菊粉及其他一些膳食纤维单体成分,膳食纤维以克(g)标示,可同时标示可溶性膳食纤维和不可溶性膳食纤维,还可标示出膳食纤维单体成分,以膳食纤维(以单体成分计)标示;维生素 A 和胡萝卜素都用微克维生素当量(μg RE)标示;维生素 E 是 α - 生育酚、β - 生育酚、γ - 生育酚、三烯生育酚和 δ - 生育酚的分析测定数值总和,维生素 E 用总 α - 生育酚当量(mg α - TE)标示;叶酸因吸收利用程度不同导致标示有两种形式,食品中天然存在的叶酸以微克(μg)标示,人工合成的叶酸以微克膳食叶酸当量(μg DFE)标示;烟酸(烟酰胺)以毫克(mg)标示;其他维生素和矿物质以毫克(mg)或微克(μg)标示。

乳制品营养成分表的成分要按照以下顺序排列,以统一标示格式方便消费者查找,当缺少有项目缺失时,营养成分依照顺序上移。能量、蛋白质、脂肪(饱和脂肪、不饱和脂肪、反式脂肪)、胆固醇、碳水化合物(糖)、膳食纤维(可溶性膳食纤维、不溶性膳食纤维)、钠、钙、维生素 A。其他矿物质有磷、钾、镁、铁、锌、碘、硒、铜、氟、铬、锰和钼。其他维生素为维生素 D、维生素 E、维生素 K、维生素 B1(硫胺素)、维生素 B2(核黄素)、维生素 B6、维生素 B12、维生素 C(抗坏血酸)、烟酸(烟酰胺)、叶酸、泛酸、生物素和胆碱。

修约间隔是制定修约保留位数的一种方式,为统一标示格式方便消费者查找,乳制品营养成分数值的修约按照《数值修约规则》(GB/T 8170)实施。营养数值具体修约如下:1 kJ 能量、0.1 g 蛋白质、0.1 g 脂肪、1 g 碳水化合物、1 g 膳食纤维、1 mg 胆固醇、1 mg RE 维生素 A、0.1 mg 维生素 D、0.01 mgα - TE 维生素 E、0.1 mg 维生素 K、0.01 mg维生素 B1、0.01 mg 维生素 B2、0.01 mg 维生素 B6、0.1 mg 维生素 B12、0.1 mg 维生素 C、0.01 mg 烟酸、1 mg DFE 叶酸、0.01 mg 泛酸、0.1 mg 生物素、0.1 mg 胆碱、1 mg 钙、1 mg 磷、1 mg 钾、1 mg 钠、1 mg 镁、0.1 mg 铁、0.01 mg 锌、0.1 mg 碘、0.1 mg 硒、0.1 mg 铜、0.01 mg 氟、0.1 mg 铬、0.01 mg 锰、0.1 mg 钼。

如果乳制品营养成分含量很低,摄入量对人体营养健康的影响很小,每 100 克产品的能量和营养成分允许标示为"0"数值的界限值如下:能量≤17 KJ、胆固醇≤5 mg、碳水化合物≤ 0.5 g、膳食纤维≤0.5 g、钠≤5 mg、钙、钾≤ 1% NRV、维生素 A≤1% NRV、其他维生素矿物质≤2% NRV。

在乳制品保质期内标签上食品营养成分的标示值允许误差范围如下:乳制品中的蛋白质、多不饱和脂肪(酸)、单不饱和脂肪(酸)、碳水化合物、淀粉,总膳食纤维、可溶性膳食纤维、不溶性膳食纤维、膳食纤维单体,维生素(维生素 D 和维生素 A 除外),矿物质(钠除外)要大于标示值的80%。乳制品中的能量、脂肪、饱和脂肪(酸)、反式脂肪(酸),胆固醇,钠,糖要小于标示值的120%。乳制品中的维生素 D 和维生素 A 要为标示值的80% ~180%,除维生素 D 和维生素 A 之外的其他强化食品中的营养素要大于标示值。

食品营养标签用数据可通过检验检测直接获取,直接分析时所用的检验方法、样品采集的基本选择原则按照《食品卫生检验方法 理化部分 总则》(GB/T5009.1)规定执行。检验方法选择国家标准方法的最新版本,按照适用范围选择适宜原则处理并列方法,当无国家标准方法时,可使用美国公职分析化学家协会(AOAC)的方法,也可使用经过验证的、引自权威文献或公认的权威方法。

营养素参考值(Nutrient Reference Values,NRV)是乳制品营养标签上比较食品营养素含量多少的参考标准,作为消费者选择乳制品时的营养参照水平。中国食品标签营养素参考值根据我国居民膳食营养素推荐摄入量(RNI)和适宜摄入量(AI)制定。营养素参考值适用于预包装乳制品营养标签的标示,及孕妇专用和4岁以下儿童食品乳制品。乳制品标签营养素参考值可用于描述和比较营养成分含量或能量的多少,占营养素参考值的百分数(NRV%),指定其修约间隔为,使用营养声称和零数值的标示时,可作为标准参考数值。

食品标签营养素参考值(NRV)数值由中国营养学会第六届六次常务理事会通过后公布布,具体数据为:8400 kJ 能量、60 g 蛋白质、小于 60 g 脂肪、小于 20 g 饱和脂肪酸、小于 300 mg 胆固醇、300 g 碳水化合物、25 g 膳食纤维、800 mg RE 维生素 A、5 mg 维生素 D、14 mg α-TE 维生素 E、80 mg 维生素 K、1.4 mg 维生素 B1、1.4 mg 维生素 B2、1.4 mg 维生素 B6、2.4 mg 维生素 B12、100 mg 维生素 C、14 mg 烟酸、400 mg DFE 叶酸、5 mg 泛酸、30 mg 生物素、450 mg 胆碱、800 mg 钙、700 mg 磷、2000 mg 钾、2000 mg 钠、300 mg 镁、15 mg 铁、15 mg 锌、150 mg 碘、50 mg 硒、1.5 mg 铜、1 mg 氟、50 mg 铬、3 mg 锰、40 mg 钼。

四、营养声称和营养成分功能声称

乳制品养标签上对食品营养特性的确切描述与说明是营养声称,包括描述乳制品中营养成分含量和能量水平的含量声称,声称用语涉及含有或无、高或低等。比较声称是与消费者熟悉的同类乳制品营养成分含量和能量值比较后的声称,声称用语涉及增加或减少等。乳制品所声称的营养成分含量和能量差异要大于 25%,乳制品营养声称可同时进行符合含量声称和比较声称两种声称。乳制品营养成分功能声称是对某营养成分可以维持人体正常生长发育、正常生理功能等作用的声称。

乳制品营养声称要与产品的含量要求和贮存条件相符,比较声称要以质量分数、倍数、百分数标示含量差异。乳制品营养声称可标在营养成分表上下端等醒目位置,但营养成分功能声称要标示在营养成分表的下端。

食品营养和功能声称可用于除婴幼儿配方食品和保健食品以外所有预包装乳制品,特殊膳食用乳制品和医学用途乳制品可参考食品营养和功能声称。乳制品营养声称所涉及的物质仅限能量和能量、蛋白质、脂肪、胆固醇、糖、钠、钙、维生素、膳食纤维、碳水化合物。使用含量声称或比较声称时,能量或任一营养成分的含量要求要符合规定及其限制性条件。乳制品功能声称中所涉及的营养成分仅限具有营养素参考数值(NRV)的成分。当能量或营养素含量达到相关规定时,根据乳制品的营养特性,选用一条或多条功能声称的标准用语且不得删改或添加。

人体需要能量以维持生命活动,机体生长、发育和一切生命活动都需要能量,合适的能量可保持人体良好的健康状况。蛋白质是人体的主要构成物质,蛋白质提供多种氨基酸也是人体生命活动必需的重要物质,有助于组织的形成和生长。蛋白质是人体组织形成和生长的主要营养素有助于组织的形成和生长,有助于修复人体组织。脂肪是人体的重要组成成分,脂肪可提供人体必需脂肪酸,脂肪还可辅助脂溶性维生素的吸收,脂肪提供能量较高,每日膳食中脂肪提供能量占总能量的比例不宜超过30%。每日膳食中胆固醇摄入量不宜超过300 mg,饱和脂肪可促进食物中胆固醇的吸收,过多摄入饱和脂肪可使胆固醇增高,饱和脂肪摄入量要少于每日总脂肪的1/3,脂肪过多摄入有害健康,饱和脂肪摄入量要少于每日总能量的10%。

碳水化合物是人类生存的基本物质和能量的主要来源,碳水化合物是血糖生成的主要来源,膳食中碳水化合物提供能量要占总能量的近60%。钠能调节机体水分,维持酸碱平衡,钠摄入过高有害人体健康,每日食盐摄入量不应超过6克。钙是人体牙齿和骨骼的主要组成成分,有助于骨骼和牙齿的发育及坚固,钙可维持骨骼密度,人体许多生理功能也需要钙的参与。铁是血红细胞形成的因子,是产生血红蛋白和形成血红细胞的必需元素。锌是儿童生长发育必需的元素,锌有助于改善食欲及保护皮肤健康。镁是人体组织形成、能量代谢和骨骼发育的重要元素。碘是甲状腺发挥正常功能的元素。

维生素A有助于维持暗视力,有助于维持皮肤与黏膜健康。维生素C具有抗氧化作用,有助于维持骨骼和牙龈的健康,维生素C可以促进人体对铁的吸收,有助于维持皮肤和黏膜健康。维生素D可促进钙的吸收,有助于骨骼形成,有助于保持骨骼和牙齿的健康。维生素B1是人体能量代谢中不可缺少的成分,有助于维持神经系统的正常生理功能。维生素B2是人体能量代谢中不可缺少的成分,有助于维持皮肤和黏膜健康。烟酸是人体能量代谢中不可缺少的成分,有助于维持人体神经系统的健康,有助于维持皮肤和黏膜健康。叶酸有助于胎儿大脑和神经系统的正常发育,有助于红细胞形成。维生素E有抗氧化功能,维生素B6有助于蛋白质的代谢和利用,维生素B12有助于红细胞形成,泛酸是人体能量代谢和组织形成的重要物质,膳食纤维有助于人体维持正常的肠道功能。

第二节　乳制品包装标签检验

一、非婴幼儿配方乳制品标签检验

适用于直接提供给消费者的预包装乳制品标签和非直接提供给消费者的预包装乳制品标签。不适用于为预包装乳制品在储藏运输过程中提供保护的食品储运包装标签、散装乳制品和现制现售乳制品的标识。预包装乳制品是预先定量包装或者制作在包装材料或容器中的乳制品,包括预先定量包装和预先定量制作在包装材料或容器中,并且在一定量限范围内具有统一的质量或体积标识的乳制品。

乳制品标签是乳制品包装上的文字与图形、符号及一切说明物。配料是指在生产加工乳制品时配合添加使用，并存在或以改性形式存在于乳制品中的任何物质，包括食品添加剂。生产日期是乳制品加工成为最终产品的日期，也包括包装或灌装日期，即将乳制品装入货灌入包装物及容器中，形成乳制品最终销售单元的日期。保质期是预包装乳制品在标签指明的贮存条件下，保持产品品质的期限。在保质期限内，乳制品保持标签中已经说明或不需说明的特有品质，完全适于产品销售。规格是同一预包装内含有多件预包装乳制品时，对净含量和内含件数关系的描述。预包装乳制品包装物或包装容器上容易被观察到的版面为产品的主要展示版面。

预包装乳制品标签要符合法律法规的规定，并要达到相关食品安全标准的规定要求。预包装乳制品标签要清晰醒目、具有持久性，要使消费者购买乳制品时容易识读与辨认。预包装乳制品标签要通俗易懂、有科学依据，不得标示贬低其他产品或违背食品营养科学常识的内容。预包装乳制品标签要真实准确，不得以夸大虚假、欺骗消费者或的文字、图形等方式介绍乳制品，也不得使用字号大小或色差误导消费者。预包装乳制品标签不可直接或以暗示性的语言、图形或符号，误导消费者因与另一乳制品或其某些性质混淆而购买产品。

预包装乳制品标签不可标注或者暗示具有预防或治疗疾病作用的内容，非保健食品的乳制品不得明示或者暗示产品具有保健作用。预包装乳制品标签不可与食品或者其包装物或容器分离。商标除外的预包装乳制品标签要使用规范的中文字体，具有装饰作用的艺术字要求书写正确以易于辨认。预包装乳制品标签可同时使用少数民族文字或汉语拼音，但拼音不能大于相应汉字。预包装乳制品标签可同时使用与中文有对应关系的外文，所有外文不能大于相应的中文字体，商标、进口乳制品制造企业和地址、国外经销商名称和地址、网址可使用外文。

预包装乳制品包装物或包装容器的最大表面积大于 $35~cm^2$ 时，强制标示内容的文字、符号和数字的高度要大于 1.8 mm。一个销售单元的包装中含有不同品种、多个独立包装可单独销售的乳制品时，每件独立包装的乳制品标识要分别标注。若乳制品外包装易于开启识别，或透过外产品包装物能清晰地识别内包装物或容器上的所有强制标示内容或部分强制标示内容时，可不在乳制品外包装物上重复标示相关的内容；不能清晰识别时，要在乳制品外包装物上按照相关标准要求标示所有强制内容。

直接提供面向消费者的预包装乳制品标签标示要包括产品名称和配料表、净含量和规格、生产企业或经销商的名称、地址和联系方式、生产日期和保质期、食品生产许可证编号和产品标准代号，产品贮存条件及其他需要标示的内容。乳制品名称要在产品标签的醒目位置，清晰地标示反映乳制品真实属性的专用名称。当国家标准中已规定了某乳制品的一个或几个名称时，要选用其中的一个名称或等效名称。乳制品无国家标准、行业标准或地方标准规定的名称时，使用的常用名称或通俗名称不能使消费者产生误解或混淆。在上述名称标示的基础上，同一展示版面还可标示乳制品的音译名称、地区俚语名称、商标名称或新创名称。当音译名称、地区俚语名称、商标名称或新创名称含有容易使人误解乳制品属性的文字或词语时,要在上述名称的同一展示版面的邻近部位使用同一字号标示乳制品真实属性的专用名称。

乳制品真实属性的专用名称因字号或字体颜色不同,容易使人误解其产品属性时,要使用同一字号和同一字体颜色标示乳制品真实属性的专用名称。为不使消费者误解或混淆乳制品的真实属性、物理状态或制作方法,可在乳制品名称前或名称后附加,如干燥的、浓缩的、复原的、粉末的、粒状的等有关形容词或短语。

预包装乳制品配料表要求以配料或配料表为引导词,配料表中的各种配料要标示具体名称,当乳品加工过程中所用的原料已改变为其他成分时,可用原料或原料与辅料代替配料、配料表,并根据相应标准要求标示各种原料、辅料和食品添加剂,食品加工助剂不需要标示。各种配料要按照加工乳制品时加入量的递减顺序依次排列,加入量不超过2%的配料可以不按照递减顺序排列。在乳制品加工过程中,加入的水要在配料表中标示,在加工过程中已挥发的水及其他挥发性配料不需要标示。

若某种配料是由两种或两种以上的其他配料构成的复合配料,要在乳制品配料表中标示此复合配料的名称,再将复合配料中的原始配料在括号内按加入量的递减顺序标示。若某种复合配料已有相关标准时,且其加入量小于乳制品总量的25%时,不需要标示此复合配料的原始配料。乳制品直接使用的食品添加剂要在产品标签中食品添加剂项中标注,营养强化剂、食用香精香料、胶基糖果中基础剂物质可在产品配料表的食品添加剂项外标注。非直接使用的食品添加剂可不在乳制品标签中食品添加剂项标注,食品添加剂项在配料表中的标注顺序由该项内全部食品添加剂的总重量决定。

食品添加剂要标示其在《食品安全国家标准 食品添加剂使用标准》中的食品添加剂通用名称。在同一预包装乳制品的标签上,食品添加剂通用名称可以标示为食品添加剂的具体名称,也可标示为食品添加剂功能类别名称结合食品添加剂具体名称或国际编码(INS号)。同时标示食品添加剂功能类别名称和国际编码的形式时,某种食品添加剂尚未有相关的国际编码或因致敏物质标示要求,可以标示食品添加剂具体名称。加入量小于乳制品总量25%的复合配料中含有的食品添加剂,不需要标示符合国家标准规定的带入原则,且在最终产品中不起工艺作用的食品添加剂。

预包装乳制品标签或食品说明书上特别强调添加了或含有特性、有价值的配料或成分,要标示所强调配料或成分的添加量或在乳制品中的含量。预包装乳制品标签特别强调配料或成分的含量较低或不含有时,要标示所强调配料或成分在乳制品中的含量。乳制品名称中提及的某种配料或成分但未在标签上特别强调,不需要标示该种配料或成分的添加量或在乳制品中的含量。

乳制品净含量的标示要由净含量、数字和法定计量单位组成,要求用体积升(L)、毫升(ml),或用质量克(g)、千克(kg)标示包装物或容器中液态乳制品的净含量;用质量克(g)、千克(kg)标示包装物或容器中固态乳制品的净含量;用质量克(g)、千克(kg)或体积升(L)、毫升(ml)标示包装物或容器中半固态或黏性乳制品的净含量。乳制品体积小于1000 ml时,用毫升(ml)表示,体积大于等于1000 ml时,用升(L)表示;乳制品质量小于1000 g时,用克(g)表示,质量大于等于1000 g时,用千克(kg)表示。乳制品净含量小于等于50 毫升(或克)时,净含量字符的最小高度为2 毫米;乳制品净含量大于50 毫升(或克)且小于等于200 毫升(或克)时,净含量字符的最小高度为3 毫米;乳制品净含量大于200 毫升(或克)且小于等于1000 毫升(或克)时,净含量字符的最小高度为4 毫米;乳制品净含量大于1000 毫升(或克)时,净含量字符的最小高度为6 毫米。

乳制品净含量应与产品名称在包装物或容器的同一展示版面标示。包装容器中含有固、液两相物质的乳制品,且固相物质为主要乳制品配料时,除标注净含量外,还要以质量或质量分数的形式标注沥干物(固形物)的含量。同一大包装内含有多个单件预包装乳制品时,大包装同时标示净含量和标示规格,单件预包装乳制品的规格为其净含量,大包装标示规格要求由单件预包装食品净含量和件数组成。

预包装乳制品要标注生产企业的名称、地址和联系方式。生产企业的名称和地址要求是依法登记注册、能够承担乳制品安全质量责任的生产企业的名称和地址。依法独立承担法律责任的集团公司与集团公司下属子公司,要求分别标示各自的名称和地址。不能依法独立承担法律责任的集团公司的分公司或集团公司的生产基地,要标示集团公司和分公司或生产基地的名称和地址,或仅标示集团公司的名称、地址和产地,产地要按照行政区划标注至地市级区域。

受其他单位委托加工预包装乳制品时,要求标示委托单位和受委托单位的名称和地址,或仅标示委托单位的名称、地址和产地,产地要按照行政区划标注至地市级区域。预包装乳制品要标注依法承担法律责任的生产企业或经销商的联系方式要标示电话、邮政地址、传真、网络等联系方式中的至少一项内容。进口预包装乳制品要求标示原产国国名或地区区名,生产企业的名称、地址和联系方式,在中国依法登记注册的代理商、进口商或经销商的名称、地址和联系方式。

预包装乳制品要清晰标示其生产日期和保质期,日期标示采用见包装物某部位的形式,日期要标示在包装物的指定部位,按年、月、日的顺序标示日期,生产日期和保质期标示不得另外加贴、补印或篡改。

如同一外包装内含有多个标示了生产日期及保质期的单件预包装乳制品时,外包装上标示的保质期要按照最早到期的单件乳制品的保质期计算。外包装上标示的生产日期要求为最早生产的单件乳制品的生产日期,或外包装形成销售单元的日期,也可在外包装上分别标示各单件装食品乳制品的生产日期和保质期。

经电离辐射线或电离能量处理过的乳制品,要在乳制品名称附近标示"辐照食品",经电离辐射线或电离能量处理过的任何配料,都要在预包装乳制品配料表中标注。乳制品转基因成分的标示要符合相关法律法规的规定,特殊膳食类乳制品和专供婴幼儿的主辅类乳制品,要标示主要营养成分及其含量,营养标签标示方式依照《食品安全国家标准 预包装特殊膳食用食品标签》执行。相关产品标准已明确规定要求产品质量品质等级时,乳制品要标示质量品质等级。非直接提供给消费者的预包装乳制品标签要求标示产品名称和规格、生产日期和保质期、净含量和贮存条件,未在标签上标注的其他内容要求在说明书或合同中注明。根据乳制品生产许可要求标示产品的批号,根据乳制品食用方法需要,可以标示产品包装容器的开启方法、食用方法等对消费者的帮助说明。

乳制品加工过程中可能带入小麦、黑麦、大麦、燕麦等含有麸质的谷物及其制品,虾、蟹等甲壳纲类动物及其制品,鱼类及鱼类制品,蛋类及蛋类制品,花生及花生制品,大豆及大豆制品,坚果及其果仁类制品等致敏物质,应该在配料表临近位置加以提示。上述食品及其制品的致敏物质可能导致消费者的过敏反应,如用作乳制品配料,应该在配料表中使用容易辨识的名称,或在乳制品配料表邻近位置加以提示。

二、特殊膳食用乳制品标签检验

特殊膳食用乳制品是为满足特殊的人体及生理状况,满足身体疾病、紊乱等状态下的特殊膳食需求,专门加工或配方的乳制品,此类乳制品的营养素和其他营养成分含量与普通乳制品有明显不同。特殊膳食用乳制品的类别主要为:婴幼儿配方乳制品含婴儿配方乳制品、较大婴儿和幼儿配方乳制品、特殊医学用途婴儿配方乳制品。婴幼儿辅助乳制品含婴幼儿谷类辅助乳制品、婴幼儿罐装辅助乳制品、特殊医学用途配方乳制品(不含特殊医学用途婴儿配方乳制品涉及的品种)、除上述类别外的辅食营养补充乳制品、运动营养乳制品,以及其他具有相应国家标准的特殊膳食用乳制品等其他特殊膳食用乳制品。

乳制品中营养素具有特定的生理作用,可维持人体生长发育、活动与繁殖、正常代谢所需的蛋白质、脂肪、碳水化合物、矿物质及维生素等物质。营养成分是乳制品中营养素和除营养素以外具有营养及生理功能的其他食物成分。推荐摄入量是可以满足某一特定性别、年龄与生理状况人群中绝大多数个体需要的营养素摄入水平。适宜摄入量是营养素的一个安全摄入水平,要求通过实验或观察取得的健康人群某种营养素的摄入量。

预包装特殊膳食用乳制品的标签要达到《食品安全国家标准 预包装食品标签通则》规定的基本要求,要符合预包装特殊膳食用食品有关产品标准中标签、说明书的规定要求,不可涉及疾病预防与治疗功能,不能对 0~6 月龄婴儿配方乳制品中的必需成分进行含量声称或功能声称。

只有符合特殊膳食用食品定义的乳制品才能在名称中使用"特殊膳食用食品"或相关的描述产品特殊性的名称。特殊膳食用乳制品的能量和营养成分标示要以方框表形式标示能量、蛋白质、脂肪、碳水化合物和钠,以及相关产品标准中要求的其他营养成分及其含量。营养成分表方框要与乳制品的包装基线垂直,特殊膳食用乳制品根据有关法规标准,添加或强化了可选择性成分物质,还要标示这些可选择性成分与其含量。

预包装特殊膳食用乳制品中能量和营养成分的含量要以每 100 克,或每 100 毫升,或每份乳制品食用部分的具体数值表示。如果用份表示时,要表明每份乳制品的规格,每份量的规格药依据乳制品的特点及推荐量制定。根据相关产品标准或有必要另做要求时,还要标示出每 100 千焦乳制品中各营养成分的含量。

乳制品能量和营养成分的标示数值要求通过产品检验检测或原料数据计算获得。在产品保质期内,乳制品能量和营养成分的实际含量不能低于标示值的 80%,还要符合相关产品标准的规定要求。

预包装特殊膳食用乳制品中的蛋白质主要由水解蛋白质或氨基酸提供时,蛋白质项可用蛋白质(等同物)或氨基酸总量的方式来标示。

预包装特殊膳食用乳制品要标示其食用方法、每日或每餐食用量,还可以标示调配方法或复水配制方法。预包装特殊膳食用乳制品要标示产品的适宜人群,对于特殊医学用途婴儿配方乳制品和特殊医学用途配方乳制品,产品的适宜人群要按相应标准要求规定标示。

预包装特殊膳食用乳制品要在标签上标明产品的贮存条件,必要时还要标明开启封口后乳制品的贮存条件。启封后的预包装特殊膳食用乳制品不宜在原包装容器内贮存或不宜贮存时,要向消费者进行特别说明提示。

预包装特殊膳食用乳制品包装物或包装容器的最大表面面积小于 10 cm^2 时,可只标示乳制品名称和净含量、生产企业名称和地址、生产日期和保质期。

在标示乳制品能量值和营养成分含量值的同时,可依据适宜人群,标示每 100 克,或每 100 毫升,或每份乳制品中的能量和营养成分含量占《中国居民膳食营养素参考摄入量》中的推荐摄入量(RNI)或适宜摄入量(AI)的质量百分比。无推荐摄入量或适宜摄入量的营养成分,可不标示上述质量百分比,或者用"-"符号标示。

能量或营养成分在乳制品中的含量超过有关产品标准规定的最小值或允许强化最低值时,可对乳制品进行含量声称,含量声称用语为含有、提供、来源等。

乳制品中某些营养成分在我国产品标准中无最小值要求或无最低强化量要求时,要提供其他国家或国际组织允许对这些营养成分进行含量声称的依据。符合含量声称要求的预包装特殊膳食用乳制品,可对能量和营养成分进行功能声称,乳制品功能声称用语要选择使用《食品安全国家标准 预包装食品营养标签通则》中规定的功能声称标准用语。

三、含量声称和比较声称检验

与基准乳制品相比,产品能量减少 25% 以上时,可声称能量减少或减能量乳制品;能量小于 170 kJ/100g 固体产品或小于 80 kJ/100ml 液体产品,可声称为低能量乳制品;能量小于 17 kJ/100g 固体产品或 100ml 液体产品,可声称为无或零能量乳制品。蛋白质提供能量小于总能量5%的产品,可声称为低蛋白乳制品;

每 100 g 固体产品的蛋白质含量大于 10% 营养素参考数值,或每 100 ml 液体产品的蛋白质含量大于 5% 营养素参考数值,或每 420 kJ 产品的蛋白质含量大于 5% 营养素参考数值的产品,可声称为蛋白质来源,或含有蛋白质,或提供蛋白质的乳制品;蛋白质含量为原料来源两倍以上的产品,可声称为高蛋白质、富含蛋白质或蛋白质丰富的乳制品。

脂肪含量小于 3 g/100g 的固体产品,或脂肪含量小于 ≤1.5 g/100 ml 的液体产品,可声称为低脂肪乳制品;脂肪含量与基准食品相比减少25%以上的产品,可声称为减少或减脂肪的乳制品;脂肪含量小于 0.5% 的液态奶和酸乳,可声称为脱脂乳制品;脂肪含量小于 1.5% 的乳粉,可声称为脱脂乳粉;脂肪含量小于 0.5 g/100 g 的固体产品,或脂肪含量小于 0.5 g/100 ml 的液体产品,可声称为零、无或不含脂肪的乳制品。

饱和脂肪和反式脂肪提供的能量总和占乳制品总能量的10%以下时,饱和脂肪和反式脂肪总含量小于 1.5 g/100g 的固体产品,或饱和脂肪和反式脂肪总含量小 0.75 g/100mL 的液体产品,可声称为低饱和脂肪的乳制品;饱和脂肪和反式脂肪总含量小于 0.1 g/100g 的固体产品,或饱和脂肪和反式脂肪总含量小于 0.1 g/100ml 的液体产品,可声称为不含饱和脂肪的乳制品。

与基准乳制品相比,胆固醇含量减少25%以上的产品,可声称为减少或减胆固醇的乳制品;胆固醇含量小于 20 mg/100 g 的低饱和脂肪固体乳制品,或胆固醇含量小于 10 mg/100 ml 的低饱和脂肪液体乳制品,可声称为低胆固醇乳制品;

胆固醇含量小于 0.005 g/100 g 的低饱和脂肪固体乳制品,或胆固醇含量小于 0.005 g/100ml 的低饱和脂肪液体乳制品,可声称为无、零,或不含胆固醇的乳制品。

与基准乳制品相比,糖含量减少25%以上的产品,可声称为减少或减糖乳制品;糖含量小于 5 g/100 g 的固体产品,或糖含量小于 5 g/100ml 的液体产品,可声称为低糖乳制品;糖含量小于 0.5 g/100 g 的固体产品,或糖含量小于 0.5 g//100ml 的液体产品,可声称为无或不含糖乳制品。

钠含量小于 120 mg/100 g 的固体产品,或钠含量小于 120 mg/100ml 的液体产品,可声称为低钠乳制品;钠含量小于 40 mg/100 g 的固体产品,或钠含量小于 40 mg/100ml 的液体产品,可声称为极低钠乳制品;钠含量小于 5 mg/100 g 的固体产品,或钠含量小于 5 mg/100ml 的液体产品,可声称为无、零或不含钠乳制品;

与基准乳制品相比,钙或其他矿物质含量增加25%以上的产品,可声称为增加或加钙或其他矿物质的乳制品;每 100 g 固体产品的钙或其他矿物质含量大于 15% 营养素参考数值,或每 100 ml 液体产品的钙或其他矿物质含量大于 7.5% 营养素参考数值,或每 420 kJ 产品的,钙或其他矿物质含量大于 5% 营养素参考数值的产品,可声称为钙或其他矿物质来源,或含有钙或其它矿物质,或提供钙或其他矿物质的乳制品;钙或其他矿物质含量为原料两倍以上的产品,可声称为高、富含钙或其他矿物质或钙或其他矿物质良好来源的乳制品。

与基准乳制品相比,维生素含量增加 25% 以上的产品,可声称为增加或加维生素的乳制品;每 100 g 固体产品的维生素含量大于 15% 营养素参考数值、或每 100 mL 液体产品的维生素含量大于 7.5% 营养素参考数值,或每 420 kJ 产品的维生素含量大于 5% 营养素参考数值的产品,可声称为维生素来源,或含有维生素,或提供维生素的乳制品;维生素含量为原料两倍以上的产品,可声称为高、富含维生素或维生素良好来源的乳制品。上述乳制品如添加 3 种以上的维生素均符合声称方式的含量要求时,可声称为多维维生素乳制品。

膳食纤维总含量大于 3 g/ 100 g 的固体产品,或膳食纤维总含量大于 1.5 g/ 100 mL的液体产品,可声称为膳食纤维来源或含有膳食纤维的乳制品;膳食纤维总含量为原料两倍以上的产品,可声称为高或富含膳食纤维或良好来源的乳制品,上述乳制品也可由可溶性膳食纤维、不溶性膳食纤维或单体成分任一项符合含量要求而实现声称方式。

与基准乳制品相比,乳糖含量减少 25% 以上的产品,可声称为减少或减乳糖的乳制品;乳糖含量小于 2 g /100 g 的固体产品,或乳糖含量小于 2 g /100 ml 的液体产品,可声称为低乳糖乳制品;乳糖含量小于 0.5 g /100 g 的固体产品,或乳糖含量小于 0.5 g /100 ml的液体产品,可声称为无乳糖乳制品。